大学数学の お作法 と 無作法

藤原毅夫 著

近代科学社

◆ 読者の皆さまへ ◆

平素より，小社の出版物をご愛読くださいまして，まことに有り難うございます．
㈱近代科学社は 1959 年の創立以来，微力ながら出版の立場から科学・工学の発展に寄与すべく尽力してきております．それも，ひとえに皆さまの温かいご支援があってのものと存じ，ここに衷心より御礼申し上げます．

なお，小社では，全出版物に対して HCD（人間中心設計）のコンセプトに基づき，そのユーザビリティを追求しております．本書を通じまして何かお気づきの事柄がございましたら，ぜひ以下の「お問合せ先」までご一報くださいますよう，お願いいたします．

お問合せ先：reader@kindaikagaku.co.jp

なお，本書の制作には，以下が各プロセスに関与いたしました：

- 企画：小山　透
- 編集：小山　透
- 組版：藤原印刷 ($\LaTeX$)
- 印刷：藤原印刷
- 製本：藤原印刷 (PUR)
- 資材管理：藤原印刷
- カバー・表紙デザイン：藤原印刷
- 広報宣伝・営業：山口幸治，東條風太

前書き

本書の目的，対象とする読者に関しては第 1 章の冒頭に書いた．曰く，

> 本書は，数学があまり得意でない人，あるいは数学は難しい言葉を使うか
> ら嫌いだという人，何に役立つのかわからないから勉強をする気になれな
> いと思う人に読んでほしいと思います．本書のレベルは大学入学から卒業
> のころまでに設定しました．本書は，数学の入り口で立ち止まっているあ
> なたへのメッセージです．

ここでは，著者が本書を書くに至った経緯を書いておきたい．

2014 年および 2018 年に，京都大学数理解析研究所において「教育数学」（「数学教育」ではない）の研究会が開催され，大学数学教育において何を教育すべきか，どのような内容でどのように講義をすべきかということが議論された．2014 年の折の夜の会で，学生たちが数学が分からないのは「お作法」をきちんと教えていない，学んでいないからだという話になり，誰からとはなく「お作法本」を書こうという話になった．

数学の難しさには，それ自身の内容的な難しさとともに，言葉の面での難しさがある．何のためにということもある．また言葉の理解という面からいえば，テクニカルレポートの書き方を，違う日本語としてきちんと教えるべきであるという従来からの私の意見も述べた．数学の実用的な側面を講義の中に入れることで，学生の動機付けを強化することを考えたい．

著者の専門は物性物理学の理論であり，いつもは数学のユーザーである．東京大学工学部助手就任以来，筑波大学，東京大学工学部，東京大学大学院工学系研究科と異動したが，その間一貫して，もう一つの芸は理工系学部の数学教育であった．

　著者が定年まで在職した東大工学部物理工学科（大学院重点以降は大学院工学系研究科物理工学専攻）の理論講座は，量子力学の講義を 1930 年代半ばから行っていた．同時に，寺澤寛一，山内恭彦両先生以来，犬井鉄郎，森正武先生に至る日本における応用数学の中心でもあった．また応用物理学科として誕生した歴史から，物理工学科と計数工学科の 2 学科は共同して両学科学部学生の教育に当たっている．私自身も学部学生時代には，犬井先生の「特殊関数」の講義や計数工学科の森口繁一先生の「数値計算法」の講義で育てられ，理学部物理学科の高橋秀俊先生と森正武先生の共同研究も比較的近くで拝見していた．さらに，数値計算を用いて考える中で色々な数学にも目を向けていき，有理関数の連分数展開や，大規模行列の固有値・固有関数の解法を研究テーマの一つとした．

　前述の研究会の夜の会での議論や，大学学部数学教育の経験から，本書の構成ができている．

　第 2 章は日本語文章について，第 3 章，第 4 章は数学の基礎定理を丁寧に書いた．その中で，証明の方法についても述べた．第 5 章は，実用数学につながるテーマを集めた．第 6 章は統計学の入門である．第 7 章では東西の数学の歴史を紹介し，和算や代数方程式の解の公式の中に見られる，人間の認識の歴史を議論した．最後の第 8 章では数学という学問に対する考え方に立ち戻り，また数学者の生の声を紹介した．各章の中での小節で，触れておきたかったが触れることのできなかった項目については「■ここでやり残したこと」として書き出してある．読者各自の興味・関心に応じて文献にあたっていただきたい．

　すべて入り口の議論であるが，その一つでも読者が扉に手を掛ける手助けになれば，これに勝る喜びはない．

　最後に，本書執筆にあたり近代科学社の小山透氏には，大変お世話になったことを記してお礼申し上げる．氏に頂いた御意見により，著者の言いたいことが，より明確に表すことができたと思う．

2019 年 5 月

藤原毅夫

目　次

前書き

第1章　始めに

1.1　初めの始めに . . . . 　1
　　1.1.1　数学の学習 . . . . 　1
　　1.1.2　数学の分野 . . . . 　2
1.2　この本の目的 . . . . 　3
　　1.2.1　誰のために . . . . 　3
　　1.2.2　何のために . . . . 　3

第2章　言葉の重要性

2.1　論理的な記述のための文章と情緒的な記述のための文章 . . . . 　5
　　2.1.1　三つの日本語文章 . . . . 　5
　　2.1.2　大学での日本語教育 . . . . 　6
2.2　技術表現あるいは明晰な文章 . . . . 　8
　　2.2.1　技術表現の文章 . . . . 　9
　　2.2.2　技術表現の全体構造 . . . . 　11
2.3　言葉は生き方を決める . . . . 　13
　　2.3.1　生活の中での考え方 . . . . 　13
　　2.3.2　国語教育の問題——論理国語と文学国語 . . . . 　13

　　　　2.3.3　グローバル化の中で——母国語で科学をする国 . . . . . 　14

　2.4　数式・数学は言語であり，論理である . . . . 　16

第3章　数学が分かるとはどういうことか：無作法の勧め

　3.1　数学の諸相 . . . . 　18

　　　　3.1.1　数学とはそもそも何か . . . . 　18

　　　　3.1.2　数学という言葉 . . . . 　20

　　　　3.1.3　数学が分かるということ . . . . 　22

　3.2　基本定理とその証明 . . . . 　23

　　　　3.2.1　数 . . . . 　23

　　　　3.2.2　実数 . . . . 　24

　　　　3.2.3　数列 . . . . 　31

　　　　3.2.4　級数 . . . . 　34

　　　　3.2.5　関数 . . . . 　35

　　　　3.2.6　微分 . . . . 　42

　　　　3.2.7　積分（リーマン積分） . . . . 　49

　　　　3.2.8　常微分方程式 . . . . 　54

　　　　3.2.9　偏微分 . . . . 　56

　　　　3.2.10　偏微分方程式 . . . . 　68

　　　　3.2.11　フーリエ級数 . . . . 　70

　　　　3.2.12　複素数と複素関数 . . . . 　73

第4章　数学のお作法

　4.1　なぜ数学には「お作法」が必要なのか . . . . 　81

　　　　4.1.1　論理を記述するための言語 . . . . 　81

　　　　4.1.2　演繹と帰納 . . . . 　82

　4.2　証明のいろいろ . . . . 　84

　　4.2.1　証明とは 84

　　4.2.2　背理法 86

　　4.2.3　数学的帰納法 87

　　4.2.4　必要条件，十分条件，必要十分条件，同値 88

　　4.2.5　対偶論法 89

　　4.2.6　反例 91

　　4.2.7　有名な論証 92

　4.3　基本概念について-1. 基本概念の拡張，一般化 95

　　4.3.1　関数と写像 95

　　4.3.2　距離空間と写像の連続性 97

　　4.3.3　集合と連続写像 99

　　4.3.4　集合と位相 110

　4.4　基本概念について-2. 新しい概念 115

　　4.4.1　線形空間，線形写像 115

　　4.4.2　解の存在と一意性 120

第5章　無作法のお作法：近似，精度，誤差，アルゴリズム

　5.1　近似 126

　　5.1.1　数の近似，関数の近似 127

　　5.1.2　近似解法 131

　　5.1.3　線形近似 138

　5.2　値の精度 141

　　5.2.1　有効数字 141

　　5.2.2　浮動小数点演算と数値の精度 142

　5.3　誤差 143

　　5.3.1　計算における誤差 143

　5.4　アルゴリズム 149

　　5.4.1　そろばん（算盤，十露盤） 150

5.4.2 ホーナー法 150

5.4.3 ユークリッドの互除法 151

5.4.4 大規模線形計算 153

5.4.5 線形および非線形計画問題 160

5.4.6 計算複雑度と多項式時間アルゴリズム 166

5.4.7 20世紀の重要アルゴリズム問題 167

第6章 統計現象の取扱い：バラついた値と集団の性質

6.1 統計の基礎 169

6.1.1 確率とは何か 169

6.1.2 分布 172

6.1.3 大数の法則と中心極限定理 176

6.2 推定と検定 179

6.2.1 推定 179

6.2.2 仮説検定 183

6.3 回帰分析 183

6.4 ベイズ統計 184

6.4.1 ベイズ統計の考え方 184

6.4.2 ベイズ統計と機械学習，ビッグデータ 184

第7章 歴史から学ぶ証明の重要性

7.1 数学の考え方 186

7.1.1 近代科学の系譜 186

7.1.2 インドおよびイスラムの数学 187

7.1.3 数学者はどのようにものを考えたか 188

7.1.4 数学と他の科学 191

7.2 日本伝統の数学——和算はなぜ衰退したか 192

　　7.2.1　和算の成り立ち 192
　　7.2.2　江戸時代の和算は世界の最高水準にあった 193
　　7.2.3　和算の欠点 196
　　7.2.4　世界の近代化に取り残された和算 198
　7.3　2次方程式とその解の公式の後ろにあるもの 200
　　7.3.1　2次方程式の歴史——2次方程式が教える世界史：虚数
　　　　　の世界 200
　　7.3.2　3次方程式の先にガロアが見たもの：群の世界 208
　　7.3.3　2次方程式の歴史が教えるもの 219
　7.4　証明を身近に——もっとユークリッド幾何学と複素数を中等教
　　　育に 220

第8章　数学は役に立たない？

　8.1　本当に2次方程式は人生になくてもよいのか 221
　　8.1.1　なぜ人は2次方程式を役に立たないというのか？ . . . 221
　　8.1.2　数学を学ぶ理由——非数学者にとって 222
　8.2　いま，数学は世界の隅々にまで入り込んでいる 225
　　8.2.1　数学は役に立つ．しかし役に立つばかりが能ではない：
　　　　　文化とは何か 225

参考文献　　　　　　　　　　　　　　　　　　　　　　　229

あとがき　　——無作法の勧め——　　　　　　　　　　　233

人名索引　　　　　　　　　　　　　　　　　　　　　　　237

事項索引　　　　　　　　　　　　　　　　　　　　　　　239

第 1 章

始めに

　数学はこれからますます私たちの世界に入り込み，「言葉としての役割」を果たすことになるでしょう．計算するということは数学の役割の中のほんの一部です．本書は，数学があまり得意でないと思っている人，あるいは数学は難しい言葉を使うから嫌いだという人，何に役立つのかわからないから勉強をする気になれないと思う人に読んでほしいと思います．本書のレベルは大学入学から卒業のころまでに設定しました．本書は，数学の入り口で立ち止まっているあなたへのメッセージです．

1.1　初めの始めに

1.1.1　数学の学習

● 数学への苦手意識

　数学が苦手であるという人は多い．何が，数学を苦手にさせるのだろうか．考えられる理由を列挙してみよう．

(1) 言葉が難しい．
(2) 知らないことが沢山出てくる．
(3) 先生が，「これは覚えろ」というが，そんなに沢山覚えられない．
(4) 計算のやり方が分からない．
(5) 途中で面倒くさくなった．
(6) 将来，何のために役立つか分からず，やる気がしない．

等々いろいろある．本書の読者の皆さんはどうだろう．もし自分で数学が苦手だと思われるなら，その理由をここに書き加えてほしい．

これらをまとめると,

(1) 数学は一度分からなくなると取り返すのが困難.
(2) 言葉などが難しい.
(3) 何のために役立つか分からない.

に尽きるのではないか.

これらについて答えていきたいと思う.

● その他の問題点

その他の, 問題点を挙げれば以下のようになるのではないか.

(1) なぜ, 証明が必要なのか. 他の科目ではそんなことはやらないのに.
(2) 数学にロマン, 人格を感じない.
(3) 「厳密」というが, どこが厳密なのか分からない. ただ難しくいっているだけなのではないか.
(4) 数学者は, 定理 → 証明 → 定理 → 証明 → ⋯ というような考え方をするなら, 付き合いたくない.

こんなところだろうか.

● 教師の役割, テキストの役割について

　数学を学ぶ上で, 教師の役割と同じかそれ以上にテキストの選択は重要である. 教師の役割は, 学生の能力や性格に依存して変わる. また, どのくらい経験を積んでいるか, 教師が精神的に安定していることは学生にとって大変重要である. 熱血教師が良い教師であるとは, 著者には到底思えない.

　テキストも同じように, それを読む人の将来にどうつながるかに依存しているから, その時々, 読み手の置かれた環境などによって変わってくるのは当然である.

　いずれの場合にも, 教師もテキストも, 学問の入口を示すことが役割であって, 後は学生や読み手にすべてがゆだねられていると考えている.

1.1.2　数学の分野

　現代における数学の研究は代数学 (algebra), 幾何学 (geometry), 解析学

(analysis) の三分野に大別される．大学の教育カリキュラムでは，解析学と線形代数学は標準であり，それに加えて，**統計学** (statistics)（と，できれば**数値計算** (numerical calculation)）が入ってきている．

　理系および文系の人たちに必要な数学はおよそ次のようなものであろう．

【理系数学】　多変数微積分，微分方程式，ベクトル解析，フーリエ解析，線
　　　　　　　形代数，複素解析，確率・統計

【文系数学】　2変数微積分，線形代数（固有値，固有ベクトル），線形計画法，
　　　　　　　確率・統計

しかし，数学全体あるいはこれら諸分野がどのようなものか，あるいはどんな役に立つかを詳しく示すことは本書の目的ではない．

1.2　この本の目的

1.2.1　誰のために

　数学が不得手だから高校では文系進学コースを選び，入試科目に数学がないというだけの理由で大学では文系学部に進んだという人は大変多いだろう．しかし，最近では文系に進んだ人たちにも，やれ統計だ，データサイエンスだ，あるいはブラック–ショールズ方程式だ，デリバティブだ，ブロックチェーンだ，機械学習，深層学習（ディープラーニング），人工知能（AI）だと，新しい数学が追い打ちをかけている．

　そんな現状で苦しんでいる社会人，そうなっては困ると考えている学生が，本書が考えている読者である．

1.2.2　何のために

　数学をもう一度勉強しなおしてみたい，あるいは数学をもう少し違う形で勉強したい，という読者のために，少しでも役に立ちたいというのが，本書の目的である．

　大学受験を軸にして動いている現在，最も好ましくない形で学習されているのが「数学」という教科であるように思われる．どこでそのような食い違いが生じているのかを考えてみたい．そのために，次章以降，次のような点に重点

を置いて考える．本書では，こんなことを書くつもりである．

(1) 言葉の問題：考えを正確に伝達するための言語について．数学，数式は言語だということ．

(2) 数学における「お作法」の問題：何故，数学では分かりにくい言い回しが使われるのかということ．

(3) 分かるということ：他の自然科学では，実験で確かめるということをする．一方，数学には何故それがないのか．分かったかといわれても，どうなれば分かったといえるのかがよく分からないという問題．

(4) 数学をじっくり考えるということ：何時も試験に追われているようだ．よく考えろと言われてもそんな時間がない．しかし，時間を気にしないでじっくり考えれば，きっと面白くなるということ．

(5) 数学の歴史は人類の文化史であるということ：日本にも日本独自の数学があったこと，しかし残念ながら現代の数学にはつながらなかった理由があるということ．

(6) 人間味が感じられないという問題：数学者は異星人なのか，何を考えているのか分からないという疑問に対して．

(7) 理系/文系という区別をするのは，日本だけだということ．

(8) 数学は大いに役に立つということ，でも役に立つということだけが，学問の価値ではないということ．

第 2 章
言葉の重要性

　数学は「言葉」です．ガリレオ・ガリレイも「**宇宙は数学という言語で書かれている．**」といっています．

　まず最初に，日常の言葉には，論理的な表現に用いられるものと，情緒的な表現に用いられるものの二つの異なったものがあるということを考えます．論理的な文章（技術報告）は，これまで普通に高等学校までの国語の課程で読み書きを指導されてきた日本語とは，構造が違います．これは，国語教育の問題です．もし，優れた文学が常に理想的な文章であると考えているとしたら，それは間違いです．

　数学が分からないと思えるのは，数学の記述方法に慣れていないからです．論理的な文章のためには，文章に論理的な構造を持たせる必要があります．曖昧な表現や読者に受取り方を委ねるのではない，そんな文章の書き方を学ぶ必要があります．

　論理的文章はどう書くのかを考えたいと思います．

2.1　論理的な記述のための文章と情緒的な記述のための文章

2.1.1　三つの日本語文章

　春はあけぼの．やうやうしろくなりゆく山ぎは，すこしあかりて，紫だちたる雲のほそくたなびきたる．

　夏は夜．月のころはさらなり，闇もなほ蛍のおほく飛びちがひたる．また，ただひとつふたつなど，ほのかに光りて行くもをかし．雨など降るもをかし．

　『枕草子』（清少納言）第 1 段の冒頭である．これは名詞を書き連ねてあり，意味は理解できるが文章の構造は分かりにくい．また最後の「をかし」は古語辞典によれば，趣がある，美しい，見事だ，めでたい，かわいい，愉快だ，面白みがある，滑稽である，など様々な意味が述べられている．それは書かれた内容によって意味が様々に変化することを意味している．多様なものの中のどの意味かということは，読者が推し量るようになっている．

　　　理論物理学は今日一つの困難に出会って，何か根本的に考えを改めない
　　　限り我々は先に進むことが出来ない．

　朝永振一郎のエッセイ『量子力学的世界像』の冒頭で，量子力学の「場」の概念が抱える問題を説明する出だしである．

　　　国境の長いトンネルを抜けると雪国であった．夜の底が白くなった．

　こちらは川端康成の小説『雪国』の冒頭で，主人公島村と同じ汽車に乗り合わせた葉子との出会いである．

　これら現代の二つの文章は，ともにノーベル賞を受賞した名文家のものである．これらから受ける印象は，二つで大きく異なる．朝永の文章は主語が明確に述べられ，文章として受け取り手によって違う意味にとりようがない．一方，川端の文章では主語が与えられていない．「夜の底…」は，雪に覆われた地面が，夜なのにぼんやりと白く見えるさまを述べているのだと想像できる．しかし，受け取り手が様々に解釈しうる余地が大きい．この文は，雪国であるがゆえの一層の静寂感を印象付けるし，そこに小説の最後を投影してもいる．「国境」は "こっきょう" と読むのか，"くにざかい" と読むのか議論が分かれるところかもしれない．

　数学はもちろんのこと，自然科学を記述する日本語文章は，通常使うような曖昧な表現，受け取り手にゆだねるものがあってはならない．そのために心得ておくべきことについて考えることにする．

2.1.2　大学での日本語教育

● 技術表現（テクニカル・ライティング）を書く

　言語表現には，<u>論理的な表現</u> と，<u>情緒的な表現</u> の 2 種類がある．日本語で

は，他の言葉と比べても，その主語の選び方，あいまいさや間接的な表現が，独特の余韻や想像力をかきたてる．中世からの文学の歩みがそのような日本語表現の伝統となり，さらにはそれが現在の日本語全体の中にある文学的表現形式を形作ってきた．

我国で，高校までに現代国語として教えられ，あるいは作文として訓練されるのは，もっぱらこのような伝統の延長線上にある文学的・情緒的表現である．日本語教育の教材も文学や文芸評論である．読み手により多様な受取り方が可能であり，1人の読み手にとっても読むたびに新しい受取り方ができる作品が，優れた文学として評価されてきた．[*1]

一方，理工学分野だけでなく社会的な業務で コミュニケーションのため には，曖昧さや情緒を排除 し，主語を明示 した表現が必要である．これを本書では技術表現（テクニカル・ライティング (technical writing)）と呼ぼう．特に理工系で要求される技術報告や論文のための表現では，受け手によって異なる意味を持ちうる表現やあいまいな表現では全く役目を果たさない．

理工系学生にとっても，技術表現はあまり注意を払ってこなかった新しい表現の形である．そのため，技術表現を書く訓練が必要になる．

● 日本語の言語的特徴

技術表現について議論を深める前に，文学を軸として発展した 日本語文章についてもう少し考えてみたい．外国人留学生と接触して驚かされるのは，彼らが直ぐ日本語を話すようになることである．しかし，一方で彼らが話す日本語は，我々の話す日本語と比べて少し奇妙に感じることがある．彼らの表現が，日本語文法に則ってはいるが我々の話す日本語と違うのだ．彼らが容易に日本語を操れるようになれるのは，このような少しおかしな日本語も文法にかなっているという，日本語の柔軟性にあるのではないか．

枕草子の「をかし」のように状況によって意味を変える語や，その文章構成

[*1] これは日本語のみならず，すべての文学に共通した評価の視点であるのかもしれない．だとすれば，逆に日本語は優れた「文学のための言語」であるといってもよい．

で見たような柔軟性こそが伝統的な日本語の特徴である. [2] その特徴の, 特に重要であると考える部分を列挙する:

1. 主語が省略可.
2. 述語が最後に来る. (したがって肯定か否定か, どのような動作をするのか, しないのかは, 最後にならないと分からない.)
3. 述語には単数複数および人称の区別がない.
4. 文章の構造が柔軟.
5. 接続詞の意味が曖昧. (日本語の "しかし" と英語の "but, however" を比較してみよ.)
6. 比喩表現 (直喩, 隠喩), 多義的表現および同音多義が多数.
7. 複雑な敬語 (尊敬語, 謙譲語, 丁寧語) の頻繁な出現.

日本語文法は複雑で例外が多い. 例えば助詞の使い方は多様で曖昧である. 例外が多いのは, いい加減さ (柔軟性) の裏返しである. [3] 日本語で技術表現をするのは本来は容易なのだが, 日常的な日本語の表現法と違っているので, 十分意識しなくてはならない. [4]

2.2   技術表現あるいは明晰な文章

技術表現のために, 一番に気をつけるべき点は何だろう. それは. 伝えたいことが相手に正確に伝わるということであり, 曖昧さをなくすことである. そのための問題点を, 一つの文章の中のものと, 複数文章の構成におけるものの二つに分けて考えることにする.

---

[2] 日本語の科学技術ライティングの教科書は多くはないが, 最近刊行された次のテキストが大変良い:『科学技術系のライティング技法』(小山透, 慶應義塾大学出版会, 2011). この章を書く上で大変参考になった.

[3] この文章の「例外が多いということは」の前に "しかし" という接続詞があっても違和感がない. しかしこれは「意味のない "しかし"」であることを示している. 本書執筆で著者は, なるべく曖昧な表現を避け, 断定的な表現をとるようにしている. しかし, 数学を書く個所ではなく, 一般的な記述を行う個所では, なかなかに難しいということを改めて感じている. (ここにやたらと "しかし" を使っていることに気が付く.)

[4] 勧誘文や政治家の発言では, 日本語の曖昧さを意識的に利用している節もある.

2.2.1　技術表現の文章

- **一つの文章の中で**

　小節 2.1.2 で書いた日本語の特徴のいずれもが，文章を多義的にする，すなわち分かり難くなる原因である．技術表現の中では，それらすべてに注意する．すなわち

1. 文を短くし（文章構造の柔軟性の排除），1 文で言うことは一つに限る．
2. 主語を明確に．
3. 主語と述語動詞の一致．（複数の文章をつなぐと，途中で主語が変わってしまうことがある．）
4. 接続詞に注意し，かつ無用な接続詞を挟まない．
5. 修飾語や句は修飾される対象のなるべく近くに置く．（文章が長くなると，修飾語とその対象が離れることがある．）
6. 曖昧な語，意味を不明確にする比喩（多くの比喩が該当）を使わない．
7. 読み手は当然分かっているはずだ，という思い込みを持たない．

これらはいずれも一つひとつの文を短くすれば，概ね達成される．

- **起承転結**

　起承転結はだめ：「起承転結」という構造を推奨し，「転」で文意を変えることによって，全体にメリハリが付くとする解説をみることがある．初中等教育の中での作文の指導でも，起承転結という構成が推奨されることがあるらしい．手許にある『広辞苑』では，次のように説明していた．

> **起承転結**　漢詩，特に絶句の配列の名称．第 1 句の起句で詩意を想起し，第 2 句の承句で起句を受け，第 3 句の転句で詩意を一転し，第 4 句の結句で全詩意を総合する．起承転合．

　「起承転結」を主張する人たちは，頼山陽の作 [*5] と伝えられる俗謡『糸屋の娘』をよく引用する：

> 起：大阪本町 糸屋の娘
> 承：姉は十六 妹が十四

[*5] 頼山陽作というのは根拠のない俗説である．

転：諸国大名は 弓矢で殺す

結：糸屋の娘は 目で殺す

しかし技術表現の中では，起承転結という構造は意味がないばかりか，むしろ有害である．「転」によって，読み手を驚かす変化を入れることは，正確に事実とその根拠を伝える能力を養うという学校教育の中で理想とするようなものではない．[*6]

● **文章全体の構造──レゲット・ツリー**

外国語でも日本語でも，日本人が陥りやすい文章構造について，注意が必要である．次の二つの文章を比べてみよう．それぞれが図 2.1 に対応する．

[例文 J] [(1)] 試料 A は力学的強度がある．なぜなら [(2)] 試料は力を加えると曲がり，[(3)] 金槌で叩くと伸び，弾性定数の値は · · · [(4)] さらに電気的性質を見ると，伝導度の値が · · · と高い．[(5)] これらは金属を特徴づけるものだから，試料 A は金属である．

[例文 E] [(1)] 試料 A が金属であることを実験で確かめたい．まず [(2)] 力学的強度がある．例えば，[(3)] 力を加えても折れずに曲がり，[(4)] 金槌で叩くと伸び，弾性定数の値は · · · である．[(5)] 電気特性は伝導度の値が · · · と高い．[(1)] これらは金属の特徴だから，試料 A は金属であることが確かめられた．

レゲット (Anthony J. Leggett) 教授（2003 年超伝導および超流動の理論でノーベル物理学賞受賞）が，1960 年代に日本に滞在した際，日本語と英語の構造について述べている．[*7] それによると，英語論文の構造は，主文章があってそこでまず言いたいこと（結論）をハッキリさせる．そこから脇道に逸れる場合には必ず逸れるということと，主張との関連性を明示しながら話を進めるのが，普通の英文の構造である．一方，日本人の書く論文の多くでは（たとえ英語の場合でも），議論が枝道から始まり（何を主張したいのか主たる論旨が不明のまま種々の議論をし），それらが集まった最後に，主文章が現れて全体の構文

[*6] 起承転結という技は，小説家を志す人に必要なものかもしれない．あるいは，漢詩を読み漢詩を書くという江戸時代の文人の素養であり，私たちのものではない．

[*7] 日本物理学会誌 vol.21, no.11, pp.790–805 (1966).

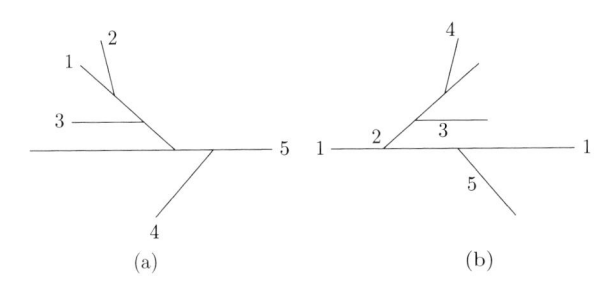

図 **2.1**　レゲット・ツリー．(a) 日本文の構造（例文 J），(b) 英文の構造（例文 E）．数字は本文中の番号．

もはっきりし言いたいこと（結論）がやっと明確になる．

　このような文章では，何をいうために延々と議論しているのかが読み手に把握できない．[*8] 中等教育段階で，数学の文章問題の出来が悪いといわれるのも，これらに関わりがあるように思える．

2.2.2　技術表現の全体構造

　技術表現では，全体をいくつかの章に分けて，より分かり易くする．

● 章の構成

　以下は，技術報告や論文に求められる章の構成である．これにより，議論の流れがより明確になり，読み手の理解が助けられる．

序 (introduction)： 論文の目的，バックグラウンド，他のこれまでの研究（および問題点），問題の在り方，論文の概要と各章の目的などを短く説明する．

研究方法 (methods)： 論文が実験，理論，ケーススタディなどの内のどれであるかを明確にし，その方法と特徴を説明する．文系論文でも「序」で示した問題設定の詳細，それに対する議論の方法等が論じられる．

[*8] レゲット・ツリーについては，小野 義正，森村 久美子，"国際的に通用する技術者に求められる英語コミュニケーション力の開発"，『工学教育』（日本工学教育協会誌）vol.56, no.1 pp.48–54 (2008); 藤原毅夫，"教養教育と工学教育の連続性"，『工学教育』（日本工学教育協会誌）vol.56, no.1, pp.32–36 (2008); 森村久美子，『使える理系英語の教科書』，東大出版会 (2012)，などを参照せよ．

結果 (results)： 実験，理論，ケーススタディの，具体的なデータが示され，論じられる．実験や定量的データの無い分野でも，議論の論拠が論理的に示される．

考察・議論 (discussion)： 結果を踏まえた上で，その適用範囲，問題点，さらなる展開の可能性などが議論される．

結論 (conclusion)： 考察・議論を受けて，序で提示された問題設定に対する結論が再び（しかし，より具体的に）述べられる．

このように，直線的構造を持つ文章表現を，学校では 意識して 教育すべきである．[9] これは実は "考え方" を整理することでもある．

● 章，節，小節の階層構造とそのタイトル

章，節，小節，段落などの「階層」を持たせることにより，考え方の手順を与えて理解を促す．このとき，章や節，小節に付けるタイトル（見出し）は重要な役目を持っている．タイトルを見るだけで，書き手が何を問題にしているのか（主題），何を言いたいのか（主張），そしてそれをどのような形で展開しようとしているのか（方法）を，見通せなくてはいけない．誇大なタイトルも避けなくてはならない．

● アブストラクトで読み手は，読むか読まないか決める

私たちが書こうとしているのは，「報告」あるいは「何かを正確に分かって貰うための文章」である．最初から「結論」は見えているほうが良い．

論文や技術報告の場合，冒頭にアブストラクト（abstract，抄録）を付ける．これは論文なら 5〜10 行程度の短いもので，そこを見て我々はその報告を読むかどうするかの最終判断をする．だからアブストラクトが過大でも過少でもいけなく，アブストラクトに結論を要領よくまとめる必要がある．

● 感想文は要らない

レポートや，卒業論文の下書き原稿に，"面白かったです"，"難しかったです"という類の文を見ることがあるが，必要なのは，どのような困難 が 何故 あって どのように克服 したのか，という 役立つ情報 である．

---

[9] どうしても直線構造を壊してしまう場合には，「注」や「付録」にする．

2.3 言葉は生き方を決める

2.3.1 生活の中での考え方

● 考え方の問題

日本語に「ひらがな」「カタカナ」「漢字」があることは，留学生にとって厄介なことであるが，話し言葉としての日本語は学びやすい言葉のようである.

彼らにとっての困難は，表現の多様性・多義性とともに，言葉と深くかかわった「日本文化の複雑さ」にある.「『外国人留学生の日本語』を変と感じる日本語の特徴」（小節 2.1.2）も，「日本語文章の構造上の特徴」（小節 2.2.1）も，"国際的に孤立した地政学的環境と長い歴史"の中で育まれてきた日本文化が生んでいる. 結局，間違いではないのだけれど，我々のものとは違う. そのような我々の感覚を彼らが感じて難しいと思ってしまうというのが，真相ではないだろうか. *10

社会の均一性と閉鎖性が他者を無言のうちに排除する空気を作る，というのは「島国」に共通した問題である. 私たちもそのような伝統の中にいるということであろう. "多様性を尊重する"ことは，我々にとっては思いのほか難しいのかもしれない.

● 科学と敬語

日本語における敬語（尊敬語，謙譲語，丁寧語）の存在も実は厄介な問題である. 科学の分野での議論に重要な 互いの対等性 を損なうから，尊敬語，謙譲語を使いながらでは，本当の議論にならないこともある. 外国に行ったとき，お互いにファーストネームで呼び合い，殊更に丁寧な言い方もせずに議論をするのは，気持ちが良い.

2.3.2 国語教育の問題——論理国語と文学国語

2018 年に教育指導要領の改訂があった. 国語科目の中で，論理国語と文学国

---

*10 この意見を支えるデータは持ち合わせていないが，もし読者がここの所を抵抗なく読み過ごしているとしたら，この判断は正しいと結論づけられる.（さらに独善的な判断を進めるならば）しかも我々は「日本語は難しい」あるいは「日本はちょっと変わった特別な国だ」と思いたいという感性を持っている（？）ために，始末に負えない.

語という区別ができ，我が意を得たりと思った．[11]

> **論理国語**：選択科目「論理国語」は，多様な文章等を多面的・多角的に理解し，創造的に思考して自分の考えを形成し，論理的に表現する能力を育成する科目として，主として「思考力・判断力・表現力等」の創造的・論理的思考の側面の力を育成する．
>
> **文学国語**：選択科目「文学国語」は，小説，随筆，詩歌，脚本等に描かれた人物の心情や情景，表現の仕方等を読み味わい評価するとともに，それらの創作に関わる能力を育成する科目として，主として「思考力・判断力・表現力等」の感性・情緒の側面の力を育成する．

残念ながら，「論理国語」と「文学国語」の違いが何を意味しているか，上の定義では理解できない．[12] 技術表現と文学の違いをいっているのである．前者は「事実を 事実として 記述」することであり誰でもが同じように理解できる表現，後者は「創造や感性に対する 情緒的 記述」である．記述する 対象と目的を明確に区別し，文章構造の違い を明らかにしなくてはいけない．一つの文章の二つの側面ではない．

2.3.3 グローバル化の中で――母国語で科学をする国

● 日本近代化の過程

日本は，母国語で科学ができる数少ない国の一つである．高等教育を母国語で行うことのできる国は，英語圏を除くと，フランス，ドイツ，日本，中国くらいではないだろうか．中国は，しかし，急速に英語での教育に向かっている．日本語で科学ができるということは，日本語や日本人が優れているからではない．明治中頃の，近代化された大学における日本人学者による血の滲むような努力の成果である．

明治の開国とともに工学寮（後に工部大学校）の設置，帝国大学の設置など

---

[11] 高等学校学習指導要領解説 国語編 文部科学省平成 30 年 7 月．

[12] 前者の "多様な文章" の意味するところが明確でないからである．"多面的・多角的" も意味不明である．ここは「実験レポートを正確に書く能力」と書いてしまえば明瞭になる．もっとも国語教師，文学関係の人々にとって，レポートや論評がまた「事実を事実として伝える」ものではなく，多様な情緒を持ったものだ（ろう）から始末が悪い．

の教育の近代化＝欧化の中で，外国人教師・技師が招聘され，外国で学んでいた小数の日本人が召還され，高等教育の整備と産業近代化を推進した．[*13] 講義は全て英独仏語で行われ，学生たちも懸命にそれに応えた．その結果，1880 年には工部大学校は第 1 期卒業生 23 名を送り出し，その内 11 名を国費により海外留学に派遣した．[*14] 開国当初の外国人教師が任期が終えて帰国した後，明治 15 年頃からは，卒業生の中から帝国大学その他で専門教育の場に立つ者もあった．彼らもまた外国語で教育にあたった．

その後も，帝国大学卒業生の多くは欧米各地に留学して，大学教育と研究とはどういうものであるかを学んで帰国した．彼らが欧州留学の後，将来の大量の人材需要に対しては国内での高等教育で対応することが必要であると考え，専門用語の日本語化 と 日本語の教科書作成 に多くの努力をした．その結果，我々は今，日本語で科学を学び，行うことができる．

それでもなお，「日本語での技術表現＝技術日本語」の歴史は短い．技術日本語に慣れ親しみ，より身近なものにする必要がある．

● 母国語を大切にしよう

近年，グローバリゼーションの波が急激に世界を変えつつある．我々は小さな島国の中でのみ生活をすることはもはやできず，日本語だけで生活することもできない．

一方で国際化を急いで，大学で急激に講義の大多数を英語に換えるということは好ましくない．折角できていた母国語による基本概念の理解が難しくなり，何よりも 多数の日本人から学術・技術を取り上げることになる からである．先

[*13] 明治初年以降，日本における理工学教育は工学寮（1871 年設立，1877 年工部大学校と改称．1886 年帝国大学工科大学と合併し帝国大学工科大学となる．今日の東京大学工学部・大学院工学系研究科）において，スコットランドにモデルをとり，ヘンリー・ダイアー（1848–1918）が率いる外国人お雇い教師により進められた．政府によるお雇い外国人（帝国大学教師，技師，顧問）の総数は，ピーク時の 1874 年には 858 名に上った．官雇外国人の国籍はイギリスが半数近くであった（H.Dyer, *Dai Nippon, the Britain of the East* (1904)，平野男夫訳『大日本』，実業之日本社 (1999); 三好信浩『日本工業教育発達史の研究』，風間書房 (2005)）．H.Dyer および開国時の日本の工学教育に関しては，名古屋大学名誉教授，愛知大学教授加藤詔士先生に多くのことを教えていただいた．ここに記して感謝申し上げる．

[*14] 第 1 期生には，建築の辰野金吾，薬学の高峰譲吉，土木工学の田辺朔郎，機械工学の井口在屋，真野文二らがいる．

人の作ったものはもう少しの間，大切にしていきたい．[15] そうしながら，日本人全体の英語水準が，欧州の非英語国家並みに上がるように努力をするべきである．国際協調の立場から，何を変えるべきか，何を変えてはいけないか，慎重にしかし速やかに考えていきたい．

2.4　数式・数学は言語であり，論理である

論理的記述の重要性を強調し，そのための文章構造について述べた．技術的表現は，何時でもどこでも誰にとっても，同じ意味で受け取られるものでなくてはならない．再三繰り返してきたように，受け手により異なるものでは意味を持たない．したがって，数学や自然科学には，日常用いられている伝統的な日本語の表現手法は不十分あるいは不適切である．さらに，日本語に限らず，技術表現を用いても，定量的かつ複雑な記述が難しいことが多い．次の文章と式を見比べてみよう．

- 物体に外から力が働かないか，あるいは物体に働いている力が釣り合っているとき，静止している物体は静止し続け，運動している物体はその速度が一定の等速運動を続ける．これを（運動の第 1 法則（慣性の法則））という．
- $m\frac{d^2x}{dt^2} = 0$　（m：質量，x：変位，t：時間）は運動の第 1 法則を表す．

この二つは全く同じことをいっている．前者で理解しようとすれば丸暗記もやむをえないという気がしてしまう．[16]

数学は正しい論理の枠組みを教えてくれる．数学・数式自身は，言語であり，道具である．それを活用するためには，次章で論じるように，記述に関する約束事，作法を学ばなくてはならない．本章の冒頭で紹介したとおり，ガリレオ

---

[15] 学部講義に関しては，現状のように，英語の講義は全体の 10〜20％ ぐらいに留めて，大学院レベルから増やすのが適切であると，著者は考えている．

[16] どちらが内容豊かかは言うまでもあるまい．前者は実験（観測）結果，後者はそれから導き出されたニュートンの運動方程式である．運動方程式は様々な状況下でこれを解くことにより，より一般的な "予測" を可能とする．

の言葉に，

宇宙は数学という言語で書かれている．

というのがある．また

数学は神が宇宙を書いたアルファベットだ．

ともいう．数学および数式は，自然現象だけでなく，社会現象や人文科学の現象やデータを記述し理解するためにも，欠かすことのできない言語である．

　正しい論理的な表現を使えなくては，互いの意思の疎通，事実の伝達が不可能であることを心したい．第16代米国大統領エイブラハム・リンカーンは国会議員になった後，論理と言語の能力向上のために，ユークリッドの『原論』を勉強し，ほとんど完全にマスターしていたという．[17]

---

[17] これに対して，最近の日本語の乱れ，特に政治に携わる人たちの日本語能力の低さとそれを許容するマスコミの言語に対する鈍感さには，目を覆いたくなる．彼ら政治家はしばしば「誤解を与えたとしたら…」という言い訳をするが，このような言い訳をすること自身が自らの無能をさらけ出しており，恥ずべきことである．誤解を与えたのだとしたら，それは与えた政治家の責任であり，そもそも政治家として失格である．

第 3 章
数学が分かるとはどういうことか：無作法の勧め

　この章から数学に入っていきます．数学が分かるということの意味（曖昧さがあってはいけないこと）を説明しましょう．

　その後，数学の体系を見るとどのような構造になっているか，それが「数学という言語」の構造であることを説明します．「数学という言語」は，「公理」とか「定理」という形を持った論理の構成になっています．

　「数」について述べる中で，様々な不思議な数の性質が，昔から哲学者を魅了したことに触れていきます．3.2 節では，形式的に思われるかもしれない「数列」や「級数」が，その後に続く「連続性」「微分」や「積分」を理解するうえで必須の言葉であり，理解する手段になっていることが分かります．

　本章は，大学数学の基本にある主要な概念や定理の説明です．偏微分の小節 3.2.9 は 2 変数のお話ですが，経済学や社会学における価格（あるいは価値）決定の一般的な仕組みなどの応用に直結します．

3.1　数学の諸相

3.1.1　数学とはそもそも何か

● 数学は何をする学問か

　「数学」は計算をする学問だという一般的な誤解がある．その誤解を解くのは決して容易ではない．

　狭義には最も身近な，「数」「図形（幾何学）」「計算」が小中学校教育で現れる数学（算数）に含まれることになる．「数学の定義」として最も広く受け入れられているのは，数学とは「量」，「（空間，図形に関する幾何学的）構造」，「論

理」および量や図形の「変化」に関する「方法」や「枠組み」を考える学問である，というものだろう．およそ考えうるすべてのものに共通した枠組みや論理を対象とする．

　したがって数学が公理体系を持つだけではなく「公理体系」や論証それ自身も数学の対象となる．つまり，数学それ自身を数学という道具で研究する．またそれらを記述するうえで必要な道具である「数の体系」「集合」なども重要な対象であるし，認知のシステムなどもそれに含まれる．さらに，様々な自然あるいは社会の現象を考えるために作られた「数理モデル」を解析するのも数学の役割である．*1

　数学は西欧の科学の考え方からは「形式科学」に分類され，物理や化学，生物学などの自然科学とははっきりと区別される．自然科学は，最終的には実験や観測によりその真偽が確かめられる経験科学であるのに対して，数学は，数学自身の枠の内で真偽を論理的に明らかにするものだからである．

● **数学の三つの顔**

　数学には三つの顔がある．一つは，それ自身が研究・教育の対象となる「科学」としての側面である．第二は，自然現象や社会現象を記述し，解析するための（論理や推論の規則を含む）「道具」としての面である．第三は，自然や社会を（量的あるいは質的に）正確に述べる「共通言語」としての側面である．記述の対象が普遍性を持つよう，人間の思考がより論理的・抽象的となるよう，共通言語としての役割を，数学は果たしてきた．

● **数学の近代化**

　19世紀後半以降，数学は抽象化の度合いを強め，やがて20世紀に入ると他の自然科学および応用科学から離れて独自の道を進んできた．しかし最近になって，他分野との連携により数学それ自身の学問的発展が促される機会が再び増えてきている．

　　一般に，工学部向け（あるいは理工系）数学が「やさしい数学」と同義になるような傾向がありますが，ちょっと違うと思います．ε-δ論法や収束性の議論は，現在では工学系カリキュラムでは避けられる傾向にありま

---

*1 「数理モデル」を作ることは，ひとまず数学の枠外と考える．

す．しかし本来，大学の工学向け数学の中にきちんと位置付けるべきもの
です．工学分野では実際にはかなり複雑で難しい数学を用い，数学の成果
が工学と直結することも多くなりました．応用が数学の新しい分野の開拓
を牽引している場合も少なくありません．

　また計算機の飛躍的発展に伴い，数学の役割も拡大し，周辺科学や社会から，
数学の言語あるいは道具としての教育（データサイエンス教育）をより強化す
るべきであるという要求が強くなってきている．社会科学，人文科学の分野で
も数学の道具としての役割が必須のものとなっている．

3.1.2　数学という言葉

● 定義，公理，定理，系，補題

　数学では一つひとつの言葉が厳密に定義され，また記述が曖昧であってはい
けない．そのような構造を数学が持つに至るには古代ギリシャ以来 2500 年以
上の歴史を必要とした．一方，我が国における数学（和算）が江戸時代に世界
の最先端の部分を持ちながら近代的数学にならなかったのは，和算が欧州の数
学に比べて論理に十分耐えうる形式を持たなかった，また技術や他の科学との
結びつきが少なく外からの学問的刺激が欠けていたからである．

　まず数学がどのような記述の構造を持っているか整理しておこう．真偽の判
断の対象になる文章（命題）の全体が公理系とよばれる構造を持っている．他
の自然科学では，結果（真偽）の最終的な判定は，観測結果や実験によってな
されるのと比べると，対照的である．

　定義 (definition)： 言葉の意味や用法について，共通認識を正確に持つため
　　になされる記述．

　無定義語 (undefined term)： ユークリッドの『原論』では，点，線分，直線，
　　平面は定義されている．しかし現代数学では「「点」「直線」「通る」など
　　初めから意味の分かっている術語は改めて定義しない．」（小平邦彦，『幾
　　何の面白さ』岩波書店）このような術語（学術用語）を無定義語という．
　　点や直線，平面などを実体から離れて単なる記号として導入し，その性
　　質を公理で述べて実体を明らかにするという立場をとるからである．

命題 (proposition)： 真偽の判断の対象となる文章または式．A が成立するとき「A は真である」といい，A が成立しないとき「A は偽である」という．

公理 (axiom)： 定理その他の命題を導きだすための前提として導入される最も基本的な命題．

定理 (theorem)： 数学において，公理から論理的に導きだされた真である（すなわち，証明された）命題．

系 (corollary)： ある定理から直ちに導かれる別の定理．

補題 (lemma)： より大きな結論（定理）を得るためのステップとして使われる証明された命題．定理と補題の間には明確な違いはない．

日常の意思疎通のために用いられるために，歴史的文化的背景を持って自然に発展してきた言語を自然言語 (natural language) といいます．数学的命題は一般に自然言語を用いて表現されます．うっかりすると，数学的術語と無定義語あるいは数学的命題と日常表現との区別が曖昧になることがあります．数学が分からないといわれる場合の多くは，この区別が曖昧になるためです．

定義や公理があまりに極端で，一般に形式主義すぎるという印象を持つこともあると思います．数学者になるのでなければ，その辺りは"ほどほどに"と思います．

● 証明という行為

数学における証明 (proof)：ある命題が正しいことを主張するために行われる一連の演繹 (deduction) の過程を「証明」という．証明の各段階で，公理，定理等の認められた事実や仮定から論理的推論の規則（演繹）によって新たな命題を導くという手順を経る．公理は矛盾する内容を持ってはならない．

数学的に真であることを主張する命題は，公理に基づいて（論理的過程を経て）証明されなくてはならない．また，命題の前提にある仮定が，自然界あるいは社会で現実に成り立っているかどうかは，数学とは全く別の問題である．

3.1.3　数学が分かるということ

　数学には「定義」,「式」,命題の「論理」などいろいろな理解への関門がある.しかし,ここでは少し違う視点から,「分かる」ということを考える.

　著名な数学者である岡潔 (1901–1978) は『春宵十話』その他の中で,数学の教育や数学を分かるということについていくつか述べている.

> 　数学の属性の第一はいつの時代になっても「確かさ」なのだから,君の出した結果は確かかと聞かれた時,確かなら確か,そうでなければそうでないとはっきりこたえられるようにしておいてほしい…この確かさに信頼して初めて前に進めるのだから.（「情操と智力の光」）
>
> 　数学教育の目的は決して計算にあるのではない.「（義務教育私話）」
>
> 　「結果」というものがあると信じればそれでいいので,そう信じて結果を出そうとするなら,どんな出し方でも良いのだ.「（義務教育私話）」

数学の「確かさ」は他の学問の「確かさ」とは違う.数学は第4章 4.1.2 の演繹と帰納の項で述べるように,前提とする命題が真であれば結論も真である.他の学問の「確かさ」は 経験（実験）によって裏付けられた 確かさであり,新たな事実（観測や実験）により否定されるかもしれない確かさである.それは経験科学であることによる.数学の「確かさ」は 論理によって裏打ちされた微塵の疑いもないものである.だから,「数学を分かる」ということにはこの論理的な確かさがなくてはならない,と岡潔は言うのである.

　「数学を分かるということ」にはすべての学問に共通した側面もある.「分かる」ということは,岡潔が繰り返し述べているように,身体に染み渡る「情緒」的な側面を伴い,「分かる」ということは必ず「分かる喜び」（達成感）が伴うものである.「分かってうれしい」と感じなければ,まだ本当には分かっていないのだと思い返してみることが大切かもしれない.

　だから,「分かった」と思ったら,それは自分の血肉と一体化したということだから,違うやり方で同じことを説明してみよう.あるいは他の人に,異なるいくつかの手順で説明できるかどうか,試してみよう.

> 　もしあなたが,小学生を持つ親であるならば,なるべく早くお子さんに「分かってうれしい」という経験をさせて下さい.それは幼児が「積み木

を高く積み上げてうれしい」と手をたたいて喜ぶのに似ています．親はそ
れを見てうれしく感じます．親や先生に「褒められて」うれしい（もちろ
ん，これも大切なことですが）のではなく，「自分が分かって」うれしい
という経験です．その経験があれば，あなたのお子さんは，「分かる」と
いうことがどういうことか知ることになります．

　もしあなたが学生ならば，「とことん考えて」分かることを，自分で体
験して下さい．一つのことを何日も考え続け，図を描き，式を書き換えて，
脳みそが痺れるほど考えてみてください．あなたは必ず「分かる喜び」を
経験することができるでしょう．

3.2　基本定理とその証明

　理解するために「お行儀」を良くする必要はない．命題，証明という手順を
踏むだけで数学を理解できる人は多くはない．与えられた命題が最終的に何を
述べるためのものか分からないと，命題そのものが理解できないということも
少なくない．

　まずすべての道具を駆使して問題を"理解"することが大切で，そのために
はどのような道具を使ってもよい．PCで計算をいろいろやってみて確かめる
のもよい．それをくり返せば，きっとそれ以上のことが分かるだろう．それ
が本書のタイトルである「無作法」の勧めである．その後で"曖昧さ"のない
「厳密性」「論理性」を保つための「形式」を守る必要があることに気づく．

　ここではいくつかの命題に対して，具体的にいろいろな側面から説明をして
みよう．

3.2.1　数

　実数の定義およびその四則演算（足し算，引き算，掛け算，割り算）につい
ては既知であるとする．数には，自然数，整数，有理数，無理数，複素数があ
る．自然数，整数，有理数，無理数をまとめて「実数」という．

　自然数 (natural number)： $1, 2, 3, \ldots$ というように，ものを数えるときに用
　　いられる．n という自然数の次には $n+1$ という自然数があり，このよ

うにしてすべての自然数が尽くされる（自然数の 順序）．自然数全体を $\mathbb{N}$ と書く．

整数 (integer)： $0, \pm 1, \pm 2, \pm 3, \ldots$ 等をいう．自然数は正の整数である．整数全体を $\mathbb{Z}$ と書く．2 の整数倍である整数を偶数，そうでない整数を奇数という．

有理数 (rational number)： 0 および $\pm \frac{n}{m}$．ただし n, m は（互いに素な）自然数．$m = 1$ ならば整数となる．有理数全体を $\mathbb{Q}$ と書く．

無理数 (irrational number)： 有理数ではない実数．π, $\sqrt{2}$ などは無理数である．それぞれの（無理）数が実際に無理数であることを証明することは易しくはない．

実数 (real number)： 自然数，整数，有理数，無理数をまとめて実数という．実数全体を $\mathbb{R}$ と書く．

以上は，慣れ親しんだ数（実数）である．次の複素数については，改めて定義する必要がある．

複素数 (complex number)： i を虚数単位 $(i^2 = -1$ または $i = \sqrt{-1})$ として，この i を用いて二つの実数の組 $x + iy$ と表される "数".[*2] 複素数 1 は $(1,0)$，i は $(0,1)$ に対応するというように，複素数 $x + iy$ を 2 次元平面の点 (x,y) に対応させることができる．複素数の加減乗除は別に 3.2.12 で定義する．実数に i を掛けることは，2 次元平面上で原点を中心に角度を 90 度増やすような回転を施すことである．複素数全体を $\mathbb{C}$ と書く．

3.2.2　実数

● 実数の幾何学的表現：数直線

実数を表現するために，しばしば数直線が用いられる（図 3.1）．数直線では，直線上の 1 点に一つの実数を対応させる．まず線の上に基準の点（原点）を決め，この点を 0 に対応づける．さらに，単位の長さを決めて，その直線上に数を目盛る．これが数直線である．数直線の性質を述べると次のようになる．

[*2] 虚数＝imaginary number という名前はよくない．p.205 の脚注 39 を参照.

1. 左から右へいくほど大きい数に対応する.

2. 数直線の目盛りは等間隔である.

3. 数直線の表す数は連続量として捉えられる.

4. $a + b, a - b$ $(a, b \geq 0)$ には，数直線上 a を起点として，右または左に b だけ進んだ点が対応する.

5. 「負の数」の定義：a を正の数として，$b + a = 0$ となる数 b を $-a$ と書き，**マイナス** (minus) a と呼ぶ. 原点から，a と同じ長さを左に行った点が対応する. これが負の数である.

6. 「$-a$」の定義：いったん負数 a が定義されれば，$-a$ は同じように，$a + (-a) = 0$ により定義される. よって $-a$ は正数である.

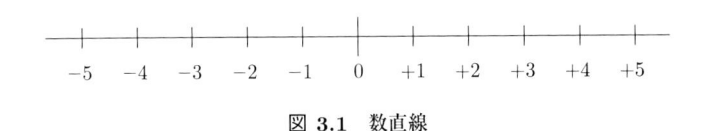

図 **3.1** 数直線

$1 \sim 4$ のように，数直線は，実数の大小関係，順序，加法，減法および連続性などを直観的に表している. 5 項目，6 項目は少し違う. これについてはここでも説明したが，次にもう少し考えよう.

● **実数の四則演算**

実数の加減算については，数直線の項で "直感的" に述べた. 任意の実数に正の実数を掛ける，あるいは任意の実数を正の実数で割ることの理解についても，大きな困難はない.

　注意をしなくてはならないのは「負の数 × 負の数が正の数になる」ということをどのくらい自然に（無理なく）理解できているかではないでしょうか. 上の 6 項目でも $(-a)$ が負数 a に対して定義されました. これが「負の数 $\times (-1)$」の一つの説明です.

● 負の数 × 負の数 = 正の数：a の正負にかかわらず，a が与えられたとき，$-a$ という数は $(-a) + a = 0$ と定義される. この式の a を $(-a)$ に置き換えれ

ば，$\{-(-a)\} + (-a) = 0$. 左右両辺に a を足せば $\{-(-a)\} = a$. したがって $(-1) \times (-a) = a$ となる．$a > 0$ とすれば，「負の数 × 負の数 = 正の数」である．

　負の数同士の掛け算 $(-a) \times (-b)$ は中学 1 年生の数学でやることになっています．それだけ抽象度が高いということでしょう．著者自身がどう理解したか，小学校の時だと思いますが，記憶にありません．しかし，上で示したような方法ではなかったでしょう．なんとなく疑問を持たずに通り過ぎて，頭の中に定着していたように思います．このようなことは子供のそれぞれの個性に従って教えるべきです．中途半端な公理的議論を持ち出して，理屈過度に教えるのはよくないし，中学生になれば自然に分かるようになると，待つのも良くないのではないでしょうか．

　実数の性質を規定しようとすると，「四則演算」「順序」「連続性」を公理として出発する必要があり，かなり面倒くさいことになる．

［名前の付いた数］

　数にはいろいろと名前の付いたものがあります．古代から人は数の性質に神秘を感じたからでしょう．ピタゴラスは数の神秘性を教義として宗教教団（ピタゴラス教団）を作りました．

　　素数 (prime number)：　1 より大きく，自分自身と 1 以外に約数を持たない自然数．2，3，5，7，11，13，... 等．1 は素数に含めません．素数は無限に存在します（この性質の証明は，ユークリッドの『原論』に既に記されています）．関連して「素数定理」（素数が自然数の中にどのように分布しているかを述べる定理），や「メルセンヌ素数」（n を自然数としたとき $2^n - 1$ を**メルセンヌ数** (Mersenne number) といいます．このうち素数となるものをメルセンヌ素数といいます）等があります．

　　合成数 (composite number)：　二つ以上の素数の積で表すことのできる自然数．$4 = 2 \times 2, 6 = 2 \times 3, 8 = 2 \times 2 \times 2, 9 = 3 \times 3, 10 = 2 \times 5,$ $12 = 2 \times 2 \times 3, 14 = 2 \times 7, 15 = 3 \times 5, 16 = 2 \times 2 \times 2 \times 2, \ldots$.

ピタゴラス数 (Pythagorean number)： ピタゴラスの定理（3 平方の定理）を満足する整数の組. $(a, b, c) = (m^2 - n^2, 2mn, m^2 + n^2)$, ただし，$m, n$ は互いに素である正の整数であり，$0 < n < m$, かつ $m - n$ は奇数. $(a, b, c) = (3, 4, 5), (5, 12, 13), (15, 8, 17), \ldots$. ピタゴラス数は定数倍してもピタゴラスの定理を満たすので，それらは同一のものとして除外します.

フィボナッチ数 (Fibonacci number)： n を 0 または正の整数として再帰的に

$$F_0 = 0, \ F_1 = 1, \ F_{n+2} = F_n + F_{n+1}$$

と定義される整数. $0, 1, 1, 2, 3, 5, 8, 13, 21, 34, \ldots$. $\frac{F_n}{F_{n-1}}$ は n を限りなく大きくすると**黄金比** (golden ratio)

$$\frac{1 + \sqrt{5}}{2} = 1.6180339 \cdots$$

に近づきます. 黄金比は無理数，$\frac{F_n}{F_{n-1}}$ は有理数ですが，上の式は無理数＝有理数を意味しているわけではなく，有理数と無理数が連続的につながっていることを意味しています. 無理数というものが，極限概念と密接な関係にあることが分かります. **フィボナッチ**(Leonardo Fibonacci, 1170?–1250?) は，中世イタリアの数学者です. 中世に数学者という職業が一般的にあったわけではないですが，その科学と数学に対する能力をかわれてピサ市から給料が払われたそうですから，やはり職業として数学者であったと言ってよいでしょう.

完全数 (perfect number)： 自分自身を除く正の約数の和が自分自身に等しくなる自然数.
$6(= 1 + 2 + 3), \ 28(= 1 + 2 + 4 + 7 + 14), \ 496(= 1 + 2 + 4 + 8 + 16 + 31 + 62 + 124 + 248)$ など.

友愛数（双子数 (twin numbers)**)**： 異なる二つの自然数の組で，自分自身を除いた約数の和が，互いに他方と等しくなるような数. 例えば (220，284). 220 の自分自身を除いた約数は，1, 2, 4, 5, 10, 11, 20, 22, 44, 55, 110 で $1 + 2 + 4 + 5 + 10 + 11 + 20 + 22 +$

$44 + 55 + 110 = 284$. 284 の自分自身を除いた約数は，1, 2, 4, 71, 142 で $1 + 2 + 4 + 71 + 142 = 220$. $(220, 284), (1184, 1210),$ $(2620, 2924), (5020, 5564), (6232, 6368), \ldots$ 等．現在知られている友愛数はすべて偶数と偶数の組か，奇数と奇数の組です．しかしこれが常に成り立つことか，また友愛数は無限に存在するか否かは未解決問題です．

365 の性質： 1 年の日数 365 にも面白い性質があります．

1. $365 = 10^2 + 11^2 + 12^2$（三つの連続する自然数の和）

2. $365 = 13^2 + 14^2$（上に続く二つの連続する自然数の和）

このような面白い性質を持つ自然数は沢山あります．

● $\sqrt{2}$ が無理数であること

既に述べたように，ある無理数が実際に無理数であることを証明することは易しいことではない．$\sqrt{2}$ が無理数であることを証明してみよう．

証明：$\sqrt{2}$ が有理数であると仮定して，矛盾を導くことにする．$\sqrt{2}$ が有理数であるならば，互いに素な正の整数 p, q を用いて $\sqrt{2} = \frac{p}{q}$ と書くことができるはずである（有理数の定義）．

これを整理すると，$2q^2 = p^2$ となる．左辺は 2 の倍数（偶数）なので p^2 は 2 の倍数（偶数）である．もし p が奇数 $(p = 2n+1)$ ならば $p^2 (= 4n^2 + 4n + 1)$ も奇数でなくてはならないから，p は偶数，すなわち 2 の倍数となる．したがって p^2 は 4 の倍数になるので，q^2 は 2 の倍数であり，先ほどと同じ論理で q も 2 の倍数でなくてはならない．こうして p も q も共に偶数となり，p, q が互いに素という仮定に矛盾する．よって $\sqrt{2}$ は有理数ではない． （証明終）

このように，命題を否定（偽であると仮定）して矛盾を導くことにより，命題が真であることを示す証明の方法を**背理法** (proof by contradiction) という．

● 実数の連続性

「実数の連続性」は，数直線を導入した段階で直感的に受け入れられている．しかし，$\sqrt{2}$ が無理数であるということを示したように，微妙な問題に対して直感で押し通すことはできないことも納得できるであろう．それでは実数の連

続性，無理数の性質はどのように数学として記述されるのか．

「無理数」の概念がきちんと成立したのは，1870 年代になって**デデキント** (Julius Wilhelm Richard Dedekind, 1831–1916) あるいは**カントル** (Georg Ferdinand Ludwig Philipp Cantor, 1845–1918) によってである．ここでは 「デデキントの切断」の議論を紹介する．

デデキントの切断 (Dedekind cut)：有理数全体を，次の性質を満足するようにして，二つの組 A, B に分ける．このとき A に含まれる有理数のいずれもが，B に含まれる有理数のどんなものよりも小さいようにとる．このようにすると，実数を以下の 1，2 の性質を満足するように分けることができる．

1. 任意の有理数は A または B のいずれか一方に属する．

2. A, B には少なくとも一つの有理数が属する．

こうして二つの組 A, B に分けたとき，A, B は次の 3〜5 のいずれかの性質を持つ．

3. A には最大の有理数 a があり，B には最小の有理数がない．

4. A には最大の有理数がなく，B には最小の有理数 b がある．

5. A には最大の有理数がなく，B には最小の有理数がない．

A には最大の有理数 a があり，B には最小の有理数 b がある，ということは起こりえない．この場合 $\frac{a+b}{2}$ も有理数であるが，仮定から A, B のいずれにも属さないことになるからである．

このように A と B に分けられた有理数全体を**切断**といい，記号 $(A|B)$ で表す．3 の場合には数直線を A の最大の有理数 a で切り分けていて，切断 $(A|B)$ は有理数 a を表す（図 3.2a）．4 の場合には数直線を B の最小の有理数 b で切り分けて，切断 $(A|B)$ は有理数 b を表す（図 3.2b）．5 の場合には切断 $(A|B)$ が有理数を表さない（図 3.2c）．切断が有理数ではない新しい種類の数を表していることになる．この数を**無理数** (irrational number) と名付ける．

これが「無理数の定義」である．デデキントの切断は，

1. 有理数の稠密性（任意の二つの有理数の間には必ず他の有理数がある．）

2. 実数の連続性（切断の切れ目には必ず実数がある．）

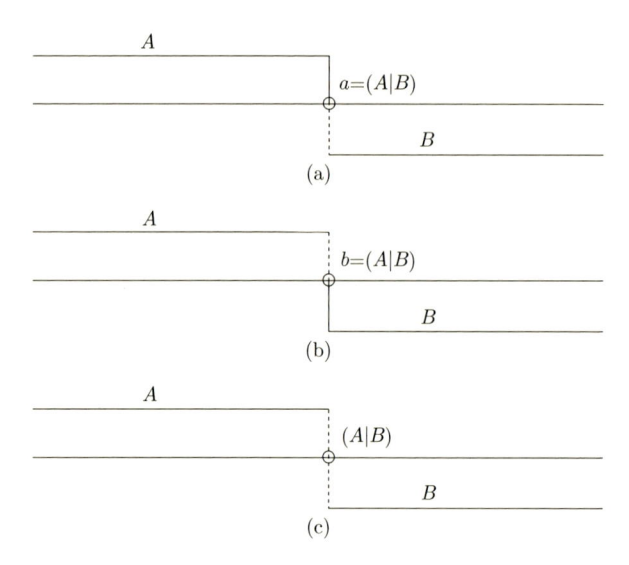

図 3.2　切断と無理数

を意味している．これらのことは数直線では暗黙裡に意味されていた．

● **代数的数および超越数について**

　　代数的数：複素数 α が，有理数 $a_0, a_1, \ldots, a_{n-a}$ を係数とする多項式

$$f(x) = x^n + a_{n-1} x^{n-1} + \cdots + a_0$$

の根 $f(\alpha) = 0$ であるとき，α を**代数的数** (algebraic number) であるという．すべての整数や有理数は代数的数であり，またすべての整数の冪（ベキ）根も代数的数である．

　　超越数：代数的数でない数，すなわちどんな有理数係数の代数方程式

$$x^n + a_{n-1} x^{n-1} + \cdots + a_0 = 0$$

の解にもならないような複素数を**超越数** (transcendental number) という．有理数は 1 次方程式の解であるから [*3] 超越数となる実数はすべて無理数である．

[*3] 有理数は n, m を整数 $(m \neq 0)$ として $x = n/m$ と表される．書き直せば $mx - n = 0$ という 1 次方程式の解である．

よく知られた超越数には，**ネイピア数**（Napier's number, 自然対数の底 e）や円周率 π(pi) などがある.

　　■ここでやり残したこと：体，環，群の定義と四則演算

3.2.3　数列

　関数の連続性および微分，積分を明確にするために，少し遠回りをして数列，そして次に級数とその基本的な性質を見ていく.

● 数列の定義

　番号づけられた実数の集合

$$a_1, a_2, a_3, \ldots, a_n, \ldots \tag{3.1}$$

を**数列** (sequence) という. これを $\{a_n\}$ と書く.

　以下では，数列 $\{a_n\}$ の振舞いを考える.
$a_1 \geq a_2 \geq a_3 \geq \cdots$ であるとき **減少数列** (decreasing sequence) といい，$a_1 \leq a_2 \leq a_3 \leq \cdots$ であるとき **増加数列** (increasing sequence) という. これらを合わせて**単調数列** (monotonic sequence) という. 例えば $1, \frac{1}{2}, \frac{1}{3}, \frac{1}{4}, \ldots$ は単調な減少数列である.

● 数列の収束

　[数列の収束] の定義 **0**：の数列 $\{a_n\}$ について，番号（自然数）n をどんどん大きくしたとき，a_n がいくらでも実数 a に近づくならば，a_n は a に収束する，という.

　　定義 0 で，「どんどん 大きくする」とか「いくらでも 近づく」と書きましたが，これはどういうことでしょう.

　[数列の収束] 図による定義：これを図で表現すると，図 3.3 のようになる. (a) では数直線上での振舞い，(b) では番号 n に対しての a_n の振舞いを示した.

　図に描くことによりおおよそのことは理解できるが，実際に図に示すことができるのはほんの少しの場合だけであり，すべてのありうる a_n の変動の様子を尽くすことはできない. 例えば図 3.3b で，点は（単調ではなく）a の上下を

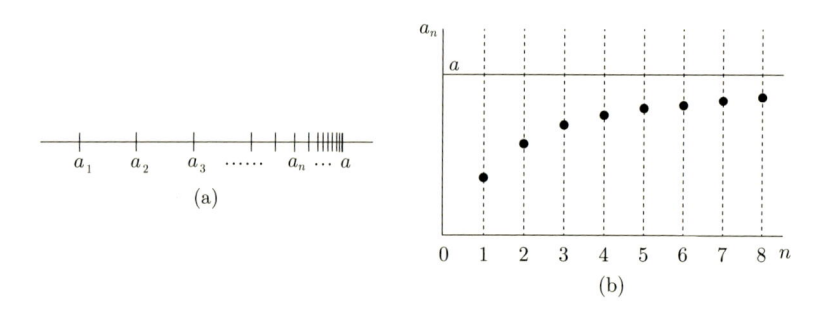

図 **3.3** (a) 数直線上で，数列 $\{a_n\}$ が a に収束する．(b) 横軸は n，縦軸は a_n．

いろいろな形で振動しながら a に近づいてもよい．最初に大まかな理解を促すために図に描いてみることは大いに勧められる．しかし，その後はどうしたら一般的な記述が得られるか考えたいものである．

次の定義はどうであろう．通常の数学の教科書で用いられる表現である．

［数列の収束］定義 **1**：n を <u>十分</u> 大きくしたとき，a_n が <u>いくらでも</u> ある一定の実数 a に近づく．これを

$$n \to \infty \text{ のとき } a_n \to a \quad \text{あるいは} \quad \lim_{n \to \infty} a_n = a \tag{3.2}$$

と書き，この数列は a を極限値 (limit value) とする，または a に収束 (convergence) する，という．

この定義は「定義 0」とほぼ同じであるが厳密な言い方である．しかしまだ曖昧な感じを受けるのは，「n を十分大きくしたとき」，「いくらでも実数 a に近づく」，「$n \to \infty$ のとき」というところにあろうか．<u>無限大</u> あるいは <u>無限小</u> を含意する表現だからだろう．これを $\lim$ や $\to$ 等を使わない式に書こうとすると次のようになる．

［数列の収束］定義 **2**：<u>任意の正数 ε</u> に対して，<u>ある数 N</u> が存在し

$$n > N \text{ であるすべての } n \text{ に対して } |a_n - a| < \varepsilon \tag{3.3}$$

となる．このとき，この数列は a を極限値とする，あるいは a に収束する，という．

こちらの定義では，定義 1 のような無限大とか無限小を直接思い起こさせる言葉はない．しかも式の意味するところは明解である．定義 1 の「n を充分大きくしたとき」は定義 2 では「或る数 N が存在し，$n > N$ であるすべての n に対して…」となり，定義 1 の「a_n がいくらでも実数 a に近づく」は定義 2 では「任意の正数 ε に対して $|a_n - a| < \varepsilon$」となった．定義 1 の表現は定義 2 のような意味であるということになる．

　定義 1，定義 2 が，数学における「表現のお約束」つまり「お作法」です．お作法に則った表現には 曖昧さ がないことが分かります．私たちは，お約束はお約束として，定義 0 のようにも，あるいは図による定義のようにも理解していけばいいのです．日常的言葉に焼き直して理解していくことは重要です．しかし日常的な言い回しを使って曖昧さなく記述しようとするとほとんど不可能といってよいでしょう．だから数学の約束事「お作法」に慣れることも絶対に必要です．

定義 2 の表現を「ε-δ 論法 (epsilon-delta definition of limit)」という．あるいは「ε-N 論法」ということもある．

● **数列の発散**
[定義] 数列が収束しないとき，**数列が発散する** (diverge) という．

発散する数列は，無限大 $\pm\infty$ になることもあれば，いくら先に行っても一定値に落ち着かないこともある．一定値の間で振動する場合もこれに含まれる．

● **コーシー列**
数列 $\{a_n\}$ が収束するとき，各項 a_n がどのように振る舞うかは，図 3.3 で見た．このとき十分先 $n, m > N$ の 2 項の間はいくらでも小さくなる．

[定義] 数列 $\{a_n\}$ が，任意の正数 ε に対して N を適当に定めると，$n, m > N$ であるすべての整数 n, m に対して $|a_n - a_m| < \varepsilon$ が成り立つとき，数列 $\{a_n\}$ を**コーシー列** (Cauchy sequence)[*4] という．

[*4] コーシー (Augustin Louis Cauchy, 1789–1857)．フランスの数学者で近代的な数学（厳密主義）の創始者といわれ，ε-δ 論法を創始したことでも有名である．自身が広い分野を切り開いた天才数学者であるが，一方で，他の優れた天才数学者アーベルやガロアの論文の価値を見出せずそれらを紛失したことでも有名．

　この定義から，コーシー列は収束する，あるいは収束する数列はコーシー列であることが理解できる．このことを納得できる人には不要であるが，証明をしてみよう．

　「コーシー列は収束する」ことの証明：$\varepsilon > 0$ に対して N を適当にとれば，$n, m > N$ である n, m に対して，$|a_m - a_n| < \varepsilon$ となるとする．すなわち $a_m - \varepsilon < a_n < a_m + \varepsilon$ である．$m = N+1$ とし，$a_n, a_{n+1}, \ldots$ の上限および下限を L_n, M_n とおこう．このとき $a_{N+1} - \varepsilon \leq M_n \leq L_n \leq a_{N+1} + \varepsilon$ $(n > N)$ である．M_n の最大値を M，L_n の最小値を L とすると $a_{N+1} - \varepsilon \leq M \leq L \leq a_{N+1} + \varepsilon$．$\varepsilon$ は任意に小さくとることができる（ε を変えれば N は変わる）ので $L = M$ であることになる．　　　　　　　　　　（証明終）

　収束する数列はコーシー列であること：$a_n \to a$ $(n \to \infty)$ と仮定し，$\varepsilon > 0$ に対して N を適当に定めると，$n, m > N$ に対して $|a_n - a| < \frac{\varepsilon}{2}, |a_m - a| < \frac{\varepsilon}{2}$ が成り立つ．これから $|a_m - a_n| < \varepsilon$ をいえばよい．この証明は読者に任せよう．

　この項は小節 4.2.4 で述べる必要条件，十分条件でもう一度説明する．

　■ここでやり残したこと：上界，下界，有界，集積値，上極限，下極限

3.2.4　級数

　数列 $\{a_n\}$ に対して，その和

$$\sum_{n=1}^{\infty} a_n = a_1 + a_2 + a_3 + \cdots \tag{3.4}$$

を（無限）級数 (series) という．また最初の有限項の和

$$S_N = \sum_{n=1}^{N} a_n = a_1 + a_2 + a_3 + \cdots + a_N \tag{3.5}$$

を部分和という．

　[級数の収束]の定義：部分和 $S_1, S_2, \ldots S_n, \ldots$ が作る数列 $\{S_n\}$ が収束するとき，上の級数を収束級数 (convergent series) という．数列 $\{S_n\}$ の極限 S を級数の和という．級数が収束しないとき発散するという．

級数 $\sum_{n=1}^{\infty} a_n$ が収束するための必要十分条件: 数列 $\{S_n\}$ が収束するためには $\{S_n\}$ がコーシー列であることが必要十分条件となる. すなわち任意の正数 ε に対して N を適当に定めると, $n, m > N$ であるすべての整数 n, m に対して $|S_n - S_m| < \varepsilon$ が成り立つことが必要かつ十分である. これを元の a_n で書けば $n \geq m$ として $|S_n - S_m| = |\sum_{k=m+1}^{n} a_k| < \varepsilon$ である. このことから, $\{S_n\}$ がコーシー列であることが必要十分条件となる.

ここでの議論から明らかなように, 級数の性質は数列の性質によって理解することができる.

[絶対収束, 条件収束] の定義:$\sum_{n=1}^{\infty} |a_n|$ が収束するときこの級数は絶対収束 (absolute convergence) するという. 級数が収束するが絶対収束はしないとき条件収束 (conditional convergence) するという.

級数 $\sum_{n=1}^{\infty} a_n$ が絶対収束すれば, 級数は収束することは, これから直ちに明らかである.

絶対収束, 条件収束の例:

1) $S = 1 - \frac{1}{2} + \frac{1}{3} - \frac{1}{4} + \cdots = \sum_{n=1}^{\infty} \frac{(-1)^{n-1}}{n}$ は $S = \log 2$ に条件収束するが絶対収束しない.

2) $S = 1 - \frac{1}{2} + \frac{1}{4} - \frac{1}{8} + \cdots$ は絶対収束 (収束値 2) する. これ自身の収束値は $S = \frac{2}{3}$.

■ここでやり残したこと: コーシーの収束判定条件

3.2.5 関数

[関数] の定義: 数の集合から数の集合への対応を関数 (function) という. 二つの変数 x と y があり, x に特定の値を代入するごとに y の値が確定する規則が与えられているとき, 変数 y は x を独立な変数 (独立変数) とする関数であるといい,

$$y = f(x) \tag{3.6}$$

と書く (図 3.4).

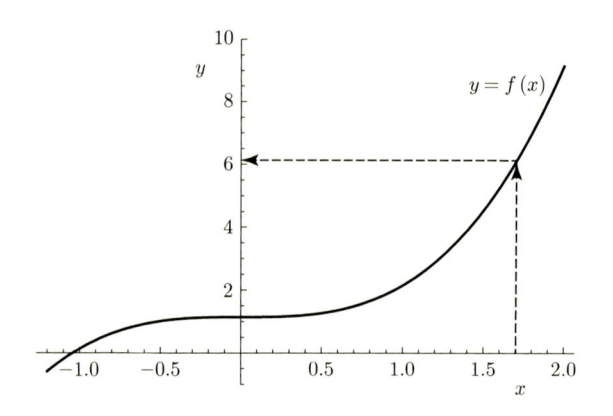

図 **3.4**　関数 $y = f(x)$. 関数 f は変数 x と変数 y の間の対応関係を与える.

　これから関数の様々な性質，振舞いを議論する．これはまた微分，積分への準備でもある.

● 関数の極限

　[関数の極限] の定義：a は関数 $f(x)$ に関する x の定義域に在る定数とする.
任意の正数 ε に対して，適当な正数 δ を定めたとき

$$0 < |x - a| < \delta \tag{3.7}$$

であるすべての x に対して，常に

$$|f(x) - \alpha| < \varepsilon \tag{3.8}$$

が成り立つならば，「x が a に近づくとき $f(x)$ は極限値 (limit value) α を持つ」という．これをまた

$$\lim_{x \to a} f(x) = \alpha \quad \text{または} \quad f(x) \to \alpha \ (x \to a) \tag{3.9}$$

と書く.

　　関数 $f(x)$ の極限値が定められました．関数は図 3.4 のように図で書かれているから，なんでわざわざこのようなことをするのだろうと疑問に思う人も多いでしょう.

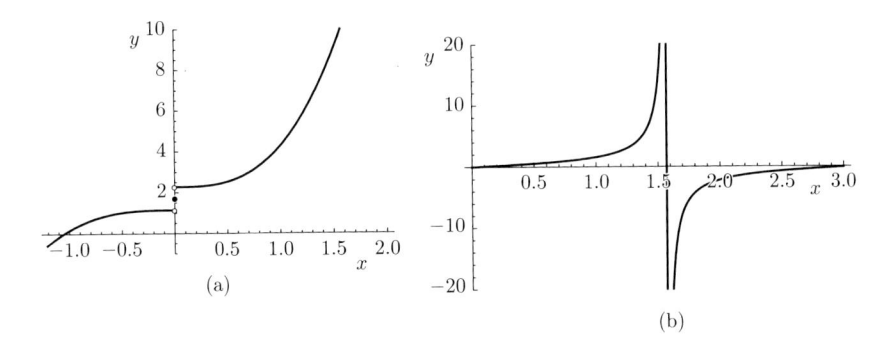

図 **3.5** (a) 跳びのある関数. $x = 0$ においては黒丸のほうが $f(0)$ の値とし, 白丸の点は値が定義されていない. (b) 発散する関数 $\tan x$. $x = \pi/2$ において, 関数が発散するので極限値を持たない.

　しかし関数というのは, 前の図 3.4 に描いたような"当り前"のものばかりではありません. 図 3.5 (a) に示したような跳びのある関数もあります. この例では x が左右から 0 に近づいたときの値が異なるので, $x = 0$ では極限値を持たないということになります. ただしこのときには必要なら, 右側の極限値（右極限値）と左側の極限値（左極限値）を別に定義することができます. (b) は $x = \pi/2$ では値が発散していますから, 極限値は持ちません. もっと変わった関数を考えることもできますが, それはおいおい示すことにしましょう. 極限値を定義する意味は, この例を考えると明らかです.

　関数の極限値の定義も, 数列の極限値の定義と同様になされますから, 最初の数列という考え方が如何に重要であるかということもだんだん明らかになってきたことでしょう.

● 関数の連続性
　関数の連続性を定義しよう. 連続性などは見ればわかると言えそうであるが, ここではこれまでやってきたのと同じような方法で定義する. これが後で, 関数の微分を定義するときに威力を発揮する.

　[関数の連続] の定義 **1**： $f(x)$ が定義されている点 a および 任意の$\varepsilon > 0$ に

対して 適当に $\delta > 0$ を選んだとき，$|x - a| < \delta$ である任意の x に対して

$$|f(x) - f(a)| < \varepsilon \tag{3.10}$$

が成り立つとき，「$f(x)$ は $x = a$ で連続 (continuous) である」という．この定義式 (3.10) を

$$\lim_{x \to a} f(x) = f(a) \quad (x \to a) \tag{3.11}$$

と書き表してもよい．

この定義は「連続関数は非常に近い 2 点を，非常に近い 2 点に写す」ということを意味している．

上に与えた関数 $f(x)$ の連続性の定義は，少し微妙な言い方です．下線を施して示したように，δ は ε に応じて選ばれます．同じ ε に対して δ の選択が x に依存する こともあります．

変数として点列を選び，それに対して連続性を定義することもできる．

[関数の連続] の定義 **2**：点 a に収束する点列 $\{a_n\}$ $(n = 1, 2, \ldots)$ に対して

$$\{f(a_n)\} \to f(a) \tag{3.12}$$

が成り立つとき，「$f(x)$ は $x = a$ で連続 (continuous) である」という．

[関数の連続] の定義 1 と [関数の連続] の定義 2 が同等であることは，[定義 1] $\leftrightarrow$ [定義 2] をいえばよい．

[**定義 1**] $\leftrightarrow$ [**定義 2**]：

(1) [定義 1] $\to$ [定義 2]：(3.12) が成り立たないとき (3.10) が成り立たないことを言えばよい．(3.12) の否定はすなわち，$\delta = 1/n$ 選ぶとき，$|a_n - a| < \delta$ かつ $|f(a_n) - f(a)| \geq \varepsilon$ という点列 $\{a_n\}$ が（少なくとも一つ）構成できるということである．これは定義 1 の否定である．[定義 2 の否定] $\to$ [定義 1 の否定] が示された．このことは [定義 1] $\to$ [定義 2] を意味する（小節 4.2.5 の議論を参照．命題を直接証明することとその対偶命題を証明することは同等である）．

(2) ［定義 1］← ［定義 2］： (3.10) が成り立たないとき (3.12) が成り立たないことを言う. (3.10) の否定は, a に収束するある数列 $\{a_n\}$ について, どんな大きな N を選んでも $|f(a_n) - f(a)| \geq \varepsilon$ となる $n > N$ があることを主張するわけだが, このことは (3.12) に反する.

　(3.10) 式において 同じ ε に対して δ の選択が x に依存しない ように選ぶことができる場合には**一様連続** (uniformly continuous) と呼ぶ. 閉じた区間（境界も含む）で連続な関数は一様連続である, ということがいえる.

　　「一様」というのは, "x に依らず" という意味です. 英語では uniform です. 英語のほうが意味がよりはっきりしています. この表現はお約束つまり「お作法」です.

　　区間について, 新しい記法を導入します. $[a, b]$ は $a \leq x \leq b$ を表し**閉区間** (closed interval) といいます. (a, b) は $a < x < b$ を表し, **開区間** (open interval) といいます. 片側のみ境界を含まない $(a, b]$, $[a, b)$ は**半開区間** (half-open interval) といい, 開区間でも閉区間でもありません.

　a が変わったとき, 同じ ε に対して δ を変えなくてはならない例を見よう.

　例 1：図 3.5 (b) は $\tan x$ を示す. この例では, 関数の定義域が $x = \pi/2$ を含まないから閉区間ではなく, $x = \pi/2$ の近くでは一様連続ではない.

　例 2：$y = x^2$ において y がものすごく大きくなる領域を考える. $y = x^2$ は x の有限区間では一様連続だが, 区間 $[0, \infty)$ では一様連続ではない.

　例 3：半開領域 $(0, 1]$ で $f(x) = \frac{1}{x}$ を考えてみよう. $|f(x) - f(a)| = \frac{|x-a|}{xa}$ なので, 任意の $\varepsilon > 0$ に対して $|f(x) - f(a)| < \varepsilon$ となるには $|x - a| < \varepsilon x a$ でなくてはならない. x, a がともに 0 により近くなると, $|x - a| < \delta$ ととるときの δ も x と a に依存して（ε よりもっと）より小さくとらなくてはいけない. すなわち, 関数を比較する場所に依存して δ を選ばなくてはならない. したがって $1/x$ は $(0, 1]$ において一様連続ではない.

● 連続関数の性質

　1. **中間値の定理** (intermediate value theorem)

　連続関数に関する重要な定理である「中間値の定理」を説明しよう.

　【中間値の定理 1】　区間 $[a, b]$ 上で定義される連続な関数 $f(x)$ は $f(a) > 0, f(b) < 0$ であるならば，$f(x)$ は区間 $[a, b]$ 上で少なくとも 1 回 0 となる.

　証明：$a_0 = a, b_0 = b$ とし区間 $[a_0, b_0]$ の中点 $c_0 = (a_0 + b_0)/2$ で $f(c_0) = 0$ であれば，ここで終わり. $f(c_0) > 0$ であるならば $a_1 = c_0, b_1 = b_0$ と定めて区間 $[a_1, b_1]$ を考える. $f(c_0) < 0$ であるならば $a_1 = a_0, b_1 = c_0$ と定めて区間 $[a_1, b_1]$ を考える. $c_1 = (a_1 + b_1)/2$ として，以下同じ議論を，区間 $[a_1, b_1], [a_2, b_2], [a_3, b_3], \dots$ に対してくり返す. 区間 $[a_k, b_k]$ は半分ずつに縮小されていくのだからその区間は $b_k - a_k = (b - a)/2^k$. したがって $a_\infty = b_\infty = \xi$. また a_n のほうからは $f(a_n) \geq 0$, b_n のほうからは $f(b_n) \leq 0$ であるから，$f(\xi) = 0$ となる（図 3.6）. $f(a) < 0, f(b) > 0$ の場合も同じように示すことができる.　　　　　　　　　　　　　　　　　　　　　　　　　　　　（証明終）

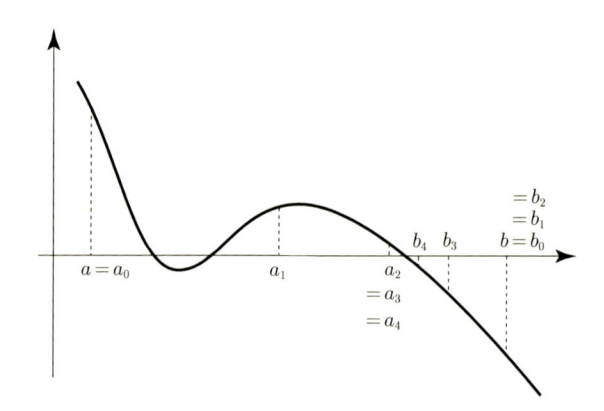

図 3.6　中間値の定理 1. $[a_0, b_0]$ から区間の真ん中を新たな点として選び，$[a_1, b_1], [a_2, b_2]$, $[a_3, b_3]$ と区間を縮小していくに従い，関数の値 $f(x)$ も 0 に近づく.

　区間 $[a, b]$ で定義された関数 $f(x)$ について，$f(a)$ と $f(b)$ の間の任意の値 C に対して，$g(x) = f(x) - C$ として上の議論をくり返せば以下の結果が得られる.

　【中間値の定理 2】　区間 $[a, b]$ 上で定義される連続な関数 $f(x)$ は，区間 $[a.b]$ で $f(a)$ と $f(b)$ の間の任意の値をとりうる.

2. 最大値の定理 (extreme value theorem)

1. 閉区間 $[a,b]$ で連続な関数 $f(x)$ は，$[a,b]$ で有界である．
2. 閉区間 $[a,b]$ で連続な関数 $f(x)$ は，$[a,b]$ で最大値，最小値をとる．

　上の命題は図に描いてみればほぼ当り前と納得できる．

　まず第 1 の命題を示そう．任意の正数 ε に対して n を適当に定め，分点 $a = x_0 < x_1 < x_2 < \cdots < x_n = b$ を選んで区間 $[a,b]$ を分割したとき，$x_{k-1} \le x', x'' \le x_k$ に対して

$$|f(x') - f(x'')| < \varepsilon$$

が成り立つようにすることができる．するとそれぞれの小区間内で $f(x)$ は連続だから，

$$x_k \le \xi_k \le x_{k+1} \text{ に対して } |f(x_k) - f(\xi_k)| < \varepsilon$$
$$\text{すなわち} \quad f(x_k) - \varepsilon < f(\xi_k) < f(x_k) + \varepsilon$$

である．またこの式は同時に $f(x_{k-1}) - \varepsilon < f(x_k) < f(x_{k-1}) + \varepsilon$ も意味するので，さらに

$$f(x_{k-1}) - 2\varepsilon < f(\xi_k) < f(x_{k-1}) + 2\varepsilon$$

でもある．これを続ければ，$a \le x \le b$ であるすべての x に対して

$$f(a) - n\varepsilon < f(x) < f(a) + n\varepsilon$$

が成り立ち，$f(x)$ が上にも下にも有界であることが分かる．$f(x)$ の上限値（下限値）の存在は以上で示されたが，この値を $f(x)$ が実際にとるのかとらないのかということが次の問題である．

　区間 $[a,b]$ で連続関数 $f(x)$ は有界な値 L に限りなく近づくことはできるが，値 L をとることはないと仮定しよう．このとき $g(x) = 1/(f(x) - L)$ を考えると，$f(x) - L$ は 0 にはならない連続関数なので $g(x)$ も連続関数である．一方，$f(x)$ はいくらでも L に近づくので連続関数 $g(x)$ は有界ではない．これは命題 1 の連続関数が有界であることに矛盾する．こうして 2 番目の命題も証明された．最小値に関しても同様の議論ができる．

3.2.6　微分

　微分という概念は，その成り立ちの歴史から見ても数学以外の科学との結びつきが強い．微分は，物理学の一分野である力学が成立する際に，**ニュートン**(Isac Newton, 1642–1727) および**ライプニッツ** (Gottfried Wilhelm Leibniz, 1646–1716) により作られた.

　　力学では，有限時間を経た後の「位置の変化」を問題にしますが，「位置の変化の割合」も重要です．これが**速度** (velocity) です．さらに速度が変化するならば，「速度の変化の割合」である**加速度** (acceleration) も重要な物理量（物理学の対象となる量）となります.

　　現在では微分の概念は経済学でも盛んに用いられています．経済学でいうところの限界便益関数，限界費用関数などが，力学の速度に対応します．**限界便益関数**というのは便益関数（便益 y を財の消費量 x の関数として表したもの）の変化の割合をいいます．また「限界」とは限界量の意味で，後の式（3.14）に現れる「最後に 0 にもっていく（無限小）」量 h のことです．したがって限界便益とは価格のことになります．このことから価格は便益（需要）に依存することが分かります．（田中久稔著，『経済数学入門の入門』p.64，岩波書店）

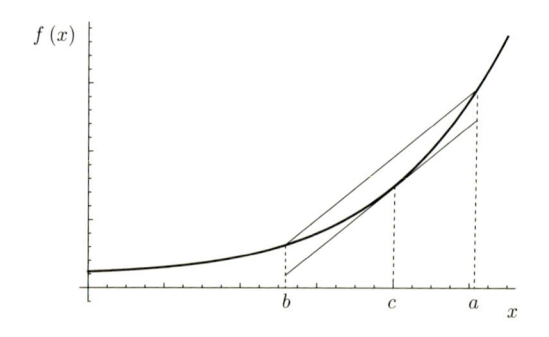

図 **3.7**　関数 $f(x)$ と区間 $a \leq x \leq b$ における平均的変動の割合，および $|a - b| \to 0$ $(\lim a = \lim b = c)$ のときの接線.

● 微分とは

関数 $f(x)$ の $x = a$ と $x = b$ $(a > b)$ の間の変化の割合についての平均は

$$\frac{f(a) - f(b)}{a - b} \tag{3.13}$$

である．関数 $f(x)$ が一様連続であれば $|a-b| \to 0$ としたとき $|f(a)-f(b)| \to 0$ となる．ここで (3.13) 式の分母，分子は同程度の速さで 0 になるから，この式の値は一般にある確定した値をとる．これは，関数 $f(x)$ の，点 $x = a$ における変化の割合である．$f(x)$ が実数値をとる関数ならば，この値は $f(x)$ の $x = a$ での接線の傾き（勾配）である（図 3.7）．

[関数の微分] の定義：

$$\lim_{h \to 0} \frac{f(x + h) - f(x)}{(x + h) - x} \tag{3.14}$$

が存在して有限の値をとるとき，これを**微分** (differential, differentiate)，**導関数** (derivative)，**微分係数** (differential coefficient) といい，

$$\frac{d}{dx}f(x), \quad \frac{df(x)}{dx}, \quad f'(x) \tag{3.15}$$

等と表す．

力学では，質点の位置を時間の関数として表します．速度は位置を時間で微分したものです．

微積分学の優先権の論争：微積分の発明は**ニュートン**と**ライプニッツ**により独立に行われました．両者の優先権（プライオリティ）の論争は歴史的にも名高いものです．当時のイギリス国内でのハノーバー家による統治および英仏戦争などの国際政治情勢が，この争いをより激しいものにしました．現在では，世に公表したのはライプニッツが早く，着想したのはニュートンのほうが先で，それぞれが独立であったということが知られています．

ニュートンとライプニッツの優先権争いは，当時は表面上ニュートン派が勝利を収めたような格好になりました．しかし実際には，ニュートンとライプニッツの死後，数学および力学研究の中心はイギリスから欧州大陸

に移りました.

　微積分学の記号：[*5] ニュートンは微分を表すのに dotted system $\dot{y}$ を用いました. この記法は何で微分するかを明示しないためにあまり使われなくなりました. しかし現在も, 力学などで時間を独立変数としてそれで微分するときなどでは, 用いることがあります. 一方, ライプニッツは無限小の区間の大きさの記号として dx などを導入しました. 現在我々が用いている微分記号はライプニッツによるものです. 積分の記号 $\int$ もライプニッツによるものです.

　微分という言葉もライプニッツによります. ニュートンは流動率 (fluxion) という言葉を用いていました.

● 微分に関する基本的な定理

　微分学の基本的な定理の一つは**ロル** (Michel Roll, 1652–1719) の定理である. ここでは中間値の定理を前提にして, ロルの定理, 平均値の定理の順番に説明する. 其々が前の定理に基づいて示される.

1.【ロルの定理】 閉区間 $[a, b]$ で定義され, (a, b) で微分可能な連続関数 $f(x)$ は, $f(a) = f(b)$ ならば $f'(\xi) = 0$ となる点 ξ $(a < \xi < b)$ が少なくとも一つある.

　$f(x)$ が定数でない限り, 上昇から下降または下降から上昇に転ずる点 ξ が少なくとも一つあることは, 図を描けば明らかである (図 3.8).

[*5] ニュートンは近代科学の父ともいうべき人物であるが, 同時に中世の色彩を色濃く残した人, 最後の中世科学者とでもいうべき人（J.M. ケインズによる人物評）であった. 最晩年には聖書にある事柄の年代記研究や錬金術研究に多くの時間を割いていた.

　ライプニッツは, ハノーバーの宮廷につかえる外交官, 政治家の顔を持つ数学者, 科学者, 哲学者であった. ヨーロッパ大陸の合理主義を牽引し, ニュートンよりもより近代的合理的な考えの持ち主だったと言われている. 微積分学で現在用いられている記号もライプニッツによるものが多く, それも彼の合理主義の証であろう. 記号を作った功績は, 単なる記号の問題ではなく, その後の数学の発展に欠くべからざるものであった.

　近代数学はライプニッツにつながるベルヌーイ (Jakob Bernoulli, 1654–1705), ベルヌーイ (Johan Bernoulli, 1667–1748) 兄弟に引き継がれた. さらにオイラー (1707–1783), ガウス (1777–1855), ガロア (1811–1832), コーシー (1789–1857), リーマン (1826–1866), デデキント (1831–1916), ヒルベルト (1862–1943) という人々の系譜で近代科学としての数学は切り開かれていったのである.

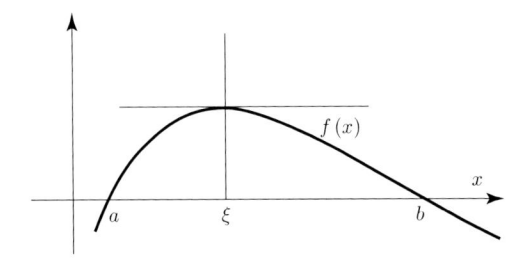

図 3.8　$f(a) = f(b)$ であるならば，$f'(\xi) = 0$ となる点 ξ $(a < \xi < b)$ が少なくとも一つある.

　3.2.5 で「連続関数は閉区間でその最大値および最小値をとる（最大値の定理)」ことを示した．これをもとに上の定理を示せば次のようになる.

　$f(x)$ が点 c $(a \le c \le b)$ で最大値をとると仮定する．すると $h > 0$ として $f(c - h), f(c + h) \le f(c)$ であるので，

$$\frac{f(c - h) - f(c)}{-h} \ge 0, \quad \frac{f(c + h) - f(c)}{h} \le 0$$

である．$h \to 0$ とすれば，いずれも $f(x)$ の $x = c$ における微分の式であるから，$f'(c) = 0$ を得る．最小値の場合も同様.

　2.【平均値の定理】　閉区間 $[a, b]$ で連続な関数 $f(x)$ が (a, b) で微分可能であるならば

$$\frac{f(b) - f(a)}{b - a} = f'(\xi) \tag{3.16}$$

となる点 ξ が必ず区間 (a, b) の中にある.

　$g(x) = f(x) - \{(f(b) - f(a))/(b - a)\}x$ と置くとこれは (a, b) で微分可能な連続関数で，$g(a) = g(b)$．$g(x)$ にロルの定理を用いて (3.16) が示される.

　これで微分学の基本定理は全部示された.

● 微分の公式

　1. $f(x), g(x)$ が微分可能なとき，それらの和，差，積，商に関する微分

$$\text{(i)} \quad \frac{d}{dx}(f \pm g) = \frac{d}{dx}f \pm \frac{d}{dx}g$$

$$\text{(ii)} \quad \frac{d}{dx}(fg) = \frac{df}{dx}g + f\frac{dg}{dx}$$

$$(\text{iii}) \ \frac{d}{dx}\left(\frac{1}{f}\right) = -\frac{\frac{df}{dx}}{f^2}$$

ここでは（ii）のみ示す．この式を以下のように書き換えればよい．

$$\begin{aligned}
\frac{d}{dx} \, fg &= \lim_{h\to 0} \frac{f(x+h)g(x+h) - f(x)g(x)}{h} \\
&= \lim_{h\to 0} \frac{(f(x+h)g(x+h) - f(x)g(x+h)) + (f(x)g(x+h) - f(x)g(x))}{h} \\
&= \lim_{h\to 0} \frac{f(x+h) - f(x)}{h} g(x+h) + \lim_{h\to 0} f(x)\frac{(g(x+h) - g(x))}{h} \\
&= f'(x)g(x) + f(x)g'(x)
\end{aligned}$$

2. $f(x), g(x)$ が微分可能なとき，合成関数 (compotite function) $h(x) = f(g(x))$ の微分

$$\frac{d}{dx}h(x) = \frac{d}{dx}f(g(x)) = \left[\frac{df(y)}{dy}\right]_{y=g(x)} \cdot \frac{dg(x)}{dx}$$

これも示しておこう．

$$\begin{aligned}
\frac{d}{dx}f(g(x)) &= \lim_{h\to 0} \frac{f(g(x+h)) - f(g(x))}{h} \\
&= \lim_{h\to 0} \frac{f(g(x+h)) - f(g(x))}{g(x+h) - g(x)} \cdot \frac{g(x+h) - g(x)}{h} \\
&= \frac{df(y)}{dy}\bigg|_{y=g(x)} \cdot \frac{dg}{dx}
\end{aligned}$$

となる．

　ここで (3.14) を少し書き換えてみよう．この式は $h \to 0$ での極限を書いているのだから，h が有限のときはどうなるだろうか．$\frac{f(x+h)-f(x)}{(x+h)-x} \simeq f'(x)$ と書いたらどうだろう．ただし $\simeq$ は "近似的に" あるいは "おおよそ" の意味と考えてよい．"おおよそ" というのは，残りの項があるがその項は $h \to 0$ としたとき同時に 0 になる，つまり h^Δ（h の Δ 乗，$\Delta \geq 0$）程度の量という意味である．これを式で書くと

$$\frac{f(x+h) - f(x)}{(x+h) - x} = f'(x) + \varepsilon(h) \quad \text{ただし} \quad \varepsilon(h) \to 0 \ (h \to 0)$$

となる. h に依存した残りの項を $\varepsilon(h)$ と書いた. したがって $f(x)$ が微分可能
であれば

$$f(x+h) = f(x) + hf'(x) + h\varepsilon(h) \tag{3.17}$$

$$\text{ただし} \quad \varepsilon(h) \text{ は } h \to 0 \text{ のとき } 0 \text{ になる.}$$

と書かれることを表している. この表記は, 微分等の性質を議論するときとて
も便利である. これまで示したいくつかの微分公式も, この表し方を用いれば,
もっと要領よく示すことができる.

h が非常に小さい量であるとき,

$$\Delta x = (x+h) - x = h, \quad \Delta f = f(x+h) - f(x) = hf'(x) + h\varepsilon(h) \tag{3.18}$$

も h 程度の小さい量となる. 微分はこれらの比の極限である:

$$\frac{d}{dx}f(x) = \lim_{h \to 0} \frac{\Delta f}{\Delta x} = \lim_{h \to 0} \frac{f(x+h) - f(x)}{(x+h) - x}$$
$$= \lim_{h \to 0}(f'(x) + \varepsilon(h)) = f'(x)$$

■ここでやり残したこと: 初等関数 $x^n, x^\alpha, \log x$, 指数関数, 3角関数
等の微分公式.

● テイラー展開

微分学の重要な結論の一つが「テイラー展開」,「テイラー級数」である. 数
学の上でもあるいは実用上も使い手のあるものである.

$f(x)$ は $[a, b]$ で第 n 階まで微分可能とする. このとき c を区間内の定点とす
ると,

$$f(x) = f(c) + (x-c)\frac{f'(c)}{1!} + (x-c)^2\frac{f''(c)}{2!} + \cdots$$
$$+ (x-c)^{n-1}\frac{f^{(n-1)}(c)}{(n-1)!} + (x-c)^n\frac{f^{(n)}(\xi)}{n!} \tag{3.19}$$

ただし $c < \xi < x$ または $x < \xi < c$, つまり ξ は c と x の間の適当な数であ
る. これをテイラー (Taylor) の定理, この展開をテイラー級数, テイラー展開

という.

　テイラー (Brook Taylor, 1685–1731) はイギリスの数学者で，著書 *Methodus incrementorum directa et inversa* の中で「テイラーの定理」の詳細を述べている.

　　高次の微分に対する記号が初めて出てきました.　k 次微分係数のことを **k 階微分係数** (derivative of k-order) といい $f^{(k)}(x)$ と書きます.　例えば $f''(x) = f^{(2)}(x)$ です.　(3.19) の最後の項を**剰余項** (remainder term) といいます.

　　この式（3.19）の各項は左右両辺を何回か微分して $x = c$ とすれば直ぐに示すことができますので自分でやってみてください.　剰余項がこうなるということを示すのは少し手間がかかりますので，省略することにします.　この式は平均値の定理の拡張になっており，これを示すのにも平均値の定理を用います.

● **1 変数の最大値，最小値**

　関数の微分，導関数は，関数の値の最大値，最小値の評価につながる.

　1 変数 x の関数 $f(x)$ の最大値（符号を変えれば最小値）を決めるのは難しくない.　$f(x)$ が最大値をとる点 x_0 の付近で $x = x_0 + s$ として s を負から 0 を経て正に動かすと関数 $f(x)$ の値は $s < 0$ で増大し x_0 を過ぎると $s > 0$ で減少する.　$f(x)$ を $x = x_0$ の周りでテイラー級数展開すれば

$$f(x) = f(x_0) + f'(x_0)(x - x_0) + \frac{f^{(2)}(x_0)}{2!}(x - x_0)^2 + \cdots , \quad a > 0$$

である.　$f(x)$ が最大値をとる点 x_0 では

$$f'(x_0) = 0 , \quad f^{(2)}(x_0) < 0 \tag{3.20}$$

であることが必要がある.　このような関数を**上に凸** (convex upward) な関数という.

　上の (3.20) で $f^{(2)}(x_0) > 0$ なら $f(x)$ は x_0 で最小値をとり，**下に凸** (downward convex) な関数となる.

● 逆関数の微分

x から y への対応が関数 $y = g(x)$ で与えられるとしよう．この場合には y から x への対応関数 $x = f(y)$ を考えることができる．前者 $y = g(x)$ に対して後者 $x = f(y)$ を，前者の**逆関数** (inverse function) という．この場合，$f(y)$ を $f^{-1}(y)$ と書くこともある．

$$x(y(x)) = x$$

である．両辺を x で微分して合成関数の微分法を用いれば

$$\frac{dx}{dy} \cdot \frac{dy}{dx} = 1 \tag{3.21}$$

であるから

$$\frac{dx}{dy} = \frac{1}{\dfrac{dy}{dx}} \tag{3.22}$$

を得る．

　　この関係の幾何学的意味は明白です．x-y 平面上の図形 $y = y(x)$ と $x = x(y)$ が，45° の直線 $y = x$ に対して，互いに対称の関係があるということを意味します．3角関数でいえば，

$$\tan\theta \cdot \cot\theta = 1$$

　の関係です．

3.2.7 積分（リーマン積分）

● 定積分とは

図3.9(a) の曲線はそれぞれの時刻 t における物体 A（力学では質点という）の速度 $v(t)$ を図に描いたものである．時間を短い間隔 Δt で分けて，$t_k = t_0 + k\Delta t$ というとびとびの値で考えよう（差分化）．*6 その各時刻での質点 A の位置 $x(t_0 + k\Delta t)$ は近似的に

$$x(t_0 + \Delta t) = x(t_0) + v(t_0)\Delta t + O(\Delta t^2) \tag{3.23}$$

---

*6 ここでは間隔は等しいとするが，以下の議論は等間隔である必要はない．

である．$O(\Delta t^2)$ は Δt の 2 次以上のさらに高次の微小量という意味である．時刻 $t_0 + 2\Delta t$ では同様な式

$$
\begin{aligned}
x(t_0 + 2\Delta t) \quad &= x(t_0 + \Delta t) + v(t_0 + \Delta t)\Delta t + O(\Delta t^2) \\
&= x(t_0) + v(t_0)\Delta t + v(t_0 + \Delta t)\Delta t + O(2\Delta t^2)
\end{aligned}
$$

を得，これをさらに続ければ

$$
x(t_0 + (n+1)\Delta t) = x(t_0) + \sum_{k=0}^{n} v(t_0 + k\Delta t) \cdot \Delta t + O((n+1)\Delta t^2)
$$

$$(3.24)$$

となる．この和を**リーマン和** (Riemann sum) という．(3.24) が図 3.9(a) の短冊形全体の面積（ただし $v(t)$ は符号を持っているので，符号を含めた面積）を表す．

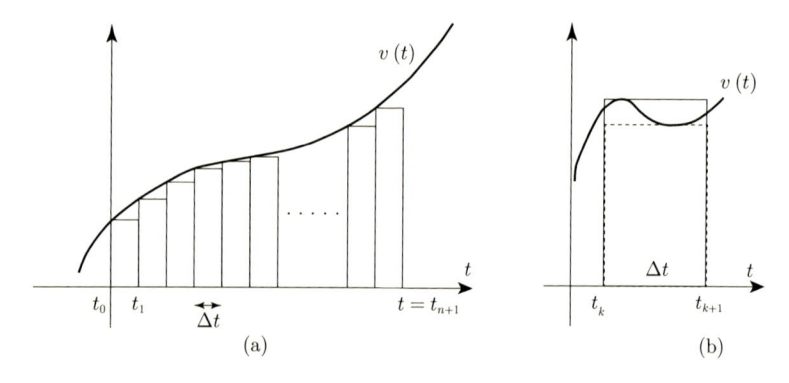

図 **3.9**　（a）質点 A の速度の各時刻 t での値と区間の短冊形分割．(b) 1 区間内の最大，最小の様子．

$t = t_0 + (n+1)\Delta t,\ \Delta t = (t - t_0)/(n+1)$ として，さらに t と t_0 を変えずに区間の分割数 $n \to \infty$　（すなわち $\Delta t \to 0$）の極限をとることにする．$\Delta t \to 0$ とすると (3.24) の和が一定値になるかどうかは自明なことではない．区間 $[t_0 + k\Delta t, t_0 + (k+1)\Delta t]$ において $v(t)$ の最小値を $t = \xi_k$ で，最大値を

$t = \eta_k$ でとるとする．ここで最大値（最小値）の原理を用いると

$$\sum_{k=0}^{n} v(\xi_k) \cdot \Delta t \leq \sum_{k=0}^{n} v(t_0 + k\Delta t) \cdot \Delta t \leq \sum_{k=0}^{n} v(\eta_k) \cdot \Delta t \qquad (3.25)$$

である．[*7] 区間 $[t_k, t_{k+1}]$ における最大値 $v(\eta_k)$ および最小値 $v(\xi_k)$ で $v(t)$ を挟む様子を図 3.9(b) に示した．

分点の数を増やし Δt を小さくしていけば，(3.25) の一番左の値は増加し一番右の値は減少する．$v(t)$ が t について連続な関数であれば，既に関数の連続性で見たように（$v(t)$ は有限の閉区間で連続な関数であることを仮定しておけばこれは一様連続関数である）$\Delta t \to 0$ の極限で (3.25) の左と右（$|v(\eta_k) - v(\xi_k)| \sim v'\Delta t$ であるから，両者の差は Δt^2 より早く 0 に近づく）は一致し，したがって真ん中の項は一定値に収束する．このとき収束する値は，図 3.9(a) において，$[t_0, t]$ 区間で曲線 $v(t)$ と t-軸の間の面積である．

$n \to \infty$ の極限（$\Delta t \to 0$ の極限）に対して (3.24) を書き直して

$$x(t) = x(t_0) + \int_{t_0}^{t} v(t')dt' \qquad (3.26)$$

と書く．(3.24) から (3.26) で

$$\sum \to \int, \quad \Delta t \to dt$$

と化けているが，本質的に同じものである．$\int$ の下付の添え字は，面積を定義する際の t の下限，上付の添え字は上限を示す．これが**定積分** (difinite integral) である．定積分の"定"は，この積分の上下限が<u>一定値</u>t_0 と t に固定されていることを意味する．リーマン和の極限として定義する積分を**リーマン積分** (Riemann integral) という．

　$\sum$ 記号（ギリシャ文字シグマ (s) の大文字）はオイラー，$\int$ 記号（s を長く書いた）はライプニッツによって考案されました．ライプニッツについては，微分のところで紹介しましたので，もう一度思い出してください．

[*7] 残りの $O((n-1)\Delta t^2)$ と書いた項に関しては，$\Delta t \sim 1/n$ であるから $(n-1)\Delta t^2 \sim n^{-1}$ であり $n \to \infty$ で 0 となる．そのため，こちらの項についてはこれ以上考える必要がない．

オイラー (Leonhard Euler, 1707–1783) はスイス生まれ，18 世紀最大の数学者です．プロイセンのフリードリッヒ 2 世（大王），ロシアの女帝エカテリーナ 2 世などの啓蒙専制君主に仕え重用されました．オイラーは歴史上もっともたくさんの数学の論文を書いた人であり（実際のところオイラーの研究論文の全集を作ることが 1909 年に企画されて始まり，まだいつ終わるのか分からないそうです），広範な領域にオイラーの名前を冠した定理があります．

リーマン (Georg Friedrich Bernhard Riemann, 1826–1866) は 19 世紀を代表する数学者．リーマン積分の他，複素解析などの解析学全般，楕円関数論，リーマン幾何学など広い範囲で新しい数学の分野を開きました．

以上で定積分が曲線と横軸の挟む部分の面積であることは分かったが，定義どおり短冊形に切って面積を測るわけにはいかない．[*8] 具体的にそれをどう計算すればよいかは次の小節で説明する．

● **不定積分（微分の逆）とは**

中等教育の段階で学習する積分とはどうだったでしょう．多分，リーマン和による積分の定義はなく，以下で説明する方法で積分を定義したと思います．もちろん，どちらで定義してもよいのですが，最後にそれが同じものであることが説明できなくてはいけません．中等教育のレベルでこれらが同じものであることを示すのは難しいので，定積分で定義するほうが具体的なイメージを持ちやすくてはるかに良い，と著者は考えています．

関数 $f(x)$ が区間 $[a, b]$ において連続かつ微分可能であるとする．このとき $f(x)$ を x で微分した導関数を $F(x)$ とする．

$$\frac{df(x)}{dx} = F(x) \tag{3.27}$$

導関数が一意的に定まるのなら，逆に $F(x)$ を与えて $f(x)$ を定めることができる．これを

[*8] 実際にグラフを方眼紙に書き，その升目を数えて積分の近似値を得る方法もある．地図などから平面積を測るプラニメータという機器もある．また紙に書いた図形を切り取りその重さを測って面積を求めるという方法もある．コンピュータを使ってきわめて狭い範囲の矩形面積を足し上げて数値的な答えを得ることは広く行われる方法である．

$$f(x) = \int F(x')dx' \tag{3.28}$$

で表す．定積分と区別して（3.28）を**不定積分** (indefinite integral) という．また $F(x)$ に対して $f(x)$ を「$F(x)$ の積分」「$F(x)$ の原始関数」と呼ぶ．

　以上が積分の説明です．確かに簡潔で短くできます．しかしこれだけでは，積分 $f(x)$ を面積に対応づけて具体的にイメージすることは難しくなってしまいます．

● 不定積分と定積分の関係

　議論を完全にするには，定積分と不定積分の関係をハッキリさせる必要がある．$[a, b]$ 内に x と $x + h$ をとれば定積分の定義（3.26）から（$t \to x$, $v(t) \to F(x)$, $x(t) \to f(x)$）

$$\frac{f(x+h) - f(x)}{h} = \frac{1}{h}\Big[\int_a^{x+h} F(x')dx' - \int_a^x F(x')dx' \Big]$$
$$= \frac{1}{h} \int_x^{x+h} F(x')dx' = \frac{1}{h} \int_0^h F(x+\xi)d\xi$$

である．さらにこれを書き直して

$$\frac{f(x+h) - f(x)}{h} - F(x) = \int_0^h \frac{F(x+\xi) - F(x)}{h}\, d\xi \tag{3.29}$$

を得る．もし $F(x)$ が $[a, b]$ で連続であれば，任意に小さな $\varepsilon > 0$ に対して適当に $\delta > 0$ を定めれば

$$|F(x+\xi) - F(x)| < \varepsilon \quad (|\xi| < \delta)$$

とすることができる．これから（3.29）式は

$$\frac{f(x+h) - f(x)}{h} - F(x) < \int_0^h \frac{\varepsilon}{h}dx = \varepsilon$$

と評価できる．よって $h \to 0$ の極限をとって（したがって $\varepsilon \to 0$）

$$\frac{df(x)}{dx} = F(x) \tag{3.30}$$

となり，最初の不定積分の定義式（3.27）と一致する．このことは不定積分と x までの定積分が同じものであることを意味している．

　ここまで学習した方は，もう $\varepsilon\text{-}\delta$ 論法に慣れてきているので以上の証明は当り前に思えるかもしれません．（そう思えるようになっていてほしいと思います．）しかし実は，$\varepsilon\text{-}\delta$ 論法が分からなければ，定積分と不定積分が同じものだという証明（説明）が大変面倒なことになります．中等教育でそれを要求するのはいささか酷ですから，イメージがつかめる定積分での定義が優れていると言ったわけです．また大学レベルの解析学で $\varepsilon\text{-}\delta$ 論法を避けてはいけないということも理解していただけたのではないでしょうか．リーマン和が分からないという人も少なくありませんが，$\varepsilon\text{-}\delta$ 論法をおろそかにするためだと思います．

■**ここでやり残したこと：** 積分定数，いくつかの積分公式，級数の和と積分の順序交換，部分積分，広義積分

3.2.8　常微分方程式

　微分および積分について学んだ．微分や積分の役割は単に関数を微分したり積分したりだけではない．（3.23）をもう一度思い出そう：

$$x(t_0 + \Delta t) = x(t_0) + v(t_0)\Delta t + O(\Delta t^2) \tag{3.23}$$

これを変形して

$$\frac{x(t + \Delta t) - x(t)}{\Delta t} = v(t) + O(\Delta t)$$

となる．ここで $\Delta t \to 0$ の極限をとれば

$$\frac{dx(t)}{dt} = v(t) \tag{3.31}$$

を得る．同様に速度 $v(t)$ の時間変化（加速度）についても一般に

$$\frac{dv(t)}{dt} = f(t) \tag{3.32}$$

と書かれる．（3.31），（3.32）を連立させる，あるいは両辺から $v(t)$ を消去して

$$\frac{d^2 x(t)}{dt^2} = f(t). \tag{3.33}$$

(3.33) は 2 階常微分方程式の一つである．より一般的には

$$a_2(t)\frac{d^2x(t)}{dt^2} + a_1(t)\frac{dx(t)}{dt} + a_0(t)x(t) = f(t) \qquad (3.34)$$

である．

　力学の場合を考えてみよう．

● ニュートンの運動の法則

　(3.33) は純粋に数学の式である．ガリレオの実験，ニュートンの思考により数学の式と物理的な量が結びつけられた．それが，物理で決まっている定数を含めると

$$m\frac{d^2x(t)}{dt^2} = f(t) \qquad (3.35)$$

という式で表現される．ここで m は質量（慣性質量）であり $\frac{d^2x(t)}{dt^2}$ を加速度である．右辺の $f(t)$ は力である．したがって，この式は質点に外から力が働かない場合には加速度は 0，あるいは速度は一定である，と読むことができる．これがニュートンの慣性の法則である．

　　（大学での）力学の講義が数学の講義だと思う人が沢山いると聞きます．【加速度 $\times m$=力】というのは物理的な実験に基づく事実です．それが（3.35）です．その式で $f(t) = 0$ の場合は「慣性の法則（運動の第一法則）」であり，$f(t) \neq 0$ の場合が「運動の法則（運動の第二法則）」を記述しているのです．力学が数学と大変似ていて，一つの公理系として閉じているというのは，その生まれから当然なことであり，学問の発達の歴史を反映しているのです．電磁気学や量子力学についても同様です．一方で自然現象と物理学を対照すると，物理学の体系が閉じていない，例えば（ニュートン）力学だけで森羅万象の力学的現象を記述することはできないことが分かります．そうやって科学は深まってきたのです．

　外力のない場合 $f(t) = 0$：この場合は $\frac{d^2x(t)}{dt^2} = 0$ あるいは 1 回積分して $\frac{dx(t)}{dt} = v_0$（$v_0 =$ 定数）となる．もう一度積分すると

$$x(t) = x_0 + v_0 t \quad (x_0 = 定数)$$

である．すなわち，位置の変化（変位）は時間に比例する．これが「等速度運

動」である.

外力一定の場合　$f(t) = -g$ $(g = $一定$)$：この場合も同じように 2 回積分
して

$$x(t) = x_0 + v_0 t - \frac{1}{2} g t^2$$
$$= -\frac{1}{2} g \left(t - \frac{v_0}{g} \right)^2 + \left(x_0 + \frac{1}{2} g v_0^2 \right)$$

を得る. ここで v_0, x_0 はそれぞれ定数である. これが「等加速度運動」である.

以上のように, 自然現象はいろいろな**微分方程式** (differential equation) で
記述される.

上に述べたことから分かるように, 微積分学は自然現象, 特に天体の運
動を理解する中から生まれました. 天体と地上の物体の運動を記述する運
動法則が同じものであることも分かりました. これが「万有引力の法則」
の意味です. 「万有＝宇宙に存在するすべての物」という意味はここにあ
り, ニュートンの功績は, 天上も地上も同じ運動法則に支配されているこ
とを示したことにあるのです.

■ここでやり残したこと：連立常微分方程式, 解の存在と一意性（4.4.2
項）, 解の安定性.

3.2.9　偏微分

一般に関数 f が単一の変数によって決まるということは少ないだろう. 独立
な変数が複数ある場合を考えよう.

● **偏微分とは**

二つ以上の変数 $(x, y, \ldots)$ の関数について, 他の変数は一定のままにして一
つの変数（例えば x）に関する変化率を定義できるとき, これを**偏微分** (partial
differentiation) という.

関数 $f(x, y)$ を 2 変数 x, y の関数であるとする. ある領域内の各点で

$$\frac{\partial f(x, y)}{\partial x} = \lim_{\Delta x \to 0} \frac{f(x + \Delta x, y) - f(x, y)}{\Delta x} \equiv f_x(x, y) \qquad (3.36)$$

$$\frac{\partial f(x, y)}{\partial y} = \lim_{\Delta y \to 0} \frac{f(x, y + \Delta y) - f(x, y)}{\Delta y} \equiv f_y(x, y) \qquad (3.37)$$

が一意的に定まるとき，これらをそれぞれ x または y による**偏微分係数** (partial differential cofficient) または**偏導関数** (partial derivative) という．偏微分の場合には 1 変数の微分と区別して記号 ∂ （"ラウンドディー"と読む）を使う．

　高階の偏微分についても同様である．例えば

$$f(x, y) = \frac{1}{r} = \frac{1}{\sqrt{x^2 + y^2}}$$

とすると

$$f_x(x, y) = -\frac{x}{r^3}, \qquad\qquad f_y(x, y) = -\frac{y}{r^3},$$

$$f_{xx}(x, y) = \frac{\partial f_x}{\partial x} = -\frac{1}{r^3} + 3\frac{x^2}{r^5}, \quad f_{yy}(x, y) = \frac{\partial f_y}{\partial y} = -\frac{1}{r^3} + 3\frac{y^2}{r^5},$$

$$f_{xy}(x, y) = \frac{\partial f_x}{\partial y} = \frac{3xy}{r^5}, \qquad\qquad f_{yx}(x, y) = \frac{\partial f_y}{\partial x} = \frac{3xy}{r^5}$$

などである．

　微分について十分理解した読者なら，もう偏微分について何も困難はなくなったのではないのでしょうか．この先の偏微分の性質についても同様です．

● 全微分とは

x と y が共に微小量 $\Delta x, \Delta y$ だけ変化したときの連続関数 $f(x, y)$ の増分を Δf と書く：

$$\Delta f = f(x + \Delta x, y + \Delta y) - f(x, y) \tag{3.38}$$

これは書き直すと

$$\Delta f = f(x + \Delta x, y + \Delta y) - f(x, y + \Delta y) + f(x, y + \Delta y) - f(x, y)$$

であるから，偏微分可能であれば

$$\Delta f = \{f_x(x, y + \Delta y) + \varepsilon_1\}\Delta x + \{f_y(x, y) + \varepsilon_2\}\Delta y$$

$$= f_x(x, y + \Delta y)\Delta x + f_y(x, y)\Delta y + \varepsilon_1\Delta x + \varepsilon_2\Delta y \tag{3.39}$$

となる．f_x, f_y は連続であるとすれば，いい換えると点 (x, y) の近傍で偏導関数が存在して連続であるとすれば，Δx, Δy を 0 に近づけたときに ε_1, ε_2 はともに 0 に近づく．このとき，$f(x, y)$ は（全）微分可能 ((totally) differentiable) であるという．

微小量 $\Delta x, \Delta y$ を 0 の極限まで小さくするという意味で dx, dy と書き，それに伴って Δf も dx, dy の 1 次の程度の量であるから df と書く．

$$df = f_x dx + f_y dy \tag{3.40}$$

を全微分 (total derivative) という．

2 階偏微分係数の性質——偏微分の順序について：ある領域で f_{xy}, f_{yx} が連続であるならば，その領域内で $f_{xy} = f_{yx}$ となる．

このことを示そう．$f(x, y), f_x(x, y)$, $f_y(x, y)$ は連続であるとする．

$$\Delta = \{f(x+h, y+k) - f(x+h, y)\} - \{f(x, y+k) - f(x, y)\} \tag{3.41}$$

を連続関数に関する平均値の定理を用いて書き換える：

$$\begin{aligned}
\Delta &= h f_x(x + \theta_1 h, y + k) - h f_x(x + \theta_1 h, y) \\
&= h k f_{xy}(x + \theta_1 h, y + \theta_2 k), \quad (0 \leq \theta_1, \theta_2 \leq 1)
\end{aligned} \tag{3.42}$$

式 (3.41) を

$$\Delta = \{f(x+h, y+k) - f(x, y+k)\} - \{f(x+h, y) - f(x, y)\}$$

と書き換えて平均値の定理を用いると次の式を得る：

$$\begin{aligned}
\Delta &= k f_y(x + h, y + \theta_2 k) - k f_y(x, y + \theta_2 k) \\
&= h k f_{yx}(x + \theta_1 h, y + \theta_2 k), \quad (0 \leq \theta_1, \theta_2 \leq 1)
\end{aligned} \tag{3.43}$$

f_{xy}, f_{yx} が連続であるならば

$$\lim_{h, k \to 0} \frac{\Delta}{hk} = \lim_{h, k \to 0} f_{xy}(x + \theta_1 h, y + \theta_2 k) = f_{xy}(x, y)$$

$$\lim_{h,k \to 0} \frac{\Delta}{hk} = \lim_{h,k \to 0} f_{yx}(x + \theta_1 h, y + \theta_2 k) = f_{yx}(x, y)$$

が成り立つので,

$$f_{xy}(x, y) = f_{yx}(x, y) \tag{3.44}$$

を得る.

　上の結論は, f_{xy}, f_{yx} が連続でなければ $f_{xy} \neq f_{yx}$ であるということです. 具体的に $f_{xy} = f_{yx}$ が成り立たない例を, 簡単な関数

$$f(x, y) = \frac{xy(x^2 - y^2)}{x^2 + y^2}, \quad (x, y) \neq 0; \quad f(0, 0) = 0 \tag{3.45}$$

について見てみましょう (ペアノ (Giuseppe Peano, 1858–1932) による例). この関数が, 分母が x, y についての2次の同次式, 分子が x, y についての4次の同次式だというところがポイントです. $f(x, y)$ を2回偏微分すれば分母・分子ともに2次の同次式になり, 結果は $r = \sqrt{x^2 + y^2}$ によらず $\theta = \tan^{-1} y/x$ だけの関数です. 一般の点は r, θ を決めなくては決まりません. しかし原点は $r = 0$ であればよろしい. つまり原点では2階の偏微分は原点への近づき方により色々な値をとるのです.

　実際, $(x, y) \neq (0, 0)$ では1階偏微分は次のようになります.

$$f_x(x, y) = \frac{y(x^2 - y^2)}{x^2 + y^2} + \frac{4x^2 y^3}{(x^2 + y^2)^2}$$

$$f_y(x, y) = \frac{x(x^2 - y^2)}{x^2 + y^2} - \frac{4x^3 y^2}{(x^2 + y^2)^2}$$

$f_x(0, y) = -y$, $f_y(x, 0) = x$ ですから

$$f_{xy}(0, 0) = \lim_{y \to 0} \frac{\partial}{\partial y} \{ \lim_{x \to 0} f_x(x, y) \} = -1, \tag{3.46}$$

$$f_{yx}(0, 0) = \lim_{x \to 0} \frac{\partial}{\partial x} \{ \lim_{y \to 0} f_y(x, y) \} = 1, \tag{3.47}$$

です. 確かに $f_{xy}(0, 0) \neq f_{yx}(0, 0)$ です.

　$(x, y) \neq (0, 0)$ とすれば

$$f_{xy}(x, y) = \frac{(x^2 - y^2)(x^4 + 10x^2 y^2 + y^4)}{(x^2 + y^2)^3} \tag{3.48}$$

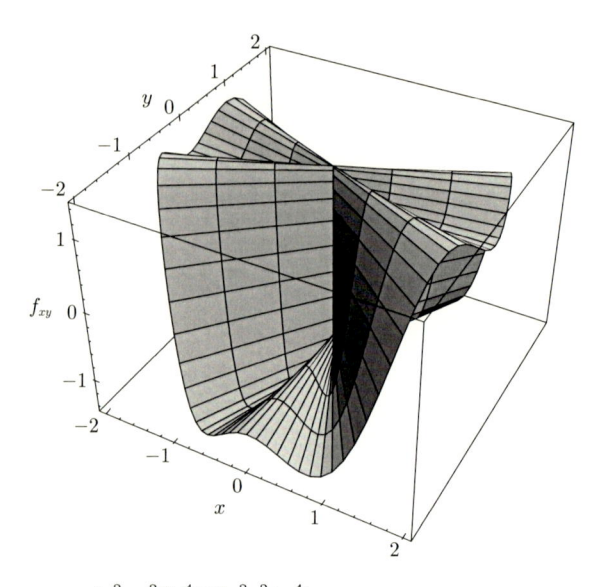

図 3.10　$f_{xy}(x,y) = \frac{(x^2-y^2)(x^4+10x^2y^2+y^4)}{(x^2+y^2)^3}$. 放射状の線（$\theta$ 一定の直線）は x-y 平面に並行である．それに直交するのは r 一定の線．

ですから $f_{xy}(x.y)$ は θ だけの関数です．原点の近くでは点の 0 への近づき方で値が変わり，$\lim_{x,y \to 0} f_{xy}(x,y)$ の値が定まりません（ 図 3.10）．これは $f_{xy}(x,y)$ が原点で連続でないということです．このため上のように微分の順序により（すなわち x 軸に沿うか y 軸に沿って原点に近づくかで値が異なるのです．

● **2 変数の最大値，最小値**

　1 変数関数で行ったように，関数の微分の評価は，関数値の**最大値** (maximum value)，**最小値** (minimum value) の評価に直接つながっている．我々の周りの「量」は沢山の変数の関数であるから，多変数関数の微分をどのように用いるのかは，大変重要である．

　　自然科学においてはエネルギーあるいは「自由エネルギー」の最小値に対応する状態が最も安定な状態であるということを教えています．経済学をはじめとする社会科学では，「評価関数」あるいは「効用関数」の最大

値に対応する状態を作り出すことを目指して，人間も社会も動いていくと教えています．ですから，自由エネルギーまたは効用関数がどのように決まるかというのが第一の課題であり，その最小または最大値に対応する状態をどう決めたらいいのかというのが第二の課題となります．社会の動きを決める因子はたった二つではありませんが，二つの場合が理解できれば安心してあとの計算を計算機に任せることができるでしょう．

このような見方から，自然科学において発展してきた方法が，そのまま社会の問題を考える際の道具 になるのではないかという考えに至ります．そういった見方から，数理経済学，経済物理学などの新しい分野が生まれました．最近の人工知能 (AI) ブームの陰には，そんな考えがあるのです．

二つの独立変数 x, y をもつ関数 $f(x, y)$ を考える．これを点 (x_0, y_0) の周りで展開すると

$$
\begin{aligned}
f(x, y) = {} & f(x_0, y_0) + f_x(x_0, y_0)(x - x_0) + f_y(x_0, y_0)(y - y_0) \\
& + \frac{f_{xx}(x_0, y_0)}{2!}(x - x_0)^2 + f_{xy}(x_0, y_0)(x - x_0)(y - y_0) \\
& + \frac{f_{yy}(x_0, y_0)}{2!}(y - y_0)^2 + \cdots
\end{aligned}
\tag{3.49}
$$

となる．関数 $f(x, y)$ が $x = x_0,\ y = y_0$ で最大値をとるためには，適当な x_0, y_0 周りの x, y に対して

$$
\begin{aligned}
& f_x(x_0, y_0)(x - x_0) + f_y(x_0, y_0)(y - y_0) + \frac{f_{xx}(x_0, y_0)}{2!}(x - x_0)^2 \\
& + f_{xy}(x_0, y_0)(x - x_0)(y - y_0) + \frac{f_{yy}(x_0, y_0)}{2!}(y - y_0)^2 < 0
\end{aligned}
\tag{3.50}
$$

であることが必要である．$x - x_0,\ y - y_0$ はそこで正負いずれの値も取りうるから，

$$
\begin{aligned}
f_x(x_0, y_0) &= 0, \\
f_y(x_0, y_0) &= 0,
\end{aligned}
\tag{3.51}
$$

が必要条件となる．

これだけでは最大値，最小値（あるいは停留値）であることの区別はできな

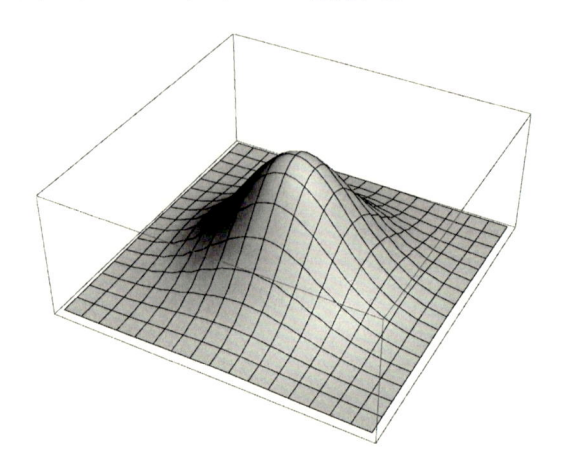

図 **3.11** 2 変数に対して最大値を与える関数

い．最大値である十分条件として

$$\frac{f_{xx}(x_0, y_0)}{2!}(x - x_0)^2 + f_{xy}(x_0, y_0)(x - x_0)(y - y_0)$$
$$+ \frac{f_{yy}(x_0, y_0)}{2!}(y - y_0)^2 < 0 \tag{3.52}$$

が要求される．(3.52) は

$$f_{xx}(x_0, y_0)\left[(x - x_0) + \frac{f_{xy}(x_0, y_0)}{f_{xx}(x_0, y_0)}(y - y_0)\right]^2$$
$$+ \frac{(y - y_0)^2}{f_{xx}(x_0, y_0)}\left[f_{xx}(x_0, y_0)f_{yy}(x_0, y_0) - f_{xy}(x_0, y_0)^2\right] < 0$$

あるいは $x \leftrightarrow y$ と入れ換えて

$$f_{yy}(x_0, y_0)\left[(y - y_0) + \frac{f_{xy}(x_0, y_0)}{f_{yy}(x_0, y_0)}(x - x_0)\right]^2$$
$$+ \frac{(x - x_0)^2}{f_{xx}(x_0, y_0)}\left[f_{xx}(x_0, y_0)f_{yy}(x_0, y_0) - f_{xy}(x_0, y_0)^2\right] < 0$$

と書き換えられる．こうして (x_0, y_0) で最大値をとる十分条件として

$$f_{xx}(x_0, y_0) < 0 \quad , \quad f_{yy}(x_0, y_0) < 0$$

$$f_{xx}(x_0, y_0)f_{yy}(x_0, y_0) - f_{xy}(x_0, y_0)^2 = \begin{vmatrix} f_{xx}(x_0, y_0) & f_{xy}(x_0, y_0) \\ f_{yx}(x_0, y_0) & f_{yy}(x_0, y_0) \end{vmatrix} > 0$$

$$(3.53)$$

が得られる．ただし $f_{xy} = f_{yx}$ を用いた．ここで (3.53) に表れた $f_{ij}(x_0, y_0)$ が作る行列を**ヘッセ行列** (Hessian matrix) と呼ぶ．最小値に関しても同様に議論できる．

　多変数の場合の最大最小値に関しても，1 階偏微分係数 $= 0$ および (3.53) と同様な $f_{\alpha\alpha}$ およびヘッセ行列の固有値の正負から定めることができるが，ここでは省略することにする．

● 偏微分の意味：ベクトル場とベクトル解析

　偏微分の意味を考えよう．簡単のために，3 次元空間を考え，その各点での関数の値を $g(x, y, z)$ とする．$g(x, y, z) = c$（一定値）は，g の値が c である等高線を与える．等高線の接線方向の微小ベクトルを

$$d\boldsymbol{r} = \hat{\boldsymbol{x}}dx + \hat{\boldsymbol{y}}dy + \hat{\boldsymbol{z}}dz = \begin{pmatrix} dx \\ dy \\ dz \end{pmatrix} \qquad (3.54)$$

と書く．ここで $\hat{\boldsymbol{x}}$, $\hat{\boldsymbol{y}}$, $\hat{\boldsymbol{z}}$ はそれぞれ x, y, z 方向の単位ベクトルである．

　勾配：等高線 $g(x, y, z) = c$ に沿って $g(x, y, z)$ を動かすことにすると $g(x + dx, y + dy, z + dz) \simeq g(x, y, z) + \frac{\partial g(x, y, z)}{\partial x}dx + \frac{\partial g(x, y, z)}{\partial y}dy + \frac{\partial g(x, y, z)}{\partial z}dz$ であるから，等高線を決める方程式

$$\frac{\partial g(x, y, z)}{\partial x}dx + \frac{\partial g(x, y, z)}{\partial y}dy + \frac{\partial g(x, y, z)}{\partial z}dz = 0$$

を得る．このことからベクトル $\begin{pmatrix} \frac{\partial g(x,y,z)}{\partial x} \\ \frac{\partial g(x,y,z)}{\partial y} \\ \frac{\partial g(x,y,z)}{\partial z} \end{pmatrix}$ は接線方向 $d\boldsymbol{r} = \begin{pmatrix} dx \\ dy \\ dz \end{pmatrix}$ に垂直であること，すなわち等高線の法線方向のベクトルであり，その大きさは等高線の**勾配** (gradient) を表し，方向は $g(x, y, z)$ の増大量が最大となる方向であることが分かる．これを $\nabla g(x, y, z)$（∇ は“ナブラ”と読む）または

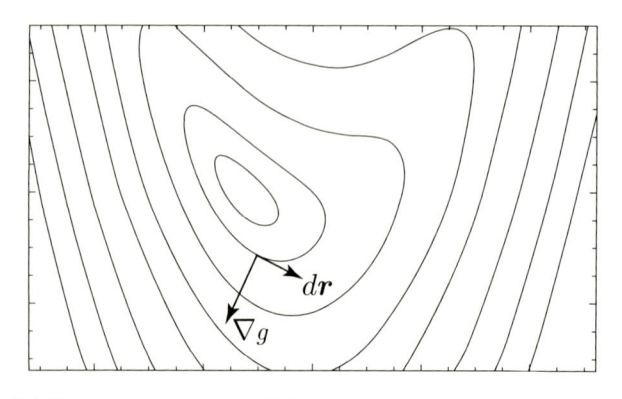

図 3.12　等高線 $g(x, y, z) = c$ とその接線ベクトル dr および勾配ベクトル $\nabla g(x, y, z)$

grad $g(x, y, z)$ と書く．∇ は次のような，<u>微分演算子を成分としたベクトル</u> であると理解できる：

$$\nabla = \begin{pmatrix} \frac{\partial}{\partial x} \\ \frac{\partial}{\partial y} \\ \frac{\partial}{\partial z} \end{pmatrix} \quad . \tag{3.55}$$

　[回転] 定義 (rotation, curl)：流体を議論するときには，大きな変形（微小体積の大きな移動）を問題とする．そのとき微小変形を議論の中心に据えることはできないが，単位時間当りの変形，すなわち歪の速度を考える．このことを念頭に置こう．

　2 点 r と $r' = r + \delta r$ におけるベクトル（流体の速度）を v, v' とする：

$$v = \begin{pmatrix} u \\ v \\ w \end{pmatrix} \quad , \quad v' = \begin{pmatrix} u' \\ v' \\ w' \end{pmatrix} . \tag{3.56}$$

これからベクトルの <u>空間的変化</u> は次のようになる：

$$\delta v \equiv v' - v = D \cdot \delta r \tag{3.57a}$$

$$D \equiv \begin{pmatrix} \frac{\partial u}{\partial x} & \frac{\partial u}{\partial y} & \frac{\partial u}{\partial z} \\ \frac{\partial v}{\partial x} & \frac{\partial v}{\partial y} & \frac{\partial v}{\partial z} \\ \frac{\partial w}{\partial x} & \frac{\partial w}{\partial y} & \frac{\partial w}{\partial z} \end{pmatrix} = E + \Omega \quad . \tag{3.57b}$$

E, Ω は D の対称成分, 反対称成分であり, 次のようになる.

$$
E = \begin{pmatrix} \dfrac{\partial u}{\partial x} & \dfrac{1}{2}\left(\dfrac{\partial u}{\partial y} + \dfrac{\partial v}{\partial x}\right) & \dfrac{1}{2}\left(\dfrac{\partial u}{\partial z} + \dfrac{\partial w}{\partial x}\right) \\[2mm] \dfrac{1}{2}\left(\dfrac{\partial v}{\partial x} + \dfrac{\partial u}{\partial y}\right) & \dfrac{\partial v}{\partial y} & \dfrac{1}{2}\left(\dfrac{\partial v}{\partial z} + \dfrac{\partial w}{\partial y}\right) \\[2mm] \dfrac{1}{2}\left(\dfrac{\partial w}{\partial x} + \dfrac{\partial u}{\partial z}\right) & \dfrac{1}{2}\left(\dfrac{\partial w}{\partial y} + \dfrac{\partial v}{\partial z}\right) & \dfrac{\partial w}{\partial z} \end{pmatrix} \equiv \begin{pmatrix} e_{xx} & e_{xy} & e_{xz} \\ e_{yx} & e_{yy} & e_{yz} \\ e_{zx} & e_{zx} & e_{zz} \end{pmatrix}
$$

$$\text{(3.58a)}$$

$$
\Omega = \begin{pmatrix} 0 & \dfrac{1}{2}\left(\dfrac{\partial u}{\partial y} - \dfrac{\partial v}{\partial x}\right) & \dfrac{1}{2}\left(\dfrac{\partial u}{\partial z} - \dfrac{\partial w}{\partial x}\right) \\[2mm] \dfrac{1}{2}\left(\dfrac{\partial v}{\partial x} - \dfrac{\partial u}{\partial y}\right) & 0 & \dfrac{1}{2}\left(\dfrac{\partial v}{\partial z} - \dfrac{\partial w}{\partial y}\right) \\[2mm] \dfrac{1}{2}\left(\dfrac{\partial w}{\partial x} - \dfrac{\partial u}{\partial z}\right) & \dfrac{1}{2}\left(\dfrac{\partial w}{\partial y} - \dfrac{\partial v}{\partial z}\right) & 0 \end{pmatrix} \equiv \begin{pmatrix} 0 & -\zeta & \eta \\ \zeta & 0 & -\xi \\ -\eta & \xi & 0 \end{pmatrix}.
$$

$$\text{(3.58b)}$$

ここで渦度ベクトル (vorticity) $\boldsymbol{\omega}$ を次のように定義しよう[*9]:

$$
\boldsymbol{\omega} \equiv \mathrm{rot}\boldsymbol{v} = \nabla \times \boldsymbol{v} = \begin{pmatrix} \dfrac{\partial w}{\partial y} - \dfrac{\partial v}{\partial z} \\[2mm] \dfrac{\partial u}{\partial z} - \dfrac{\partial w}{\partial x} \\[2mm] \dfrac{\partial v}{\partial x} - \dfrac{\partial u}{\partial y} \end{pmatrix} = \begin{pmatrix} 2\xi \\ 2\eta \\ 2\zeta \end{pmatrix}. \tag{3.58c}
$$

ただしここでは, ベクトルの外積表示 $\times$ を用い, ∇ と $\boldsymbol{v}$ の外積として表した. これらを使うと速度ベクトル $\boldsymbol{v}$ の空間変化の反対称部分は以下のように書くことができる:

$$
\Omega \cdot \delta\boldsymbol{r} = \frac{1}{2}\mathrm{rot}\boldsymbol{v} \times \delta\boldsymbol{r} = \frac{1}{2}\boldsymbol{\omega} \times \delta\boldsymbol{r}. \tag{3.59}
$$

渦度ベクトル ω の意味:対称成分 $E = 0$ としよう. このとき x, y, z 方向の変形成分は式 (3.59) により

$$
\delta u = \eta\delta z - \zeta\delta y \ , \quad \delta v = \zeta\delta x - \xi\delta z \ , \quad \delta w = \xi\delta y - \eta\delta x \tag{3.60}
$$

と書くことができる. $\xi = 0, \eta = 0$ の場合の変形の様子を図 3.13 に示す. 中心から離れて $\delta\boldsymbol{r}$ が大きくなるほど, δv も大きくなる. これから ζ は z 軸の周り

[*9] 渦度ベクトルがなぜ渦を表すかは後で分かる.

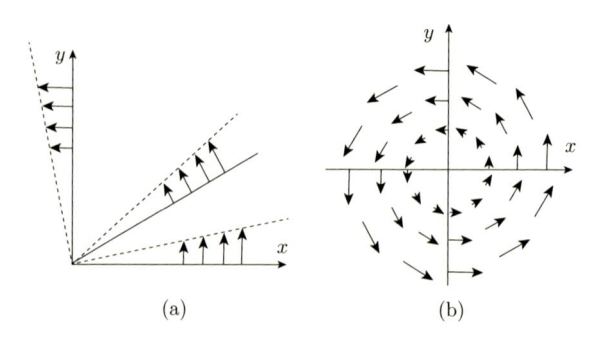

(a)　　　　　　　　(b)

図 **3.13**　渦度ベクトルの意味

の微小回転角を表すことが分かる．同様に ξ, η は流体の微小部分の，x 軸あるいは y 軸の周りの回転角である．したがって全体として $(1/2)\mathrm{rot}v = (1/2)\boldsymbol{\omega}$ は流体の微小部分の剛体回転を表している．これが $\boldsymbol{\omega}$ を渦度（ベクトル）と呼ぶ理由であり，渦の方向と強さ（渦の回転軸の方向と角速度の大きさ）を表す．

　［発散］の定義 (divergence)：ベクトル v が $v + \delta v$ に変形するのだから，1 辺が δx, δy, δz の直方体が，1 辺の長さが単位時間後 $\delta x + \delta u$, $\delta y + \delta v$, $\delta z + \delta w$ の直方体に変形する．そのときの体積変化率は

$$\frac{(\delta x + \delta u)(\delta y + \delta v)(\delta z + \delta w)}{\delta x \delta y \delta z} - 1 \simeq \frac{\partial u}{\partial x} + \frac{\partial v}{\partial y} + \frac{\partial w}{\partial z}$$

である．これを

$$\mathrm{div}\boldsymbol{v} = \nabla \cdot \boldsymbol{v} = \frac{\partial u}{\partial x} + \frac{\partial v}{\partial y} + \frac{\partial w}{\partial z} = e_{xx} + e_{yy} + e_{zz} \tag{3.61}$$

と書いて（∇ とベクトル v との内積），ベクトル場 $v(r)$ の**発散**という．流れの速度ベクトル v の発散は「体積膨張率（の分布）」である．

　ベクトル解析 (vector analysis)：ベクトル場の「勾配」「回転」「発散」について説明した．ここでは具体的な問題に即して説明する余裕はないが，現実の世界にはベクトル量で表現されるものが多い．例えば，「物質の変形」「流れ（流体）」，「電磁気」（電磁波や電磁場は波であるから，波の伝搬方向と振動方向というものがある）などである．「人の流れ」や「物の流れ」も，扱い方によっては流体と同じように取り扱うことができる．流れがなくても，高低のあるもの

には「等高線」というものがあり，そこから勾配が定義される．その取扱いに関してはこれまでも色々と見てきた．大量のデータも，多次元空間における値の分布や評価値（高さ，低さ）と見ることができる．これらすべてが，ここで説明したベクトル場の微分という枠組みに含まれる．

● ラグランジュの未定乗数法

束縛条件 $g(x,y) = 0$ のもとで，$f(x,y)$ が最大値となる点 (a,b) を求める問題を考える．新たな変数 λ を導入して，

$$F(x,y,\lambda) = f(x,y) - \lambda g(x,y)$$

を考える．λ をラグランジュ [*10] 乗数 (Lagrange multiplier) と呼ぶ．点 (a,b) で $\partial g/\partial x \neq 0$，$\partial g/\partial y \neq 0$ ならば，

$$\frac{\partial F}{\partial x} = \frac{\partial F}{\partial y} = \frac{\partial F}{\partial \lambda} = 0 \tag{3.62a}$$

により最大値を与える点 (a,b) および $\lambda = \alpha$ が決まる．このことを説明しよう．

$f(x,y) = $ 定数 は，$f(x,y)$ の等高線を決める．$g(x,y) = 0$ で決まる曲線に沿って移動する点を考えると，この点が f の等高線を横切るときには $f(x,y)$ は増加または減少するか，または変化しない．

最後の $f(x,y)$ の値が変化しないのは，$g(x,y) = 0$ が f の等高線に沿っている場合である．すなわち，曲線 $g(x,y) = 0$ 上で $f(x,y)$ が最大値をとる点では，f の等高線の接線と曲線 g の接線が平行となっているか，または f の勾配が 0 となっている．したがって，$f(x,y) = c$ の接線が g の勾配ベクトル ∇g と直交し，また f の等高線 $f(x,y) = c$ の接線は f の勾配ベクトル ∇f と直交する．

このことから，f の勾配ベクトルと g の勾配ベクトルは並行であり，したがって

$$\nabla f(x,y) = \lambda \nabla g(x,y) \tag{3.62b}$$

と書くことができる．この式は $\dfrac{\partial F}{\partial x} = \dfrac{\partial F}{\partial y} = 0$ であり，$\dfrac{\partial F}{\partial \lambda} = 0$ は $g(x,y) = 0$

[*10] ラグランジュ (Joseph-Louis Lagrange, 1736–1813) はトリノ生まれのフランスで活躍した数学者．オイラーの変分法の本に刺激を受け，変分法を確立した．また，力学や代数方程式の解法・微分方程式など，多くの学績を残している．

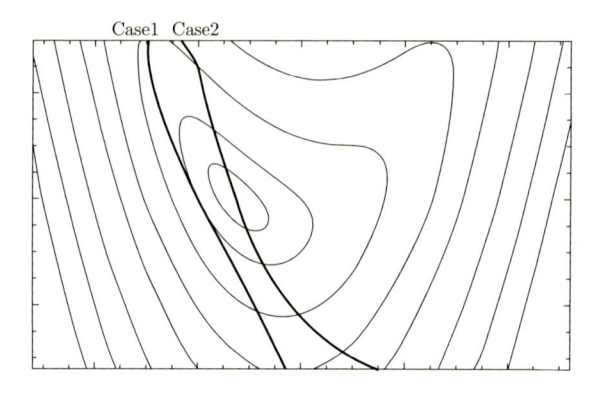

図 3.14 ラグランジュ未定乗数法．$g(x, y) = 0$ の曲線が，どこかの点で $f(x, y)$ の等高線と平行になっている（Case 1）か，$f(x, y)$ の勾配が 0 である点を通る（Case2）．

である．まず (3.62b) を，これから λ を消去して解いて最大値を与える $(x, y) = (a.b)$ を求め，その後で $f(a, b)$ の値を求める．

3.2.10 偏微分方程式

物理学や化学あるいは工学，経済学が対象とする分野では，偏微分（偏導関数）あるいは偏微分で記述される方程式が多く現われる．非常に簡単な場合でも現象の時間推移（時間過程）に興味があったり，現象を決める独立な変数が複数あるからである．一つの典型的な例として熱伝導現象すなわち熱の伝わり方の時間推移を考えてみよう．

● 拡散方程式/熱伝導方程式

問題を簡単にするために，（1 次元）空間 x および時間 t を各々間隔 $\Delta x, \Delta t$ の格子に区切る．点 $x = l\Delta x, t = n\Delta t$ の格子点 (l, n) 上の熱密度を $P(l\Delta x, n\Delta t)$ とする．各格子点上の熱は時間が Δt だけ進んだとき，元の量の p 倍 $(0 < p \leq 1)$ だけが左右に等確率 $\frac{1}{2}$ で広がっていき，$(1 - p)$ 倍が元の格子点に残るとすると，それらは

$$P(l\Delta x, n\Delta t) = (1 - p)P(l\Delta x, (n - 1)\Delta t)$$
$$+ \frac{p}{2}\{P((l + 1)\Delta x, (n - 1)\Delta t) + P((l - 1)\Delta x, (n - 1)\Delta t)\} \quad (3.63)$$

と表される．これが拡散方程式（基礎法則）である．これから，空間的に同じ点での時間変化は

$$P(l\Delta x, (n+1)\Delta t) - P(l\Delta x, n\Delta t)$$
$$= \frac{p}{2}\{P((l+1)\Delta x, n\Delta t) - 2P(l\Delta x, n\Delta t) + P((l-1)\Delta x, n\Delta t)\}$$

である．左右両辺を $\Delta x, \Delta t$ で展開すると

$$\frac{\partial P}{\partial t}\Delta t = \frac{p}{2}\frac{\partial^2 P}{\partial x^2}(\Delta x)^2$$

が得られる．格子間隔の関係を

$$\frac{p}{2}\frac{(\Delta x)^2}{\Delta t} = a \tag{3.64}$$

という関係を保ったまま格子間隔および時間間隔を 0 とすると，上式は

$$\frac{\partial}{\partial t}P(x,t) = a\frac{\partial^2}{\partial x^2}P(x,t) \qquad (a > 0) \tag{3.65}$$

となる．これを**拡散方程式** (diffusion equation) または**熱伝導方程式** (heat conduction equation) といい，熱拡散（熱伝導）現象を支配する方程式である．

通常はこの方程式に境界条件，たとえば棒の一端 $x = 0$ を 0 度，他端 $x = l$ が温度 θ に保ってあれば

$$P(0,t) = 0, P(l,t) = \theta \text{（境界条件）} \tag{3.66}$$

を課す．さらに初期条件が，たとえば時刻 $t = 0$ での温度分布が $P_0(x)$ であるならば

$$P(x,0) = P_0(x) \text{（初期条件）} \tag{3.67}$$

を課す．熱伝導方程式は 2 階偏微分方程式の一つの型である**放物型** (parabolic) の典型である．この偏微分方程式の解法には次のフーリエ級数が大活躍する．

この他の物理に表れる 2 階偏微分方程式は

$$\frac{\partial^2 u(x,t)}{\partial t^2} = a^2 \frac{\partial^2 u(x,t)}{\partial x^2} \qquad \text{（波動方程式，振動方程式）}$$

および

$$\left(\frac{\partial^2}{\partial x^2} + \frac{\partial^2}{\partial y^2}\right)u(x,y) = 0 \quad (\text{ラプラス方程式})$$

である．それぞれ双曲型 (hyperbolic)，楕円型 (elliptic) と呼ばれる．

3.2.11　フーリエ級数

複雑な変化をする量は，単純な成分に分けて考えるのが鉄則である．フーリエもそのような考えた．[*11] 厳密な理論は後からついてくる．

● フーリエの方法

$[-a, a]$ を周期とする関数 $f(x)$ を 3 角関数の級数

$$f(x) = \frac{a_0}{2} + \sum_{n=1}^{\infty}(a_n \cos \frac{n\pi x}{a} + b_n \sin \frac{n\pi x}{a})) \tag{3.68}$$

と表すとき，これをフーリエ級数展開 (Fourier series expansion) という．この展開がどのような条件で可能か，そのとき係数 a_n, b_n はどう決められるか，またこの級数の収束に付いての性質などを明らかにしよう．フーリエ解析は，数理物理学における大変重要な方法の一つである．

$n, m > 0$ であるとき 3 角関数には

$$\int_{-a}^{a} \sin \frac{m\pi x}{a} \sin \frac{n\pi x}{a} dx = \begin{cases} 0 & : n \neq m \\ a & : n = m \end{cases}$$

$$\int_{-a}^{a} \cos \frac{m\pi x}{a} \cos \frac{n\pi x}{a} dx = \begin{cases} 0 & : n \neq m \\ a & : n = m \end{cases}$$

$$\int_{-a}^{a} \sin \frac{m\pi x}{a} \cos \frac{n\pi x}{a} dx = 0$$

の関係がある．この関係を 3 角関数の直交関係 (orthogonality relation) といい，直交関係を満たす関数系を一般に直交関数系 (set of orthogonal function) という．

[*11] フーリエ (Joseph Fourier, 1768–1830) により，固体内熱伝導に関する研究の中でフーリエ解析の方法が発明された．フーリエは，フランス革命政府により設立されたエコール・ノルマル・シュペリェールの 1 期生，のちエコール・ポリテクニークの教授になった．ナポレオンのエジプト遠征に従った後，県知事などを務めながら研究を進め，フーリエ級数を発明した．

(3.68) の展開が<u>可能ならば</u>, (3.68) に 3 角関数をかけて積分すれば, 3 角関数の直交関係を用いて, 展開係数 a_n, b_n は次のように求められる.

$$a_n = \frac{1}{a} \int_{-a}^{a} f(x) \cos \frac{n\pi x}{a} dx, \quad n = 0, 1, 2, \ldots \tag{3.69}$$

$$b_n = \frac{1}{a} \int_{-a}^{a} f(x) \sin \frac{n\pi x}{a} dx, \quad n = 1, 2, 3 \ldots. \tag{3.70}$$

ここでは級数の一様収束性を仮定して項別積分を行った.

簡単な例題である次の関数をフーリエ級数に展開してみよう.

$$f(x) = \begin{cases} -1 & : -\pi < x \le 0 \\ 1 & : 0 < x < \pi \end{cases} \tag{3.71}$$

この関数は, x の奇関数だから $\sin$ 成分だけが現れ,

$$a_n = \frac{1}{\pi} \Big[\int_0^{\pi} \cos nx dx - \int_{-\pi}^{0} \cos nx dx \Big] = 0, \quad n = 0, 1, 2 \ldots$$

$$b_n = \frac{2}{\pi} \int_0^{\pi} \sin nx dx = \frac{2}{\pi} \frac{1 - (-1)^n}{n}, \quad n = 1, 2, \ldots$$

である. したがって (3.71) のフーリエ級数展開は

$$f(x) \sim S(x) = \frac{4}{\pi} \sum_{n=0}^{\infty} \frac{\sin(2n+1)x}{2n+1} \tag{3.72}$$

となる. ここで, 右辺で $x = 0$ とすると 0 となるが, (3.71) では $f(0) = -1$ であるから等号は成り立たない. (3.72) の右辺は 0 であり,

$$S(0) = \frac{1}{2}\{f(0_+) + f(0_-)\} \ne f(0)$$

である. このことがあるので (3.72) では $f(x) = S(x) = \cdots$ とは書かず, $f(x) \sim S(x) = \cdots$ と書いた. 図 3.12 に (3.72) の部分和

$$S_N(x) = \frac{4}{\pi} \sum_{n=1}^{N} \frac{\sin(2n+1)x}{2n+1} \tag{3.73}$$

を描く. $x = 0$ および $\pm\pi$ 近傍での振舞いに注意してほしい. これ以上の詳し

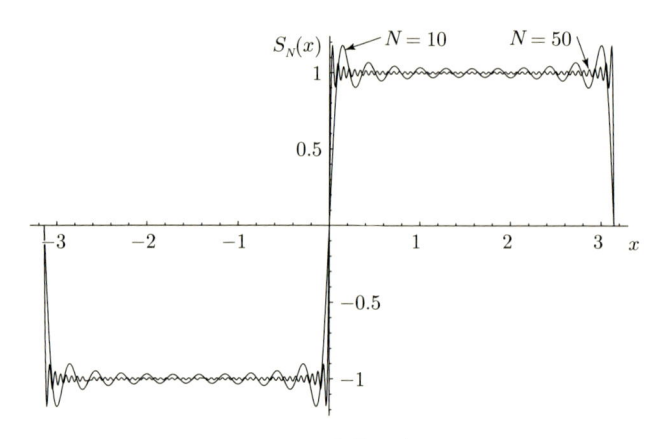

図 **3.15** 部分和 $S_N(x) = \frac{4}{\pi} \sum_{n=1}^{N} \frac{\sin(2n+1)x}{2n+1}$. $N = 10$ および $N = 50$.

い説明に踏み込まず，分かっている結果をまとめておく．

【ディリクレの定理】 フーリエ級数 $S(x)$ は，$x = c$ が $f(x)$ の連続点であるなら正しく $f(c)$ を与え，また c が不連続なら左右から c に近づいた値の平均値

$$S(c) = \frac{1}{2}\{f(c+0) + f(c-0)\}$$

を与える．

● ギブス現象

(3.72) において，部分和 $S_N(x)$ を考える．

$$S_N(x) = \frac{4}{\pi} \sum_{n=0}^{N} \frac{\sin(2n+1)x}{2n+1}$$

$S_N(x)$ の値は極限のとり方の順番に依存する．$N \to \infty$ を先に行えば 1, $x \to 0_+$ を先に行えば 0 となる．$2(N+1)x = \pi$ に保ったまま $x \to 0_+, N \to \infty$ とするとこれらの値と異なる値を得る：

$$\lim_{x \to 0_+} \lim_{N \to \infty} S_N(x) = f(0_+) = 1$$

$$\lim_{N \to \infty} \lim_{x \to 0_+} S_N(x) = 0$$

$$\lim_{\substack{x \to 0_+ \\ N \to \infty \\ 2(N+1)x=\pi}} S_N(x) = 1.17897975\ldots$$

このことからも不連続点 $x = 0$ の近傍で部分和 $S_N(x)$ は一様収束しないことが分かる. $S_N(x)$ の振舞いは図 3.9 で示すとおり, N を大きくしていくとやがて振動の振幅も小さくなる. しかし $f(x)$ の跳びのある $x = 0, \pm\pi$ 付近では有限の振幅を持った振動が残る. フーリエ級数の部分和に関するこのような振舞いをギブス現象 (Gibbs phenomenon) という. ここに表れた 1.17897975... をギブスの定数という. [*12]

$$\frac{2}{\pi} \int_0^\pi \frac{\sin\eta}{\eta} d\eta = \frac{2}{\pi}\mathrm{Si}\pi = 1.17897975\ldots \quad (\text{ギブスの定数}) \qquad (3.74)$$

　フーリエ解析は周波数解析の 1 方法である. 一様収束しない場合の展開でギブス現象が起きるのは一般には避けられない. しかしウェーブレット解析 (wevelet analysis) を用いると, 周波数に合わせてウェーブレットの幅が変化するので解像度が格段に良くなり, ギブス現象を避けることができる.

3.2.12 複素数と複素関数

● 複素数とは

i を虚数単位

$$i^2 = -1 \quad \text{あるいは} \quad i = \sqrt{-1} \qquad (3.75a)$$

として, この i を用いて, 二つの実数の組

$$z = x + iy \qquad (3.75b)$$

と表される"数"を複素数 (complex number) という. [*13]

　複素数の実数部, 虚数部をそれぞれ

$$z = x + iy \Rightarrow x = \mathrm{Re}z, \ y = \mathrm{Im}z \qquad (3.75c)$$

と書いて, z の実部 (real part), 虚部 (imaginary part) と呼ぶ. また複素数 0

[*12] $\mathrm{Si}x = \int_0^x \frac{\sin t}{t} dt$ を正弦積分関数 (integral sine function) と呼ぶ.

[*13] 複素数の歴史は小節 7.3.1 で詳しく説明する.

（ゼロ）に対して

$$z = x + iy = 0 \Leftrightarrow x = 0,\ y = 0 \tag{3.75d}$$

である．複素数 z について

$$\bar{z} = z^* = x - iy \tag{3.75e}$$

を z の**複素共役** (complex conjugate),

$$|z| = \sqrt{z\bar{z}} = \sqrt{x^2 + y^2} \tag{3.75f}$$

を z の**絶対値** (absolute value) という．

● **複素数の加減乗除**

　z_1, z_2 を二つの複素数 $z_1 = x_1 + iy_1,\ z_2 = x_2 + iy_2$ として加減，逆数および乗除は次のように定義される．

(1)　$z_1 \pm z_2 = (x_1 + x_2) + i(y_1 + y_2)$ $\tag{3.76a}$

(2)　$z_1 z_2 = (x_1 x_2 - y_1 y_2) + i(x_1 y_2 + y_1 x_2)$ $\tag{3.76b}$

(3)　$z^{-1} = \dfrac{x - iy}{x^2 + y^2}$ ，ただし $z \neq 0$ $\tag{3.76c}$

(4)　$\dfrac{z_1}{z_2} = \dfrac{z_1 \bar{z}_2}{z_2^2} = \dfrac{(x_1 x_2 + y_1 y_2) + i(-x_1 y_2 + y_1 x_2)}{x_2^2 + y_2^2}$，ただし $z_2 \neq 0$.

$$\tag{3.76d}$$

● **複素平面**

　複素数 $z = x + iy$ と 2 次元平面上の点を対応づけたのは**ガウス** (Johann Carl Friedrich Gauss, 1777–1855) およびその同時代の人々である．複素数 0 は 2 次元平面の原点に対応づけられる（図 3.16）．2 次元平面の x 座標と y 座標をそれぞれ複素数 z の実部 x と虚部 y に対応させて，2 次元平面上の点 (x, y) に複素数 $z = x + iy$ を対応させる．この 2 次元平面を**複素平面** (complex plane) または**ガウス平面** (Gaussian plane) という．また複素平面の x 軸を**実軸** (real axis)，y 軸を**虚軸** (imaginary axis) と呼ぶ．

　複素平面を用いると複素数相互の関係などが明確になる．複素共役 $\bar{z}$ は z の

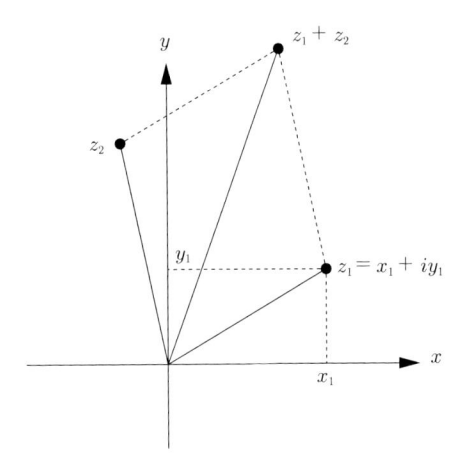

図 **3.16** 複素平面と複素数の和 $z_1 + z_2$

虚部の符号を変えたものであるから，点 z と点 $\bar{z}$ は実軸に対して互いに対称な位置にある．二つの複素数 z_1，z_2 の和 $z_1 + z_2$ は，原点から 2 点 z_1 と z_2 に向かう 2 次元ベクトルを考えたとき，その二つのベクトルの和が示す点が対応する複素数である（図 3.16）．

● **オイラーの公式と複素数の極形式**

2 次元平面上の点 (x, y) に対して極座標 r, θ を用いれば

$$x = r\cos\theta, \quad y = r\sin\theta \tag{3.77}$$

である．r は原点 $(0, 0)$ からの距離 $r = \sqrt{x^2 + y^2} = |z|$ を，θ は x 軸から反時計回りに測った角度

$$\theta = \arctan\frac{y}{x} = \left\{ \begin{array}{l} 0 \leq \theta \leq \pi \pmod{2\pi} \ (y \geq 0) \\ -\pi \leq \theta \leq 0 \pmod{2\pi} \ (y > 0) \end{array} \right. \tag{3.78}$$

$$\tag{3.79}$$

を表す．θ は**偏角** (argument) といい

$$\theta = \arg z \tag{3.80}$$

と書く.

θ の関数 $e^{i\theta}$ を次のように定義しよう.

$$e^{i\theta} = \cos\theta + i\sin\theta \tag{3.81}$$

これをオイラーの公式 (Euler's formula) という. オイラーの公式を用いれば, 複素数 z は

$$z = x + iy = r(\cos\theta + i\sin\theta) = re^{i\theta} \tag{3.82}$$

となる. これを複素数の極形式 (poler form) と呼ぶ. e は自然対数の底 (base of the natural logarithm) (またはネイピア (Napier) 数と呼ばれる数；$e = 2.7182818284\cdots$) で, 超越数である. 指数関数 $e^{i\theta}$ は無限級数

$$e^{i\theta} = \sum_{n=0}^{\infty} \frac{1}{n!}(i\theta)^n$$

で定義される. これを実部と虚部にまとめ直して整理し書き換えると, 次式 (オイラーの公式) を得る：

$$e^{i\theta} = \sum_{n=0}^{\infty} \frac{1}{n!}(i\theta)^n = \sum_{n=0}^{\infty} \frac{(-1)^n\theta^{2n}}{(2n)!} + i\sum_{n=0}^{\infty} \frac{(-1)^n\theta^{2n+1}}{(2n+1)!} = \cos\theta + i\sin\theta \ .$$

● **複素数の掛け算の幾何学的意味**

極形式を用いると複素数の乗法の幾何学的な意味が明らかになる. $e^{i\theta} = \cos\theta + i\sin\theta$ として 3 角関数の加法定理を用いると

$$
\begin{aligned}
e^{i(\theta_1+\theta_2)} &= \cos(\theta_1 + \theta_2) + i\sin(\theta_1 + \theta_2) \\
&= (\cos\theta_1\cos\theta_2 - \sin\theta_1\sin\theta_2) + i(\sin\theta_1\cos\theta_2 + \cos\theta_1\sin\theta_2) \\
&= (\cos\theta_1 + i\sin\theta_1)(\cos\theta_2 + i\sin\theta_2) \\
&= e^{i\theta_1}e^{i\theta_2}
\end{aligned}
$$

であるので, $z_1 = r_1\exp(i\theta_1)$, $z_2 = r_2\exp(i\theta_2)$ と書いたとき, その積は

$$z_1 z_2 = r_1 r_2 \exp\{i(\theta_1 + \theta_2)\} \tag{3.83}$$

である．したがって $z_1 z_2$ の絶対値はそれぞれの絶対値の積

$$|z_1 z_2| = |z_1||z_2| \tag{3.84a}$$

である．偏角に関しては注意を要する．複素数はその値を与えただけでは，その偏角に $2n\pi$ だけの不定性がある（n は 0 または正負の整数）．したがって，$z_1 z_2$ の偏角の値は 2π を法 (modulus) として等しい．

$$\arg(z_1 z_2) = \arg z_1 + \arg z_2 \quad (\text{mod } 2\pi). \tag{3.84b}$$

複素数 z に複素数 $z_1 = re^{i\theta}$ を掛けるということは，平面上の点 $z = (x, y)$ を，原点を中心に z_1 の偏角 θ だけ回転し，その上で $|z_1| = r$ 倍することである．よって z に $i = e^{i\pi/2}$ を掛けるということは，z を正の向きに $90°$ 回転することに対応する．

● **複素数の関数の連続性**
複素 z 平面から複素 w 平面への写像が与えられたとき

$$w = f(z) \tag{3.85}$$

と書いて，$f(z)$ を z の関数，あるいは**複素関数** (complex function) という．

複素関数 $w = f(z)$ について，z を z_0 に近づけたとき w が w_0 にいくらでも近づく，すなわち任意の正数 ε に対して適当な正数 δ が存在し，$0 < |z - z_0| < \delta$ であるすべての z について

$$|f(z) - w_0| < \varepsilon \tag{3.86a}$$

が成り立つならば，

$$\lim_{z \to z_0} f(z) = w_0 \tag{3.86b}$$

と書いて，w_0 を「w の $z \to z_0$ における**極限値** (limit value)」という．

$\lim_{z \to z_0} f(z) = f(z_0)$ のとき，すなわち任意の正数 ε に対して適当な正数 δ が存在して，

$$|z - z_0| < \delta \text{ であるすべての } z \text{ について } |f(z) - f(z_0)| < \varepsilon \tag{3.87}$$

であるとき，「$f(z)$ は $z = z_0$ で連続 (continuous) である」という.

● 複素関数の微分

　複素 z 平面上の領域 D で定義された複素関数 $w = f(z)$ に関して，D 内の任意の点 z_0 において

$$\lim_{z \to z_0} \frac{f(z) - f(z_0)}{z - z_0} \tag{3.88}$$

が一意的に存在する（有限確定）ならば，「$f(z)$ は領域 D で微分可能である」という. この式 (3.88) を微分係数または導関数と呼び，

$$f'(z_0) = \frac{df}{dz}\Big|_{z=z_0} \equiv \lim_{z \to z_0} \frac{f(z) - f(z_0)}{z - z_0} \tag{3.89}$$

と書く. (3.89) は，その近づけ方（2 次元平面上での近づけ方の道）は指定していない. 言い換えれば，近づけ方の道筋に依存せず，極限値が一意的に存在することを要求している. [14]

　領域 D の任意の点で微分可能な関数を「領域 D で正則 (regular, holomorphic)」という. また複素関数 $f(z)$ が「点 z_0 で正則である」とは「点 z_0 に十分近い任意の点（「近傍」）で微分可能」なことをいい，点 z_0 を関数 $f(z)$ の正則点 (regular point) と呼ぶ.（領域 D で）正則な関数を正則関数という. また関数 $f(z)$ が $z = z_0$ で正則でないとき，点 z_0 を特異点 (singularity, singular point) という.

　　■ここでやり残したこと： コーシー–リーマンの関係，等角写像

● 複素関数の積分（複素積分）

　複素関数の積分も，形式的には実関数のときと同じように定義される. 複素平面内の定められた曲線に沿った複素関数の積分（複素積分）を定義しよう.

　領域 D 内で連続な複素関数 $f(z)$ が定義され，またこの領域内に連続曲線 C（滑らかな曲線またはそれの有限個の接合）があるとする. C の始点を z_0，終点を z とする. C の上で z_0 と z の間に順に分点 $z_1, z_2, \ldots, z_{N-1}$ をとり，この分割を

---

[14] この条件から複素関数の豊かな性質が導かれる.

$$\Delta = \{z_0, z_1, z_2, \ldots, z_{N-1}, z_N = z\} \tag{3.90}$$

と表す.

　分割 Δ に対して z_{j-1} と z_j との間の任意の点を ζ_j とし，有限和

$$S_\Delta = \sum_{j=1}^{N} f(\zeta_j)(z_j - z_{j-1}) \tag{3.91}$$

を考える．分割 Δ の分点を無限に多くし，かつ $z_j z_{j-1}$ の間隔を無限に小さくしたとき，連続関数 $f(z)$ に対して，和 S_Δ の極限値は有限かつ一意的に決まるとき，「$f(z)$ は複素積分可能である」といい，またこの値を**複素積分** (complex integral) といい，

$$\int_C f(z)\, dz = \lim_{\delta \to 0} \sum_{j=1}^{N} f(\zeta_j)(z_j - z_{j-1}) \tag{3.92}$$

と書く．ここで $\delta = \max |z_j - z_{j-1}|$ である．$\delta \to 0$ に伴い分割の数 N は無限大となる．曲線 C を，始点および終点とともに向きまでを含め「積分路」という．積分路 C が閉曲線上を正の向きに動くとき，これを

$$\oint_C f(z)\, dz \tag{3.93}$$

と書く．複素関数 $f(z)$ が連続であるならば，和 S_Δ の $\delta = \max |z_j - z_{j-1}| \to 0$ の極限値が有限の値に確定する.

　複素積分に関しても，多様かつ有用な性質がある.

　　■ここでやり残したこと： 線積分，ガウスの定理，ストークスの定理

● 複素関数はどのような局面で有用であるのか

　数学を有用性のみで評価するのは基本的に誤りである（8章）．そのことは別にして，実際に多くの理工学部で複素解析の講義が行われているのだが，その意味は以下のとおりである：

(1) 複素関数論はそれ自身美しくかつ完璧な体系を作っているので，少し専門に踏み込んだ立場で学ぶ（数学を学び直す）よい教材である.

(2) 実数の関数の性質を知るためには，関数の定義域を複素数に拡張しておいたほうが明確になる．

(3) 複素関数論を学ばないと，以降の数学の基礎づけが不十分になってしまう．

第 4 章
数学のお作法

　数学の「お作法」の基本は証明という過程であり，その中で用いられる「言葉のお約束」です．証明法は，そんなに多くの種類はありません．ですから「お作法」に慣れれば，いくらでも応用できます．証明法に慣れれば，日常生活の議論にも役立ちます．

　4.3 節では，証明を繰り返しながら「概念を拡張（一般化）」していきます．集合とか位相という概念は，現代数学の隅々まで共通した考え方です．4.4 節では線形とかベクトルの概念を拡張しながら，数学の基本に慣れていただきたいと思います．また小節 4.4.2 では，常微分方程式の解の問題と絡んで，「解は出せればいい」というのではなく，そもそも解があるのか，それは一つだけか，といった日常生活にも通じる問題提起をします．

4.1　なぜ数学には「お作法」が必要なのか

4.1.1　論理を記述するための言語

　3 章では解析学の基本定理を述べ，我々が日常で用いる言葉と数学の定理を述べる言葉の違いを確認しながら，数学にとって厳密な表現が如何に内容を明確にし有用であるかを確かめた．

　文化的背景をもって，毎日の生活の中で人々の意思疎通のために用いられる言葉を「自然言語」という．言葉は，用いられる環境や状況，使い手によってさまざまに異なったニュアンスを持つ．これが豊かな言語表現を生み，心の機微を映したり，雰囲気を伝える．受け手によって理解の深さが異なり，優れた読み手もいる．

　一方，契約書や取扱説明書，技術報告書の場合には，読み手によって異なる受

け取り方が可能では目的にそぐわない．プログラム言語などの「形式言語」は「自然言語」に対置する．「形式言語」はその構文や意味がハッキリと決められており，厳格な規則の遵守が要求される．

　数学における記述法は形式言語の要素を持っている．「限りなく近づく」とか「任意の」「すべての」「ほとんど至るところ」「一様」といった表現は自然言語の形はとっているが，意味するところは厳密に決められている．「数学の記述が何を言っているのかさっぱりわからない」という感想が出てくるのは，このような約束事に慣れていないからに違いない．数学では言葉の意味を厳格に定める「お作法」が必要なのである．

　　数学にはこのような「お作法」が必要だということをまず理解してほしいと思います．一方で，教師が初学者に 説明もなく，理解の難しい記述法を押し付けても意味がありません．日常使う表現と同じようにしようとすると冗長になってかえって分かりにくくなるということ，まず約束事をハッキリさせてそれがいかに明解であるかを理解してもらうところから始めなくてはいけないということを，自戒とともに主張します．

4.1.2　演繹と帰納

　論理的な記述法には，演繹的方法と帰納的方法がある．

　演繹 (deduction) は，普遍的命題から，経験に頼らず 論理の規則のみによって結論を導く 論理的推論 の方法である．したがって，演繹においては前提とする命題が真であれば結論も必然的に真である．*1 数学では「暗黙の前提」を排除し，仮定を明確に述べ，そこから演繹によって結論に至ることが必須となる．

　帰納 (induction) とは，個別の経験やデータから，普遍的な命題や法則を推し量る方法である．したがって個々の経験（実験）がすべて真であっても，得られる結論が真であることを保証することはできない．*2

---

*1 論証の手順を間違えない限り，という但し書きは必要かもしれない．正しい論証かどうかということを確認するためだけに多くの時間と作業が必要なことがしばしばある．逆に，論理的に正しくないのに，証明できたと主張する人をしばしば見かけることもある．

*2 後で示す数学的帰納法 (mathematical induction) と呼ばれる証明法は，名前は"帰納"とあるが「演繹法」である．

「数学者が実際に数学を考える作業」は，ほとんどの場合，個別的な事例から出発して一般的な命題をつくり，その後この命題を演繹的方法で証明するという手順をとる．

> 数学の世界には「…予想」という一連の問題があります．数学上の未解決問題です．例えば「ポアンカレ予想」（2006 年解決済み），「リーマン予想」，「フェルマーの大定理（最終定理）」（1995 年解決）などがあります．「フェルマーの大定理」は問題自身は誰でも理解できるものです．こういう問題に魅力を感じるという点では，非数学者と最初の段階ではものの考え方がそれほど大きくは違わないといえるでしょう．

自然科学では：命題を与えてそれを証明するということは重要な手続きであるが，このような手順に従って記述されるものは自然科学の中にも少ない．自然科学は，元来が，<u>経験に基づく</u> 帰納的なものだからである．「数学における証明」とは何をすることなのかは 4.2 節で述べる．

通常，自然科学では，ある命題を実験によって「証明」[*3] する，あるいは実験結果を重ねて，一般的命題（原理）を得るという作業を行う．実験や観測は全ての場合を尽くすことはできないから，限定的な事実の積み重ねから一般的な原理を得ることになる．逆に，ある現象（事実）を記述するための方程式（モデル）から導かれる結果だとしても，そのモデルが予言する現象が「本当に」起こるとは限らない．実際の現象とモデルから導かれた現象の間で，それが「本当に」対応したものかどうかの「検証」作業が必ず行われる．[*4]

数学は「検証」という課題に対しても新しい道具を提供している．それが統計学という枠組みであり，確からしさ（尤度）という尺度であり，推定–検定という手順である．例えば医学においては「薬物疫学」を含む疫学は，大変に重要な分野であり，統計学による因果関係に関する評価（医療統計）は不可欠な手段である．

[*3] ここで「証明」という言い方をしているが，数学の意味での「証明」とは違う．

[*4] より一般的な新しいことをどのくらい予想できるか，ということが「検証」となる．

4.2 証明のいろいろ

4.2.1 証明とは

　与えられた命題が真であることを主張するために，いくつかの前提をもとに行われる一連の演繹の過程を「証明 (proof)」という．証明の各段階で，公理，定理あるいは仮定等の前提に基づき演繹の規則によって新たな命題を導くということを繰り返す．

　数学的証明という作業が最初に導入されたのはギリシャ時代のことであるといわれる．ピタゴラス (Pythagoras, BC582?–BC496?) およびその仲間は「数」に神秘的な意味づけを見出し，秘密結社（ピタゴラス教団）を作り，厳格な秘密主義を守ったという．そのため直接的記録は残されていない．ピタゴラスの定理（三平方の定理）の他，$\sqrt{2}$ が無理数であることも，ピタゴラスあるいはその教団が初めて証明した．

　ピタゴラスの後，アレキサンダー大王の時代には，数学や自然哲学の研究の中心はアテネからアレキサンドリアに移った．この時代に最も大きな足跡を残したのがユークリッド (Euclid, BC330?–275?) である．ユークリッドの生まれた場所も生死の年も不明であるが，BC365 年ごろ生まれ 325 年頃活躍していたと考えられている．ユークリッドに続くのががアルキメデス (Archimedes, 287BC?–212BC?) である．

　ユークリッドはユークリッド幾何学といわれるものを完成し，『原論 (*Elements*)』を残し，幾何学の父といわれる．『原論』は 13 巻からなり，定義から始まり，五つの公準と五つ（または九つ）の公理が提示 [5] されている．

　ユークリッド幾何学の五つの公準とは次のものである．

1. 任意の 1 点から他の任意の 1 点に向けて線分をちょうど一つ引くことができる．
2. 任意の線分をどちら側にもまっすぐ延長することができる．
3. 任意に 2 点与えられたとき，一方の点を中心として他方の点を通る円をちょうど一つ描くことができる．

---

[5] ユークリッドの『原論』では，最も基礎になる命題を公準，それに準ずるものを公理と呼んで区別した．現代のいい方では，いずれも「公理」である．

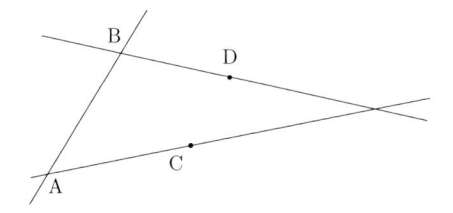

図 4.1 ユークリッドの平行線に関する第 5 公準の図．同じ側の内角の和 が 2 直角 (180°) より小さいほう (∠BAC + ∠ABD) で交わる．

4. すべての直角は互いに等しい．

5. 2直線に他の直線が交わるときにできる同じ側の内角の和が2直角より小さいならば，この2直線を延長したとき，内角の和が2直角より小さい側で交わる（図 4.1）．

非ユークリッド幾何学の誕生：公準1から4までは極めて自明であると受け入れられたが，第5公準は果たして公準であるのか，あるいは1から4までの公準から証明されるべき定理ではないのかという疑問が早くから持たれた．第5公準を取り除くことが試みられ，ユークリッドから2000年を経て，**ロバチェフスキー** (Lobachevsky, 1792–1856) およびリーマンによって非ユークリッド幾何学が作られた．

　球面上で幾何学を考えてみましょう（図 4.2）．北極点と南極点の間にはいくつもの最短距離の曲線（**測地線**と言います）が引けます．また球面上の3角形（球面上の3点を測地線で結ぶ3角形．**球面3角形**と呼びます）の内角の和は 180° を超え，3角形の面積に依存します．まず図 4.2a のような単位球上の二つの測地線に囲まれた領域（球面2角形）の面積 S_2 を考えてみましょう．単位球面の表面積は 4π ですから $S_2 = 4\pi \times \alpha/(2\pi) = 2\alpha$ です．次に図 4.2b の球面3角形 ABC を考えます．球面を覆うためには六つの球面2角形（AA′, BB′, CC′ のそれぞれが二つ）の（3回）重なり部分であり，重なり部分は ABC だけではなく A′B′C′ もあります：$2(2\alpha + 2\beta + 2\gamma) - 2 \times (2S_{\mathrm{ABC}}) = 4\pi$. これから，次の結果（**ハリオットの定理**）が得られます：

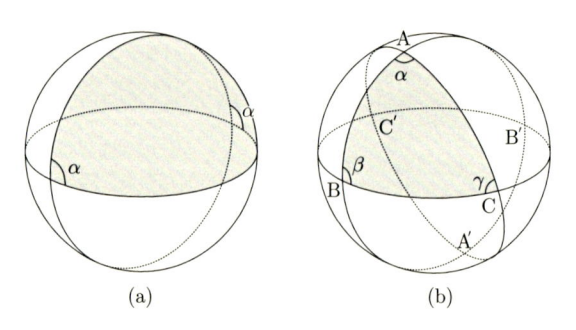

(a)　　　　　　　　(b)

図 **4.2** 球面 3 角形の面積 (ハリオットの定理)

$$\alpha + \beta + \gamma = \pi + S_{\mathrm{ABC}} \, .$$

4.2.2 背理法

背理法は，命題が偽であることを仮定して矛盾を導き，命題が真であることを結論づけるものである．すでに $\sqrt{2}$ が無理数であることを背理法で証明した．ここでは以下のユークリッド幾何学の命題を背理法で証明しよう．

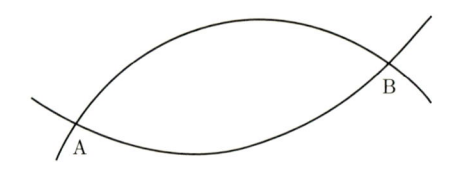

図 **4.3** 平行線に関する定理の図

平行線に関する定理：相異なる 2 直線は交わらないか，ただ 1 点で交わる．

証明：異なる 2 直線が二つ以上の異なる点で交わるとする（命題の否定）．すると異なる 2 点を通る直線が二つ存在する（図 4.3）ことになり，公準 1 に矛盾する．ゆえに，異なる 2 直線が二つ以上の異なる点で交わるという仮定は偽である．よって，「相異なる 2 直線は交わらないか，ただ 1 点で交わる」という命題は真である．　　　　　　　　　　　　　　　　　　　　　　　（証明終）

4.2.3 数学的帰納法

数学的帰納法は，すでに p.82 の脚注で述べたように帰納法という名前は持っているが，演繹的方法の一つである．これは，すべての自然数 n について命題 $P(n)$ が成り立っていることを証明することを目的に，次のような手順により論証する．

1. $P(1)$ が成り立っていることを示す．
2. 任意の自然数 k に対して，$P(k)$ が成り立つならば $P(k+1)$ が成立することを示す．
3. 1，2 から任意の自然数 n について命題 $P(n)$ が成立することをいう．

以下で具体的な手順を見てみよう．

フィボナッチ数 (Fibonacci number) の一般項は次式で与えられる：

$$F_n = \frac{1}{\sqrt{5}}\Big[\Big(\frac{1+\sqrt{5}}{2}\Big)^n - \Big(\frac{1-\sqrt{5}}{2}\Big)^n\Big] \tag{4.1}$$

これを小節 3.2.2 で紹介した定義式に基づいて数学的帰納法により証明する．

証明：

(1) $n = 1$ の場合：$F_1 = 1$．一方 (4.1) の右辺 $= \frac{1}{\sqrt{5}} \cdot \sqrt{5} = 1$．よって成立．

(2) $n = 2$ の場合：$F_2 = 1$．一方

$$(4.1) \text{ 式の右辺} = \frac{1}{\sqrt{5}}\Big[\Big(\frac{1+\sqrt{5}}{2}\Big)^2 - \Big(\frac{1-\sqrt{5}}{2}\Big)^2\Big]$$
$$= \frac{1}{\sqrt{5}}\Big[\frac{6+2\sqrt{5}}{4} - \frac{6-2\sqrt{5}}{4}\Big] = 1$$

よって成立．

(3) $n = k-1$ および k の場合に (4.1) 式が成立するとすれば，p.27 の定義式を用いて

$$F_{k+1} = F_{k-1} + F_k = F_k + F_{k-1}$$
$$= \frac{1}{\sqrt{5}}\Big[\Big(\frac{1+\sqrt{5}}{2}\Big)^k - \Big(\frac{1-\sqrt{5}}{2}\Big)^k\Big]$$

$$+ \frac{1}{\sqrt{5}}\Big[\Big(\frac{1+\sqrt{5}}{2}\Big)^{k-1} - \Big(\frac{1-\sqrt{5}}{2}\Big)^{k-1}\Big]$$

$$= \frac{1}{\sqrt{5}}\Big[\Big(\frac{1+\sqrt{5}}{2}\Big)^{k-1}\Big(\frac{1+\sqrt{5}}{2}+1\Big) - \Big(\frac{1-\sqrt{5}}{2}\Big)^{k-1}\Big(\frac{1-\sqrt{5}}{2}+1\Big)\Big]$$

$$= \frac{1}{\sqrt{5}}\Big[\Big(\frac{1+\sqrt{5}}{2}\Big)^{k+1} - \Big(\frac{1-\sqrt{5}}{2}\Big)^{k+1}\Big]$$

である. よって (4.1) 式は $n = k+1$ のときにも成立する.

(4) 以上により (4.1) 式はすべての n に関して成り立つ. (証明終)

4.2.4　必要条件, 十分条件, 必要十分条件, 同値

小節 3.2.3 でコーシー列の定義を述べた. さらにその定義から,「コーシー列は収束する, あるいは収束する数列はコーシー列である」ことを述べた. 一般的にこの論理を整理しておこう.

命題 A, B が与えられているとき, それぞれの間に以下の関係があるならば, それぞれを充分条件, 必要条件という.

- 「$A \Rightarrow B$」（A ならば B である.）:命題 A は命題 B が成り立つための**十分条件** (sufficient condition) である.
- 「$A \Rightarrow B$」（A ならば B である.）:命題 B は命題 A が成り立つための**必要条件** (necessary condition) である.
- 「$A \Rightarrow B$ かつ $B \Rightarrow A$」（$A \Leftrightarrow B$）であるとき,「A と B は**同値** (equivalent)」あるいは「A (B) は B (A) の**必要十分条件** (necessary and sufficient condition)」という.

よって数列 $\{a_n\}$ は収束するということと, コーシー列であるということは同値である.

必要条件, 十分条件の例:命題 A, B を

$$A \equiv \text{「自然数 } n \text{ は 4 の倍数である」}$$

$$B \equiv \text{「自然数 } n \text{ は偶数である」}$$

とする. この例では「A であるならば B である ($A \Rightarrow B$)」は真であるが,「B であるならば A である ($B \Rightarrow A$)」は偽である. 命題 B の示すことは命題 A

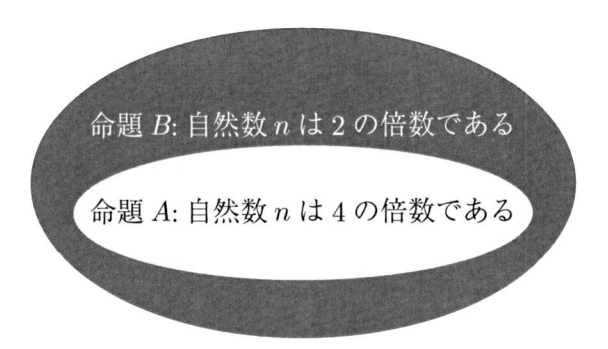

図 4.4 命題 A と命題 B の関係. 命題 A は命題 B のための十分条件であるが必要条件ではない.

より広い事実（命題 B は命題 A を包含）なので（図 4.4），命題 A が成り立てば命題 B が成り立つ. しかし B が成り立っていても A が成り立つとは限らない.

よって，上の例では命題 A は命題 B のための十分条件であるが必要条件ではない. また，命題 B は命題 A のための必要条件であるが十分条件ではない.

> 必要，十分という言葉は日常的にあいまいに用いられる言葉ですが，数学で用いるときには上で説明したとおり，特別の意味づけがあります.

4.2.5 対偶論法

論理と集合：集合の「包含関係」は上のようなことを考えるのに有用である. $A \Rightarrow B$ は集合の記号を用いれば

$$A \subset B \tag{4.2}$$

と書き表すことができる. 命題「A は真である」（A と表す）の否定命題は「A は偽である」であり，$\bar{A}$ と表すことにする. $A + \bar{A} = $ 全体 であるから，命題 A の否定 $\bar{A}$ を A の補集合として考えてよい.

このように考えれば命題 $A \Rightarrow B$（A ならば B である）と命題 $\bar{B} \Rightarrow \bar{A}$（$B$ でなければ A でない）は同じこと（同値）であることが分かる. 命題 $A \Rightarrow B$ が $A \subset B$ であれば，B の補集合 $\bar{B}$ は A の補集合 $\bar{A}$ の部分集合となる，すなわち

$$\bar{A} \supset \bar{B} \tag{4.3}$$

が成立するので，命題 $\bar{B} \Rightarrow \bar{A}$ が成り立つからである．

　逆，裏，対偶：命題 (proposition) $P \Rightarrow Q$ に対して，命題 $Q \Rightarrow P$ を逆 (converse)，命題 $\bar{P} \Rightarrow \bar{Q}$ を裏 (inverse)，命題 $\bar{Q} \Rightarrow \bar{P}$ を対偶 (contraposition) と呼ぶ（図 4.5）．既に説明したように，命題が真あることと，命題の対偶が真であることは同値である．しかし，「逆必ずしも真ならず」というように，逆および裏は真とは限らない．

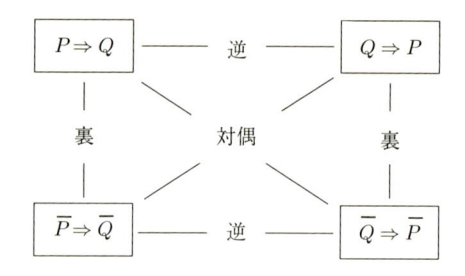

図 **4.5**　逆，裏，対偶の関係．P, Q はそれぞれ命題 P，命題 Q を意味する．

　命題を証明する代わりに対偶を証明する，このような証明方法を「対偶論法 (proof by contraposition)」という．

論理記号

　集合論の記号を使って説明してきました．しかし分野が違うと，関連性が密な分野でも異なる記号を用いることがあります．数理論理学で使用する記号についても

1. 命題 P の否定：$\bar{P}$ と書いたが，$\neg P$ と書く．
2. 含意：$A \subset B$ と書いたが，$A \Rightarrow B$ または $A \to B$ を使う．
3. 同値：$A \Leftrightarrow B$ と書いたが，$A \equiv B$ または $A \Leftrightarrow B$ を使う．
4. 和集合 $A \cup B$ と論理和 $A \lor B$．
5. 積集合 $A \cap B$ と論理積 $A \land B$．

などがあります．

　対偶をとることにより命題を証明する方法は前章の小節 3.2.5 の「関数の連

続性」の証明で用いた．ここでは別の例を示すことにしよう．

正項級数の収束・発散判定法：正項級数 $\sum_{k=1}^{\infty} a_k$ が収束するならば，部分和 $S_n = \sum_{k=1}^{n} a_k$ は有界である．また，この逆も成り立つ．

各項が正である級数を正項級数という．S_n が有界かつ単調増加であるからこのことはすぐに分かる．問題はここからである．

収束および発散判定法：ある番号 N に対して，$n > N$ のすべての n について $0 \le a_n \le c_n$ かつ $\sum_{n=1}^{\infty} c_n$ が収束するならば，$\sum_{n=1}^{\infty} a_n$ は収束する．

確かに，$\sum_{n=N}^{\infty} c_n$ が収束するから，$\sum_{n=N}^{\infty} a_n \le \sum_{n=N}^{\infty} c_n$ は有界かつ収束している．この対偶を取れば次の命題も成り立つ．

ある番号 N に対して，$n > N$ のすべての n 項について $0 \le c_n \le a_n$ かつ $\sum_{n=1}^{\infty} c_n$ が発散するならば，$\sum_{n=1}^{\infty} a_n$ は発散する．

> 命題とその対偶は同値であるということは論理学上の事柄です．日常の言葉では，比喩的言い回しがあるので，微妙です．

4.2.6 反例

命題が真であることを証明するために，個別の事例を幾つか数えあげることでは証明したことにはならない．「いかなる場合でも真」であることを示すことにならないからである．逆に，与えられた命題に反する例（反例）を一つ示せば，命題が偽であることを示したことになる．

命題が偽であることを証明するのに反例を挙げる，という方法の例をあげておこう．

ワイエルシュトラス関数：連続関数は微分可能であると考えるかもしれない．しかしこのような簡単なことも，実際には成り立たない．例として「至る所で連続であるが至る所で微分不可能な関数」として挙げられるのが，**ワイエルシュトラス** [*6] **関数** (Weierstrass function)

$$f(x) = \sum_{n=0}^{\infty} a^n \cos(b^n x) \,, \quad \left(0 < a < 1, b \text{ は奇数}, ab > 1 + \frac{3\pi}{2} \right) \quad (4.4)$$

である (図 4.6)．この級数が「至る所で連続である」ことは，$|a^n \cos(b^n x)| \le |a|^n$,

---

[*6] ワイエルシュトラス (Karl Theodor wilhelm Weierstrass, 1815–1897) はドイツの数学者で，特に解析学の諸分野で多大な業績を残している．

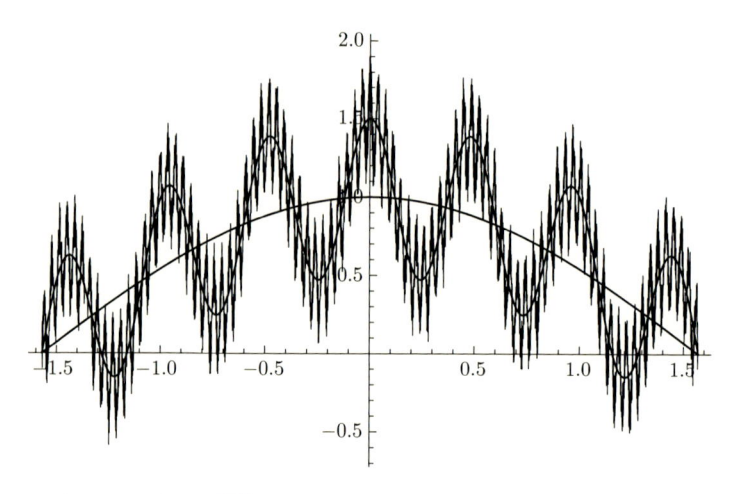

図 4.6　ワイエルシュトラス関数 $(a = 1/2,\ b = 13)$.　$n = 0, 1, 10, \ldots, N$ とした部分和を描いた.

$|a| < 1$ であることからこの無限級数が収束することが言え，したがって一様連続であることから分かる．「至る所で微分不可能な関数」であることについては参考文献を挙げるに留めておこう．[*7]

　このような関数が一つ見つかれば，微分可能な関数と微分不可能な関数の和は至る所で微分不可能であるから，論理的には微分可能な関数と同じだけ存在するということができる．したがって連続かつ至る所で微分不可能な関数は決して珍しいものではないと言える．

4.2.7　有名な論証

● 曽呂利新左衛門の米の倍増し

　曽呂利（そろり）新左衛門という名前に聞き覚えがあるだろうか．ある程度の年配の方なら名前を聞いたことがあるか，あるいは名前を憶えていなくてもその話は聞いたことがあるに違いない．本名を杉本甚右衛門，または彦右衛門といい，刀の鞘を作る職人出身で豊臣秀吉に御伽衆（おとぎしゅう：大名に仕え，政治の相談や世間話の相手を務める側近）として仕えた人である．この人

[*7] 数学解析第一編，『微分積分学第 1 巻』（藤原松三郎著，浦川，髙木，藤原編著，内田老鶴圃，2016）

物は実在のようだが，以下の話が本当のことかどうかは定かでない．色々調べてみても，子供昔話や人々の言い伝えといったものしか出てこなく，元がどのような話であったのかは不明である．[*8]

豊臣秀吉が病気で弱っていたあるとき，自身が大切にしていた盆栽の松が枯れてしまい，秀吉はますます元気をなくしてしまった．そのとき新左衛門は「ご秘蔵の常盤の松は枯れにけり　おのが齢を君にゆずりて」という歌を詠んで秀吉を慰めた．秀吉はたいそう喜び，病気も快復した．そこで秀吉は新左衛門の手柄とし，何でも欲しいものをやろうと言ったという．

そこで，新左衛門は「この大広間の畳に，1枚目の畳には米1粒，2枚目の畳には2粒，3枚目の畳には4粒，という具合に，倍々で米粒を置いていって，それを頂きたい」と言った．秀吉は，そんなのでいいのかと何度も聞きただしたという．大広間の畳の数がどのくらいか分からないが，二条城の上段の間が48畳ということなので，仮に50畳として計算してみると，合計で

$$\sum_{n=1}^{50} 2^{n-1} = \sum_{n=0}^{49} 2^n = \frac{2^{50}-1}{2-1} = 2^{50}-1$$
$$= 1,125,899,906,842,624 - 1 = 1,125,899,906,842,623 \,(粒)$$

となる．米1粒は約 0.02g だそうであるから，2.2518×10^7 トン $\simeq$ 2252万トンに相当する．

我国の現在の米の生産量が年間 約782万トンであるから，その約3年分である．米1合は6500粒位だそうなので，1.1259×10^{15}(粒) $\simeq 1.73215 \times 10^{11}$ 合 $= 1.73215 \times 10^8$ 石 $\simeq$ 1億7300万石．豊臣秀吉の時代（太閤検地）の生産高は2000万石弱ということだから，これは当時の日本全体の約9年分の米生産量に相当する．要するに，9年間日本を自分のものにするということである．[*9]

秀吉も途中でこれがとんでもない量になることに気づき，褒美は別のものにしてもらったという．この話などは，数字の感覚がないととんでもないことに

[*8] 藤原松三郎著『日本数学史要』p.59 にある説明によると，関連した話としては『算法統宗』（中国，明の数学書 1592 年）巻9あるいは『塵劫記』（江戸時代 1627 年，吉田光由著作）寛永八年本に，米粒を倍々に足していく算法の記述がある．

[*9] 太閤の時代の日本の人口は 1200 万から 2000 万人と推定されている．すると 1 人当り約 1 石（1,000 合）の生産量となり，比較的生産性が高いように感じられる．

なるという良い例である.

● アキレスと亀：ゼノンのパラドックス

　アキレスと亀が駆け比べをすることとなった. [*10] アキレスのほうが明らかに足が速いので亀はハンディキャップをもらい，100m 先に進んだ地点からスタートすることが許された. この競争では，アキレスが亀に追い着く前に，100m 先の亀のスタート地点に着かなければならない. そのとき亀はスタート地点から先の方に既に進んでいる. これを繰り返すと，亀は常にいくらかずつ先に進んでいて，決してアキレスに追いつかれることはない，というお話である. これを最初に聞いたとき，すぐにどこに問題があるか，反論することは難しいかもしれない. もちろんこのようなことはあるはずはないが，きちんと論証することの難しさを示していると言えようか.

　アキレスは世界記録保持者並みで100m を 10 秒で走る（秒速 10m）としよう. 一方，亀はノロマで100 メートルを 100 秒（秒速 1m）かかるとしよう. [*11] アキレスが 100m を走るのに 10 秒，そのとき亀は 10m 先にいる. 今度はアキレスは 10m 走るのに 1 秒かかり，亀はその間に 1m 先にいる. アキレスが 1m 走るのに 0.1 秒，亀は 0.1m 先にいる，というわけである. かかっている時間を足してみると

$$10 + 1 + 0.1 + \cdots = 10(1 + 0.1 + 0.1^2 + \cdots) = \frac{10}{0.9} = 11.1 \text{ 秒}$$

であるから（コーシー列となっている），11.1 秒後に 111m 走ったところで追いつくことが分かる. もちろんこんなことをしないでも，走る時間 t（秒）か，走る距離 x（m）を未知数にして方程式をたてればよい話ではある. このように数字を入れて考えると，そもそもこんな話は初めから成り立たないことに気づく.

　上の困難は"無限"回という回数に幻惑されて実際に走る距離または経過時間にまで考えが及ばないからである. この話は「アキレスは，亀に追いつくまでは亀に追いつけない」というきわめて当然のことを無限回の試行という考え

[*10] ゼノンは古代ギリシャの哲学者.

[*11] パラドックスが成立するのは，このように速度の条件が考えられていないからである. ゾウガメは秒速 76cm だそうだから，本当は 131.5 秒かかる.

慣れない事柄に言い換えたために起きた混乱である．

● 嘘つきのパラドックスまたは自己言及のパラドックス

　クレタ島出身の哲学者が，「クレタ島出身者は常に嘘をつく」といったという（新約聖書「テトスへの手紙」）．もしこの命題が真であれば哲学者のいうことは嘘であるからこの命題は偽となる．この命題を偽とすると，哲学者はいつも真実をいうということでこの命題は真実だということになり，命題が偽であるとしたことに矛盾する．これは，自己言及によって命題の真と偽をひっくり返そうとしたため生じた矛盾である．

　有名な「ゲーデルの不完全性定理」もこれと似た構造を持っている．ゲーデルの不完全性定理は数理論理学において基礎的で重要な定理である．それは「どんな公理系をとっても，（その公理系が自然数論の体系を含んでいれば）その公理系で定式化できる命題で，その公理系では証明することもできないし，その否定も証明できない命題が存在する」というものである（岩波『数学入門辞典』「不完全性定理」）．これらすべての問題は，計算可能性理論において「停止性問題の決定不能性定理」とも関係がある．停止性問題とは，コンピュータがある入力に対して有限時間内に計算を終了できるかどうか，という問題である．それに対して，そのような判定が常にできるコンピュータは作れないというのが答えである．

4.3　基本概念について-1. 基本概念の拡張，一般化

　ここでは，数学におけるいくつかの基本概念をより広い一般的なものにしていく意味について考える．そのために，現在では大変重要な概念になっている「集合と位相」をとり上げよう．概念を制約している条件（例えば「座標」）を取り除くことにより，新しくより広い概念を生み出していくのが現代の数学研究および数学利用の立場である．

4.3.1　関数と写像

　関数と写像は同義語である．歴史的には，解析学に源を持つものは**関数** (function) といい，もう少し抽象的に述べるとき**写像** (mapping) という（ように思

われる）．変数 x から値 $f(x)$ への写像を「関数」と呼び，集合（の元）から集合（の元）への対応関係を「写像」と呼ぶことが多い．

　写像：集合 A および集合 B があり，任意の $x \in A$ に対して一つの $y \in B$ を対応させる規則 f が定まっているとき，この対応を写像といい

$$f : x \to y \quad \text{または} \quad y = f(x) \tag{4.5}$$

と書く．A を定義域 (domain)，B を値域 (range) という．

　ここでいくつかの術語を説明しよう．

　単射 (injection, injective)：A から B への写像 $f : x \to y$ $(x \in A,\ y \in B)$ が，すべての $x_1, x_2 \in A$ について

$$x_1 \neq x_2 \to f(x_1) \neq f(x_2) \tag{4.6}$$

であるとき，写像 f を単射（または 1 対 1 写像）という．この条件は，また対偶をとって，次のように言うこともできる．

$$f(x_1) = f(x_2) \to x_1 = x_2 \ . \tag{4.7}$$

　全射 (surjective, onto)：A から B への写像 $f : x \to y$ $(x \in A,\ y \in B)$ が，B の任意の元 y について

$$y = f(x) \tag{4.8}$$

となる $x \in A$ が存在するとき（1 つの $y \in B$ に対してこの式を満たす $x \in A$ は複数あってもよい），写像 f を全射または上への写像という．

　全単射 (bijection, bijective)：A から B への写像 $f : x \to y$ $(x \in A,\ y \in B)$ が，単射かつ全射であるとき，全単射という．

　[全単射に関するいくつかの命題] $f : A \to B$ が全単射のとき以下が成り立つ．

(1) 逆写像 $f^{-1} : B \to A$ は全単射である．

(2) f の逆写像 f^{-1} の逆写像は $f : A \to B$ である．

(3) 合成写像 $f^{-1} \circ f$ は A の恒等写像（1_A または id_A と書く）である．

(4) 合成写像 $f \circ f^{-1}$ は B の恒等写像（1_B または id_B）である．

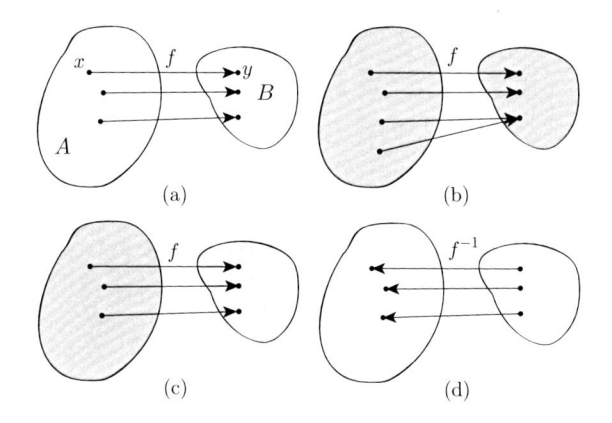

図 **4.7** (a) 単射, (b) 全射, (c) 全単射, (d) 逆写像.

これらはほぼ自明なので証明は省略する.

4.3.2 距離空間と写像の連続性

これまでは, 暗黙の裡に空間といえばユークリッド空間のことであると考えてきた. しかし我々があつかう空間はそればかりではない. 空間を集合と言い換え, 点を元と言い換え, 空間一般を考える準備をしよう.

● 距離空間

まず既知のユークリッド空間から始めよう.

n 次元ユークリッド空間 (Euclidian space) とは,

(1) n 次元空間 $\mathbb{R}^n = \{P = (x_1, x_2, \ldots, x_n); x_1, x_n, \ldots, x_n \in \mathbb{R}\}$ における点の集合であり, [*12]

(2) 2 点 P, Q 間にベクトル $\overrightarrow{PQ}$ が 1 つ (そして 1 つに限って) 定められ,

(3) 2 点 P, Q の間の距離は, $P = (p_1, p_2, \ldots, p_n)$, $Q = (q_1, q_2, \ldots, q_n)$ とするとき

$$d(P,Q) = \sqrt{\sum_{j=1}^{n}(p_j - q_j)^2} \tag{4.9}$$

[*12] 「$\mathbb{R}^2 = \{\boldsymbol{x}_1 = (x_1, y_1); x_1, y_1 \in \mathbb{R}\}$」は実数の集合 $\mathbb{R}$ の要素である x_1, y_1 の組 (これを $\boldsymbol{x}_1$ と書き) の集合 (2 次元空間) を $\mathbb{R}^2$ と書く, という意味である.

と定義される（**ユークリッド距離** (Euclidian metric)）.

ユークリッド空間と同様に，集合およびその各元の間の距離が定義された空間を**距離空間** (metric space) と呼ぶ．距離とはユークリッド距離である必要はない．距離が満足すべき最小限の条件を考えよう.

　[**距離の公理**]　距離空間の中の点（元）を x, y と書くとき，[*13] 距離空間の距離は次の「距離の公理」を満足することだけを要求されている．ユークリッド距離はこの公理を満足する．（(3) は「3 角形の 2 辺の長さの和は残りの 1 辺の長さより長いか等しい」という 3 角不等式を一般化したものである.）

(1) $d(x, y) \geq 0$　かつ　$d(x, y) = 0 \Leftrightarrow x = y$,

(2) $d(x, y) = d(y, x)$,

(3) $d(x, y) + d(y, z) \geq d(x, z)$.

　　よく「A,B 二人は近い」などという表現をします．これはどういうことをいうのでしょう．"近い"を数字にはできないのでしょうか．
　　各々の性格を下のように数量化することは可能です:

$$A = (a_1, a_2, a_3, \ldots, a_n), \quad B = (b_1, b_2, b_3, \ldots, b_n).$$

ここで，a_1, b_1 はそれぞれが明るい性格かどうか，a_2, b_2 は（例えば）音楽が好きかどうか，a_3, b_3 は考え方が保守的か改革的か，などです．それを $0 \leq a_i, b_i \leq 1$ で入れていきます．そうすればそれぞれの性格が $(a_1, a_2, a_3, \ldots, a_n)$, $(b_1, b_2, b_3, \ldots, b_n)$ というように n-次元空間の点として表現されます．各要素をできる限り独立なものに選ぶ等，選び方や数値化の仕方を工夫すればとても良い指標になるでしょう．こうして A, B がよく似ていれば近い位置に表れることになり，その関係をユークリッド距離を用いて数値化することも容易です．似ているかどうかという点では，指標として「内積」の値の大小で測ることもあります.

● **連続写像**

連続関数については前章の小節 3.2.5 で二つの定義を与え，それが同等であ

[*13] これからは距離空間内の元についても特に必要がなければ，太字で書くことはしない.

ることを対偶論法により示した. その意味するところは, 「連続関数は非常に近い2点を, 非常に近い2点に対応づける」ということであった.

[連続写像] の定義-1: X, Y をそれぞれ距離空間であるとする. 写像 $f : X \to Y$ が点 $a(\in X)$ で連続であるとは, X の任意の点 x について, 任意の $\varepsilon > 0$ に対して適当な $\delta > 0$ を選べば,

$$d_X(x,a) < \delta \Rightarrow d_Y(f(x), f(a)) < \epsilon \tag{4.10}$$

が成り立つことをいう. 写像 $f : X \to Y$ が X のすべての点 a で連続であるとき, f は X で連続である (連続写像である) という.

[連続写像] の定義-2: X, Y をそれぞれ距離空間であるとする. 写像 $f : X \to Y$ が点 $a(\in X)$ で連続であるとは, X の点列 $\{x_n\}$ $(n = 1, 2, \ldots)$ の像 $\{f(x_n)\}$ について

$$\lim x_n = a \Rightarrow \lim f(x_n) = f(a) \tag{4.11}$$

が成り立つことをいう. 写像 $f : X \to Y$ が X のすべての点 a で連続であるとき, f は X で連続である (連続写像である) という.

4.3.3 集合と連続写像

● 集合, 部分集合, 空集合, 全体集合

これから, 位相, 関数 (写像) の連続性などを一般的に (距離空間という枠組みを取り外して) 定義, 説明する. そのためには「集合」の言葉を用いるので, いくつかの言葉を説明しよう.

[集合] の定義:「もの」の「集まり」を集合 (set) という. 集合を構成するものを元 (要素) (element) といい, 数, 文字, 記号, 物質, 生き物などどんなものでも構わない, 「集合を元とする集合」を考えることもかまわない.

[空集合] の定義: いかなる元も持たない集合を空集合 (empty set) という. 空集合を $\varnothing$, $\emptyset$, $\{\}$ などと書き表わす.

[部分集合] の定義: 集合 A の要素はすべて集合 B の要素でもあるとき, すなわち

$$^{\forall}x \ : \ x \in A \to x \in B$$

が成り立つとき，[14]　 A は B の**部分集合** (subset) であるといい，次のように表す：

$$A \subseteq B .$$

特に与えられた集合 U の 部分集合からなる集合 を U の**部分集合系** (family of subsets) と呼ぶ.

　U をある与えられた集合とするとき，集合 U を**全体集合** (universal set) という. U の部分集合系には，空集合 $\{\}$ および全体集合 U も含まれる.

　[差集合, 補集合 (余集合)] の定義：集合 A の中から部分集合 B （$B \subseteq A$）に属する要素を取り去って得られる集合を差集合といい

$$A \backslash B \quad , \quad A - B$$

と書く. 特に，全体集合 U からその部分集合 A の要素を取り去って得られる集合を A の**補集合** (complement, complementary set) （余集合）といい，A^c, $\bar{A}$ と書く. （$A^c = U \backslash A$）

　ここでもう一つ，言葉を定義しよう.

　[ε-近傍] の定義：距離空間 X において点 $a \in X$ および正数 $\varepsilon > 0$ に対して，部分空間

$$U_\varepsilon(a, X) = \{x \in X | d_X(x, a) < \varepsilon\} \quad , \quad (U_\varepsilon(a, X) \subset X) \tag{4.12}$$

を a の ε-近傍 （ε(epsilon)-neighborhood) という. [15]

　【**ド・モルガンの定理** (de-Morgan's theorem)】：ド・モルガン (de-Morgan, 1806–1871) の定理は集合に関する基本的な定理の一つである.

$$(A \cup B)^c = A^c \cap B^c \tag{4.13a}$$

$$(A \cap B)^c = A^c \cup B^c \tag{4.13b}$$

---

[14]　 $^\forall x$ という記号は「すべての x, 任意の x」の意味である. 同じく $^\exists x$ は「… である x が（少なくとも）一つは存在する」という意味である.

[15]　 $d_X(x, a)$ の添え字 X は距離が定義される空間を明示的に示すために書く.

これは高校の課程での課題であるから特に証明を記す必要はないかもしれないが，念のため証明しておく．

(1) $(A \cup B)^c = A^c \cap B^c$ であることの証明：

1-a. $x \in (A \cup B)^c$ とすると，補集合の定義から $x \notin A \cup B$. したがって $x \notin A$ かつ $x \notin B$. つまり $x \in A^c$ かつ $x \in B^c$. よって $x \in A^c \cap B^c$ である．したがって $(A \cup B)^c \subseteq A^c \cap B^c$.

1-b. $x \in A^c \cap B^c$ とすると, $x \in A^c$ かつ $x \in B^c$. すなわち $x \notin A$ かつ $x \notin B$. よって $x \notin A \cup B$ であるから $x \in (A \cup B)^c$. したがって $A^c \cap B^c \subseteq (A \cup B)^c$.

1-c. 以上（1-a および 1-b）から $(A \cup B)^c = A^c \cap B^c$ を得る．

(4.13b) 式も同じようにして得られる． (証明終)

上の式をもう少し一般化すると以下のようになる．証明は数学的帰納法で行うことができる（省略）．

$$(A_1 \cup A_2 \cup \cdots \cup A_n)^c = A_1^c \cap A_2^c \cup \cdots \cup A_n^c \qquad (4.14a)$$

$$(A_1 \cap A_2 \cup \cdots \cup A_n)^c = A_1^c \cup A_2^c \cup \cdots \cup A_n^c \qquad (4.14b)$$

● 同相写像，位相同型

「同相写像」,「位相同型」という言葉を定義しよう．

> まだ**位相**の定義や意味の説明をしていません．今は，「位相とは集合の元の関係性をいう」程度の意味だと考えておけば十分です．したがって，位相同型とは，集合の元の間の関係が，二つの集合で同等である，ということを意味します．これだけ分かっていれば，「ドーナツとコーヒーカップは位相同型である」という意味もはっきりするでしょう．

[同相写像，位相同型] の定義：写像 $f : X \to Y$ が全単射であり，$f : X \to Y$ および $f^{-1} : Y \to X$ が連続であるとき，f を**同相写像** (homeomorphism mapping) という．このとき，X と Y は**同型** (isomorphism) または**位相同型** (homeomorphism) といい，

$$X \approx Y \qquad (4.15)$$

と表す．

位相同型とは，二つの集合を同じ（同等）とみなしてよいということである．

したがって，全単射の性質により，同型であるための必要十分条件は

$$f^{-1}f = 1_X, \quad ff^{-1} = 1_Y \tag{4.16}$$

であるような連続写像 $f : X \to Y$ が存在することである.

　[位相同型の例]

(1) $\mathbb{R} = (-\infty, \infty)$ と $(-1, 1)$: $f : x \to \tanh x = \frac{e^x - e^{-x}}{e^x + e^{-x}}$ を考える.

(2) $I = [0, 1]$ と $J = [\alpha, \beta]$: $f(t) = \alpha(1 - t) + \beta t$ を考える.

(3) 平面上の円 D^2 と 3 角形 Δ^2

(4) ドーナツとコーヒーカップ：ドーナツ状の粘土を切り離さずにコーヒーカップに変形する操作.

● 閉集合，開集合

　閉集合の定義と性質：ここでは，まず閉集合，開集合を定義する.これらは数直線上の閉区間 $[\alpha, \beta]$，開区間 (α, β) に対応していると思えば，理解しやすい.閉集合とか開集合とかいうのは部分集合の性質である.したがって全体の中でそれが閉集合か開集合か議論するのでなくては意味がない.まずいくつかの重要な性質を説明する.

　[閉集合] の定義：集合 U の部分集合 C に含まれる任意の点列 $\{a_n\}$ が元 $a(\in U)$ に収束するとき，常に $a \in C$ であるならば，C を U の閉集合 (closed set) という.

　[閉集合] の例：

(1)：閉区間 $[a, b] = \{x \in R | a \leq x \leq b\}$ は $\mathbb{R}$ の閉集合.

(2)：$\{(x, y) \in \mathbb{R}^2 | x^2 + y^2 \leq 2\}$ は，$\mathbb{R}^2$ における閉集合.

(3)：整数全体 $\mathbb{Z}$ は，$\mathbb{R}$ における閉集合

(4)：区間 $[1, \infty)$ は $\mathbb{R}$ の閉集合.

　[閉集合] の性質-1：X, Y を距離空間，$f : X \to Y$ を連続写像であるとする.このとき Y の閉集合 C について，$f^{-1}(C)$ は X の閉集合である.

　証明：「X の点列 $\{a_n\}$ が $\lim a_n = a$ かつ $f(a_n) \in C$ （すなわち $a_n \in f^{-1}(C)$）であるならば，$a \in f^{-1}(C)$ であること」を示せばよい.

$\lim a_n = a$ かつ $f : X \to Y$ は連続写像であるから $\lim f(a_n) = f(a)$ である. ここで, Y の点列 $\{f(a_n)\}$ は, $a_n \in f^{-1}(C)$, すなわち $f(a_n) \in C$ と仮定した. C は Y における閉集合と仮定したから, (閉集合の定義により) $\lim f(a_n) = f(a)$ より $f(a) \in C$ である. これは $a \in f^{-1}(C)$ を意味する. よって $f^{-1}(C)$ は X の閉集合である. (証明終)

写像の連続性を用いて, 像空間が閉集合ならば逆像空間も閉集合であることを導いた. 次に, この二つの条件が同等であることを示そう.

[閉集合] の性質-2:X, Y を距離空間とする. 写像 $f : X \to Y$ が連続であるための**必要十分条件**は, Y の任意の閉集合 C に関して, $f^{-1}(C)$ が X の閉集合となることである.

証明:十分条件であることは [閉集合の性質-1] で述べたことである. ここでは必要条件のみ, すなわち「$f^{-1}(C)$ が閉集合であれば f が連続である」ことをいえばよい.

$a_n \in X$ かつ $a_n \to a \in X$ とする. もし f が a で連続写像ではない, すなわち $\lim f(a_n) \neq f(a)$ と仮定すると Y の点列 $\{f(a_n)\}$ について収束の定義を満たさないことをいう. この仮定 $(\lim f(a_n) \neq f(a))$ が成り立つならば, ある $\varepsilon > 0$ に対して $d_Y(f(a_n), f(a)) \geq \varepsilon$ である点 $f(a_n)$ が無限個ある. これらを集めて部分列 $\{f(a_{n(i)})\}$ とする. この場合も $\lim a_{n(i)} = a$ であることは変わらない. 部分集合 C_ε を $C_\varepsilon \equiv \{b \in Y | d_Y(b, f(a)) \geq \varepsilon\}$ と定めると, 距離 $d_Y(b, f(a))$ は b について連続であるから (この事実も証明が必要. 三角不等式 $d_Y(c_1, c) < d_Y(c_1, c_2) + d_Y(c_2, c)$ より $d_Y(c_1, c) - d_Y(c_2, c) < d_Y(c_1, c_2)$ を得, これから言える.) C_ε は閉集合である. したがって, [閉集合の性質-1] により $f^{-1}(C_\varepsilon)$ は閉集合となる. $\{a_{n(i)}\}$ の構成から $a_{n(i)} \in f^{-1}(C_\varepsilon)$ であり, これと $f^{-1}(C_\varepsilon)$ は閉集合ということから $a \in f^{-1}(C_\varepsilon)$ である. つまり $f(a) \in C_\varepsilon$ である. 一方, C_ε の定義により, $f(a) \in C_\varepsilon$ は $d_Y(f(a), f(a)) \geq \varepsilon$ を意味し, 距離の基本 $d_Y(f(a), f(a)) = 0$ に反する. よって仮定 $\lim f(a_n) \neq f(a)$ は偽である. (証明終)

　[閉集合の性質-2] はこれからの議論の基となる重要な閉集合の性質である.開集合の性質も同様な形で成り立つ. そちらを基本に置くことができる.

[連続写像] の閉集合による定義

　[閉集合の性質-2] と同じことであるが, 連続写像の定義を次のように表現できることが分かる.

　[連続写像] の定義-3：X, Y を距離空間とする. 写像 $f : X \to Y$ が連続であるとは, Y の任意の閉集合 C について, 逆像 $f^{-1}(C)$ が X の閉集合であることである.

　以上により, 距離空間に関して, 関数の連続性を集合の言葉に言い換えた.

　開集合の定義と性質：閉集合から連続写像を定義したように, 開集合を定義し, 開集合から連続写像を定義しよう.

　開集合を定義するにあたって, もう少しいくつかの言葉を定義する. 例えば,閉集合と開集合は部分集合の「境界」をどちらに含めるかで変わってくる.

　[境界点] の定義：距離空間 X およびその部分空間 A について, 任意の正数 $\varepsilon > 0$ をとって, 点 a が

$$U_\varepsilon(a, X) \cap A \neq \{\} \quad , \quad U_\varepsilon(a, X) \cap (X \backslash A) \neq \{\} \tag{4.17}$$

であるとき, 点 a を A の境界点 (boundary point) という. 境界点全体を境界 (boundary) といい, ∂A と表す.

　言い換えると, 「境界点 a のどんな小さな ε-近傍をとっても, その中に A の点も $X \backslash A$ の点もある」というのである.

　[内点, 内部] の定義：距離空間 X, その部分空間を A とする $(A \subset X)$.ある正数 $\varepsilon > 0$ について開集合 $U_\varepsilon(a, X)$ が存在して

$$U_\varepsilon(a, X) \subset A \tag{4.18}$$

となるとき, a が X における A の内点 (interior point) であるという. 内点全体を内部 (interior) といい, $(A)^\circ$ と表す.

　同等な開集合の定義を二つ与えよう. これらが同値な表現であることは, こ
こまで定義してきた言葉などから明らかであろう.

　[開集合] の定義-1：距離空間 X の部分集合 A が**開集合** (open set) である
とは, $^\forall x \in A$ について, 十分小さい正数 $\varepsilon > 0$ に対して $U_\varepsilon(x, A) \subset A$ とな
る部分集合 $U_\varepsilon(x, A)$ が存在することである.

　この定義から, A のすべての要素が A の内点であるとき, A が開集合であ
るという. すなわち開集合とは「境界」を含まない集合である.

　[開集合] の定義-2：距離空間 X における A の境界点が A に属さない, す
なわち $A = (A)^\circ$ であるとき, X の部分集合 A は開集合であるという.

　[開集合の例]：
　(1) 数直線上の開区間 (α, β).
　(2) 平面上の開円 $D_r^2 = \{(x_1, x_2) \in \mathbb{E}^2 | \sqrt{x_1^2 + x_2^2} < r\}$.

　[開集合] の性質-1：距離空間 X の部分集合 A が X の開集合であるための
必要十分条件は, $X \backslash A$ が閉集合であることである.
　証明：
・十分条件：A が開集合であるとき $X \backslash A$ が閉集合であることを示す. A が開
集合であることを仮定し, そのとき

$$a_n \in X \backslash A \Rightarrow \lim a_n = a \in X \backslash A$$

であることをいう.

　$\lim a_n \to a$ となる点列 $\{a_n\}$ について, $a_n \in X \backslash A$ でかつ $a \in A$ であると
仮定する. A は開集合であると仮定したから, このとき, 十分小さい $\varepsilon > 0$ に
対して $U_\varepsilon(a, X) \subset A$. これは $a_n \notin U_\varepsilon(a, X)$ ということ, すなわち十分大き
い N について $n > N$ であるすべての n に対して $d_A(a_n, a) > \varepsilon$ ということで
あり, $\lim a_n = a$ と矛盾する. よって, 仮定 $a \in A$ は成立しない $(a \in X \backslash A)$.
・必要条件：次に $X \backslash A$ が閉集合であるとき, A が開集合でないと仮定する.
$X \backslash A$ が閉集合であるならば (A が開集合でないから)

$$a_n \in X \backslash A \Rightarrow \lim a_n = a$$

で, $a \in A$ かつ A の内点でない a が存在する. このような a については, どんなに小さな $\varepsilon > 0$ を選んでも, $U_\varepsilon(a, X) \cap X \backslash A \neq \{\}$ である. より小さな ε_n ($\varepsilon > \varepsilon_n > 0$) に対して, $U_{\varepsilon_n}(a, X) \cap X \backslash A$ の中に $a_n' \in U_{\varepsilon_n}(a, X)$ を選ぶことができる. $\varepsilon_n > \varepsilon_{n+1} > 0$ として $\varepsilon_n \to 0$ となるような列 $\{\varepsilon_n\}$ に対して, 点列 $\{a_n'\}$ を構成すれば $a_n' \to a \in U_\varepsilon(a, X)$ となることを示している. これは, 閉集合 $X \backslash A$ の中で構成した点列 $\{a_n'\}$ の収束する先 a が $X \backslash A$ に無いということであり, $X \backslash A$ が閉集合であると仮定したことおよびそのとき $a \in X \backslash A$ でなくてはならないことと矛盾する. よって A は開集合である. 　　　　（証明終）

　［開集合］の性質-1 が成り立てばすぐに,「距離空間 X の部分集合 A が X の閉集合であるための必要十分条件は, $X \backslash A$ が開集合である」ことであることも導かれる.

　【命題】全体集合 U と 空集合 $\{\}$ は, 閉集合であり開集合である.

　証明：命題「空集合は閉集合である」を示そう. 空集合 $\{\}$ は元を持たない. したがって前提（$x \in \{\}$ である x の存在）が成り立たない.「部分集合 C に含まれる点列 $\{a_n\}$ を構成する」という命題は, C が空集合である場合には偽となる.（命題 P⇒Q において命題 P が偽であるとき, 命題 Q の真偽にかかわらず, 命題 P⇒Q は真である.）したがって命題「空集合は閉集合である」は真である. $(\{\})^\circ = U$ であるので, このことから, 全体集合は開集合である.

　一方, 閉集合の定義より全体集合は閉集合である. このことから全体集合の補集合である空集合は開集合である. 　　　　（証明終）

　　　この証明の前半である「命題 P⇒Q において命題 P が偽であるとき, 命題 Q の真偽にかかわらず, 命題 P⇒Q は真である. 」はなかなか納得できないかもしれません. しかしこれはどうでもよいお約束ではなく, こうしておかないと「後の議論をきちんと組み立てていくことが出来ない」という, 大変本質的なポイントです. ですから, これは「お作法」です.

　【命題】a, b が有限であるとき半開区間 $[a, b)$ は <u>開集合でも閉集合でもない</u>.

　　　この命題は読者自身で考えてみてください. 開集合だということの反例,

閉集合だということの反例を挙げれば十分です.

[開集合] の性質-2：X, Y を距離空間, $f : X \to Y$ を連続写像であるとする. このとき, A が Y の開集合ならば逆像 $f^{-1}(A)$ は X の開集合である.

証明：直接の証明の前に, A が Y の部分集合ならば $f^{-1}(Y \setminus A) = X \setminus f^{-1}(A)$ であることに注意する. 実際, $x \in X$ について $x \in f^{-1}(Y \setminus A)$ であるための必要十分条件は $f(x) \in Y \setminus A$ であり, これは $f(x) \notin A$ すなわち $x \notin f^{-1}(A)$. これは $x \in X \setminus f^{-1}(A)$ を意味する.

・[ここから証明：] A が Y の開集合であるとき $Y \setminus A$ は Y の閉集合である. よって $f^{-1}(Y \setminus A)$ は X の閉集合であり $X \setminus f^{-1}(A)$ に等しい. $X \setminus f^{-1}(A)$ が X の閉集合であるから, $f^{-1}(A)$ は X の開集合となる. （証明終）
これは [連続写像の（閉集合による）定義-3] の焼き直しである.

[開集合] の性質-3：X, Y を距離空間であるとする. 写像 $f : X \to Y$ が連続であるための必要十分条件は, Y の任意の開集合 A について $f^{-1}(A)$ が X の開集合となることである.

証明： [閉集合の性質-2] の言い直しである. 証明もその線に沿って行う. 十分条件は [開集合の性質-2] で証明した. 必要条件「$f^{-1}(A)$ が X の開集合なら, $f : X \to Y$ が連続である」ことを示す. 任意の閉集合 $C \subset Y$ を考える. $Y \setminus C$ は開集合である. $f^{-1}(Y \setminus C) = X \setminus f^{-1}(C)$ であるから, $f^{-1}(C)$ は X の閉集合である. したがって [閉集合の性質-2] より $f : X \to Y$ は連続である. （証明終）

これまでのことから, 連続写像を開集合によって次のように定義しても良いことが分かる.

連続写像の開集合による定義：X, Y を距離空間とする. 写像 $f : X \to Y$ が連続であるとは, Y の任意の開集合 A について, $f^{-1}(A)$ が X の開集合となることである.
これは [連続写像の閉集合による定義] の焼き直しである.

● 部分集合系
任意の集合 X のすべての閉部分集合からなる集合を, X の**閉集合系** (family

of closed sets) という．また，任意の集合 X のすべての開部分集合からなる集合を，X の**開集合系** (family of open sets) という．

これまでの閉集合，開集合の定義から，以下の命題を示すことは難しくない．

(1) 集合 X の閉集合系 $\{U_\lambda | \lambda \in \Lambda\}$ に対して $\cap_{\lambda \in \Lambda} U_\lambda$ は閉集合である．[*16]

(2) 閉集合 U_1, U_2 に対して，$U_1 \cup U_2$ は閉集合である．（無限個の閉集合の和集合は閉集合になるとは限らないので，注意を要する．）

(3) 集合 X の開集合系 $\{U_\lambda | \lambda \in \Lambda\}$ に対して $\cup_{\lambda \in \Lambda} U_\lambda$ は開集合である．

(4) 開集合 U_1, U_2 に対して，$U_1 \cap U_2$ は開集合である．（無限個の開集合の共通集合は開集合になるとは限らないので，注意を要する．）

(2), (4) のただし書きは決して簡単でなく，自明ではありません．（これだから数学というのは面倒くさい，という声が聞こえてきそうです．でも，これだから数学は面白い，有限と無限の違いというのは大きくて面白いよねー，という声も聞こえてきます（と思いたいですね）．このような微妙な問題は，えらい数学者も見落とすこともありますから，あまり気にせずさっさと例を見せろ，と言えばよいのです．）

(2′) ［無限個の閉集合の和集合は閉集合になるとは限らない］例：$U_n = [1/n, 1 - 1/n]$ とすると，$\cup_{n=2}^{\infty} U_n = (0, 1)$ となる．これは開集合である．

(4′) ［無限個の開集合の共通集合は開集合になるとは限らない］例：$U_n = (-1/n, 1/n)$ とすると，$\cap_{n=1}^{\infty} U_n = \{0\}$ となる．1 点だけ含む集合は閉集合だから，これは閉集合である．

- **閉集合系，開集合系**

閉集合系の性質：集合 X の閉集合系 $\mathcal{F}_X$ の性質は以下である：

(1) $\{\} \in \mathcal{F}_X$ かつ $X \in \mathcal{F}_X$ ．

(2) $C_1, C_2, \ldots, C_r \in \mathcal{F}_X \Rightarrow C_1 \cup C_2 \cup \cdots \cup C_r \in \mathcal{F}_X$ （r は有限）．

(3) 族 $\{C_\lambda\}_{\lambda \in \Lambda}$ について，$C_\lambda \in \mathcal{F}_X$ ($^\forall \lambda \in \Lambda$) $\Rightarrow \cap_{\lambda \in \Lambda} C_\lambda \in \mathcal{F}_X$.

[*16] $\{U_\lambda | \lambda \in \Lambda\}$ は集合 Λ の各元 λ に対してとる値が集合となっていることを示しているだけで，特にそれ以上の複雑な状況を示しているわけではない．部分集合系の添字 (index) を集合ととらえる．整数，連続変数などがありうる．これまでも ε-近傍を示すときに用いてきている．

証明：(1) {} は閉集合であること（同時に開集合でもある）は既に見た. 全体集合 X に関しても同様. したがってこの命題は真.

(2)（閉集合系に属する有限個の集合の和集合は閉集合であるというのであるから, これもほぼ自明であるが.）$C_1, C_2, \ldots, C_r \in \mathcal{F}_X$ とする（r は有限）. $\{a_n\} \to a$ を仮定して,

$$a_n \in C_1 \cup C_2 \cup \cdots \cup C_r \; (^\forall n > N) \Rightarrow a \in C_1 \cup C_2 \cup \cdots \cup C_r$$

がいえればよい. $a_n \in C_1 \cup C_2 \cup \cdots \cup C_r \; (^\forall n > N)$ であれば, どれか一つの $C_j \; (1 \leq j \leq r)$ は無限個の元 a_n を含む. このような元を集めて部分列 $\{a_m^{(j)}\}$ を C_j の中に作ることができ, $a_m^{(j)} \to a$ である. C_j は閉集合であるから $a \in C_j$ である. したがって $a \in C_1 \cup C_2 \cup \cdots \cup C_r$.

(3)（閉集合系に属する集合（有限個でも無限個でも）の共通集合が閉集合である, というわけだからこれはほぼ自明（？）.）$\{C_\lambda\}_{\lambda \in \Lambda}$ について $C_\lambda \in \mathcal{F}_X$ とする. このとき点列 $\{a_n\}(a_n \in X)$ があって $a_n \to a$ であると仮定して

$$a_n \in \cap_{\lambda \in \Lambda} C_\lambda \; (^\forall n > N) \to a \in \cap_{\lambda \in \Lambda} C_\lambda$$

を示せばよい. $a_n \in \cap_{\lambda \in \Lambda} C_\lambda$ はすべての a_n がすべての C_λ に含まれるということであるから, $\{a_n\}$ はすべての C_λ に含まれる. C_λ は閉集合でしかも $a_n \to a$ から $a \in C_\lambda$ が成り立つ. したがって $a \in \cap_{\lambda \in \Lambda} C_\lambda$. （証明終）

開集合系の性質：集合 X の開集合系 $\mathcal{O}_X$ の性質は以下である：

(1) $\{\} \in \mathcal{O}_X$ かつ $X \in \mathcal{O}_X$

(2) $C_1, C_2, \cdots C_r \in \mathcal{O}_X \Rightarrow C_1 \cap C_2 \cap \cdots \cap C_r \in \mathcal{O}_X$ （r は有限）

(3) 族 $\{C_\lambda\}_{\lambda \in \Lambda}$ について, $C_\lambda \in \mathcal{O}_X \; (^\forall \lambda \in \Lambda) \Rightarrow \cup_{\lambda \in \Lambda} C_\lambda \in \mathcal{O}_X$.

証明：(1) $\{\} \in \mathcal{O}_X, X \in \mathcal{O}_X$ であることは既に見た.

(2) ド・モルガンの定理により $X - (C_1 \cap C_2 \cap \cdots \cap C_r) = (X - C_1) \cap (X - C_2) \cap \cdots \cap (X - C_r)$ である. $C_i \in O_X \Rightarrow X - C_i \in \mathcal{F}_X$ であるから, $X - (C_1 \cap C_2 \cap \cdots \cap C_r) \in \mathcal{F}_X$. ゆえに $C_1 \cap C_2 \cap \cdots \cap C_r \in \mathcal{O}_X$. ここで r は有限.

(3) ド・モルガンの定理により $X - (C_1 \cup C_2 \cup \cdots \cup C_r) = (X - C_1) \cup (X - C_2) \cup \cdots \cup (X - C_r)$ である. $C_i \in O_X \Rightarrow X - C_i \in \mathcal{F}_X$ であるから, $X - (C_1 \cup C_2 \cup \cdots \cup C_r) \in \mathcal{F}_X$. ゆえに $C_1 \cup C_2 \cup \cdots \cup C_r \in \mathcal{O}_X$. これから $\cup_{\lambda \in \Lambda} C_\lambda \in \mathcal{O}_X$. (証明終)

4.3.4 集合と位相

● 位相と位相空間

集合 X の開集合系 $\mathcal{O}_X$ を「X の位相」あるいは「X の開集合系の位相」という. $(X, \mathcal{O})$ を位相空間と呼ぶ. これ以降は, 開集合系とは何かを問わずに, 以下のように位相を定義する.

[位相] の定義：集合 X の部分集合を要素とする集合 $\mathcal{O}$ が, 次の三つの性質

(1) $\{\} \in \mathcal{O}$ かつ $X \in \mathcal{O}$

(2) $C_1, C_2, \ldots C_r \in \mathcal{O} \Rightarrow C_1 \cap C_2 \cap \cdots \cap C_r \in \mathcal{O}$ （r は有限）

(3) $\{C_\lambda\}_{\lambda \in \Lambda}$ について, $C_\lambda \in \mathcal{O}$ $(^\forall \lambda \in \Lambda)$ $\Rightarrow \cup_{\lambda \in \Lambda} C_\lambda \in \mathcal{O}$.

を持つとき, $(X, \mathcal{O})$ を位相空間 (topological space) と呼び, $\mathcal{O}$ を位相 (topology) という.

このとき, X の要素を点, $\mathcal{O}$ の要素 C を 「X の**開集合**」という.

私たちはここに来るまでに距離空間から出発して随分と長い道筋を辿ってきました. 多くのテキストでは, 上のように位相, 位相空間を定義して, そこから議論をスタートさせます. 多くの読者は, これに面食らい, テキストを傍らに置く（放り投げる？）のではないでしょうか.

位相という概念は距離をお手本としながら構成されていることが分かりました. しかし位相は「距離」よりももう少し広い概念であるという感覚はあります. むしろ次の例 3 などから分かるのは, 元（点）の**グループ分け**であり, 「部分集合で全体の相互関係を構成していく」という概念だと理解してよいのではないかと思います.

● 位相空間の例

[例 1]：四つの元からなる集合 $S = \{1, 2, 3, 4\}$ に対し, 次のように部分集合系を定める. $\mathcal{O} = \{\{\}, S = \{1, 2, 3, 4\}\}$. これは位相の定義を満足するので位

相を形成している．

　[例 **2**]：四つの元からなる集合 $S = \{1,2,3,4\}$ に対し，次のように部分集合系を定める．$\mathcal{O} = \{\{\},\{2\},\{3\},\{1,3\}, S = \{1,2,3,4\}\}$．これは位相を形成しない．

　[例 **3**]：四つの元からなる集合 $S = \{1,2,3,4\}$ に対し，次のように部分集合系を定める．$\mathcal{O} = \{\{\},\{2\},\{1,2\},\{2,3\},\{1,2,3\}, S = \{1,2,3,4\}\}$．これは位相の定義を満足するので位相を形成している．

　[例 **4**]：距離空間 (X, d) は位相空間を形成している．（これは，距離空間をお手本にここまでたどり着いたのだから，当然であるが，直接示すことにする．）実数 $r > 0$ および任意の $x \in X$ に対して，

$$S_r(x) \equiv \{y \in X | d(x,y) < r\}$$

と定義する（x を中心とした半径 r の**開球** (open sphere)）．X の部分集合 A が，任意の $x \in A$ に対して十分小さな $r > 0$ を選んだとき

$$S_r(x) \subset A$$

とできるならば，A は X の開集合である．またこのように定義された開集合全体の集合を $\mathcal{O}$ と書けば $\mathcal{O}$ は開集合系である．$\mathcal{O}$ は位相の定義を満たす（確かめてみよ）ので $(X, \mathcal{O})$ は位相空間を形成することが分かる．

● 写像の連続性と開近傍

　[写像の連続性] の定義：$(X, \mathcal{O})$ および $(Y, \mathcal{O}')$ を位相空間とする．写像 $f : X \to Y$ が連続であるとは，任意の集合 $Y \in O'$ について

$$f^{-1}(Y) \in \mathcal{O} \tag{4.19}$$

が成り立つことをいう．

　これは距離空間 X, Y についての「連続写像の開集合による定義」と同じである．

　[同相写像] の定義-**1**：$(X, \mathcal{O}),(Y, \mathcal{O}')$ を位相空間であるとする．写像 $f : X \to Y$ が次の $(1),(2)$ を満足するとき，写像 f を**同相写像**という．

(1) f は全単射である.

(2) $f : X \to Y$ および $f^{-1} : Y \to X$ は上の定義の意味で連続である.

これも以前にした定義を書き直しただけである. さらにこれを次のように言い直しても良い.

[同相写像] の定義-2：$(X, \mathcal{O}), (Y, \mathcal{O}')$ を位相空間であるとする. 写像 $f : X \to Y$ が同相写像であるとは，次の (1), (2) が成り立つことである.

(1) f は全単射である.

(2) $U \in \mathcal{O} \Leftrightarrow f(U) \in \mathcal{O}'$.

[位相同型] の定義：$(X, \mathcal{O}), (Y, \mathcal{O}')$ を位相空間であるとする. X から Y への同相写像 $f : X \to Y$ が存在するとき，X は Y に位相同型 (homeomorphism) であるといい，

$$X \approx Y \tag{4.20}$$

と書く.

[近傍] の定義：$(X, \mathcal{O})$ を位相空間，X の部分集合 A および x を含むある開集合 U について

$$x \in U \subseteq A \subset X \tag{4.21}$$

であるとき，A を x の近傍 (neighborhood) という. 特に A が開集合であるときを開近傍といい，閉集合であるものを閉近傍という. 近傍とは，すなわち，「十分」近い元をすべて含む集合である.

● 多様体とその上の関数

局所的にユークリッド空間の開集合であるとみなせる（位相同型である）図形や空間を多様体 (manifold) という. あるいは，局所座標空間を貼り合わせてできる図形や空間といってもよい. 最もなじみの深い例をあげれば，地球のような球体を考えればよい. 山歩きに必携の 5 万分の 1 の地図が「局所座標空間」である. これを球面に貼り合わせてできた空間（地球表面）が多様体である. やや曖昧ではあるが，上の定義から多様体から局所ユークリッド空間への同相写像の存在は保証されている.

多様体 M 上の開集合 U_λ を考える：$M = \cup_{\lambda \in \Lambda} U_\lambda$. ϕ_λ を U_λ から n 次元

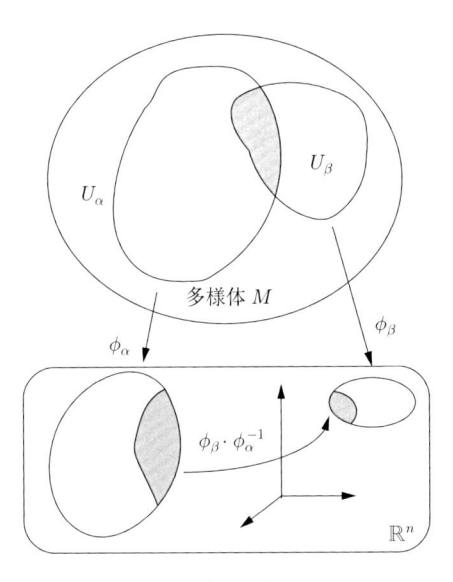

図 4.8 $\phi_\beta \circ \phi_\alpha^{-1}$ が, 多様体上で重なり合う共通領域に対応する二つの局所ユークリッド空間の間の座標変換.

ユークリッド空間 $\mathbb{R}^n$ への写像とする:

$$\phi_\lambda : U_\lambda \to \mathbb{R}^n \ , \tag{4.22a}$$

$$x \in U_\lambda : \quad \phi_\lambda(x) = (x_\lambda^1, x_\lambda^2, \dots, x_\lambda^n) \ . \tag{4.22b}$$

これにより, 多様体上で互いに重なり合う局所領域間の座標変換の規則も与えられる. つまり局所座標系の変換則が与えられている. その局所座標変換は

$$\phi_{\lambda_2} \circ \phi_{\lambda_1}^{-1} : \quad (x_{\lambda_1}^1, x_{\lambda_1}^2, \dots, x_{\lambda_1}^n) \to (x_{\lambda_2}^1, x_{\lambda_2}^2, \dots, x_{\lambda_2}^n) \tag{4.23a}$$

あるいは

$$\phi_{\lambda_1}(U_{\lambda_1} \cap U_{\lambda_2}) \to \phi_{\lambda_2}(U_{\lambda_1} \cap U_{\lambda_2}) \tag{4.23b}$$

である (図 4.8). これから次のような座標変換が定められる:

$$x_{\lambda_2}^k = x_{\lambda_2}^k(x_{\lambda_1}^1, x_{\lambda_1}^2, \dots, x_{\lambda_1}^n). \tag{4.24}$$

こうして多様体の広い領域にわたって, 局所座標系が貼りめぐらされている

ことになる．ちょうど 5 万分の 1 地図で地球が覆われているような状況である．各局所領域で定義されている関数およびその微積分についても，同様に多様体全体に広げることができる．

　　　我々は，多様体上の微分形式，多様体上の積分，ストークスの定理の一般化等を行うことが可能となります．さらにその先には微分幾何学という豊かな領域も待っています．応用分野としては，一般相対性理論や宇宙論，また複雑な形状の容器の中の流体力学や物質の弾塑性理論などの分野が，数学，基礎物理学，工学の中に広がっていきます．

● 位相の導入によって可能になったこと

　ユークリッド空間，距離空間，位相空間と議論が進み，その結果，可能になったことはどんなことか考えてみよう．

　数学としては，細部を取り除くことにより，全体が明瞭に見え，他分野との共通性も明瞭になる．位相という概念により，空間の連結性と写像の連続性が明確に記述できるようになった．それ以外にも，道具としての数学の機能がより使いやすくなる．例えば，具体的に触れなかった「微分形式」という形を通して，任意のベクトル場での微積分を容易に取り扱うことができる．

　宇宙論は，リーマン幾何学の枠の中で大きく成長した．アインシュタインの宇宙方程式は，時空の幾何学を表現する項と物質の密度分布を表す項を，物理定数（重力定数）で結び付けたものとなっている．ちょうどニュートン方程式が，3 次元のユークリッド空間の項と物質の密度を表す項を，物理定数（重力定数 ＝ 万有引力定数）で結ぶようになっていたことと並行している．

　連続弾性体における歪の場の表現に対して，また位相（同相写像）の考え方は物質中の欠陥の幾何学的分類に対して，リーマン幾何学は有用である．流れなどのベクトル場の解析には位相空間論，微分幾何学が欠かせない．複雑な形状を持った物体の周りの流れの場を解析するためには，流体が運動する空間あるいは境界を小さなメッシュで分割し，各メッシュの目を単位に有限要素法などによって数値的に流体の運動を解くという形をとる．メッシュがきちんと切られているか，流体運動の解法が全域できちんと辻褄があっているかなどは位

相空間論の最も得意とするところである．非線型制御系では微分幾何学は重要な手法である．

固体素子の中で複雑な回路を構成するとき，どのように回路を作っていくか（回路が短いほうが発熱が少なく抑えられる，あるいは配線は重なりを持ってはならない）など，重要な工学上の問題にも関わる．巡回セールスマン問題も回路の問題と共通して，二度と同じ経路を通らずなるべく短い経路を構成する問題として位相幾何学の問題となる．位相幾何学の問題は，手品やミシンによる縫製にも深くかかわっている．*17

情報幾何学は情報の分布が作る多次元空間の幾何学に注目したものである．さらに現代の統計学は集合論と測度論の上に構成されるがこれらも同様である．

以上のように，数学としてのみならず，物理学，工学，情報工学などの先端分野に近づくに従い，古い解析学では納まり切れないものとなってきている．

4.4 基本概念について-2. 新しい概念

この節では，数学あるいはその応用分野で忘れてはならない一般的な事柄について少し説明を加えておこう．

4.4.1 線形空間，線形写像

「線形性」というのは基本的な術語の一つである．数学の中ではむしろ線形でないことは，特にそれと断ることも多い．例えば，非線形微分方程式，非線形シュレディンガー方程式，非線形最適化，非線形計画法などなどである．世の中の自然現象は非線形でありまた社会の事象も多くは非線形である．線形理論はその基本である．

● 線形空間

［線形空間］の定義：集合 V が次の2条件を満たすとき V を線形空間 (linear space) またはベクトル空間 (vector space) という．

［条件1］V の二つの元 $(v_1, v_2 \in V)$ に対して「和」と呼ばれる演算が定義される．和により第3の元 $(v = v_1 + v_2 \in V)$ が定まり，次の法則が成り立つ．

---

*17 この辺りのことは，杉原厚吉，『トポロジー』（朝倉書店，2001）に詳しい．

(1) **結合法則** $(v_1 + v_2) + v_3 = v_1 + (v_2 + v_3) \in V.$

(2) **交換法則** $v_1 + v_2 = v_2 + v_1.$

(3) **0-ベクトル** (0) がただ一つ存在し，$^\forall v \in V, \;\; 0 + v = v.$

(4) **（加法に関する）逆元** $-v$ $(^\forall v \in V, \;\; v + (-v) = 0)$ がすべての元 v に対してそれぞれ一つ存在する．

　［条件 2］V の任意の元 $v(\in V)$ と任意の実数 $a(\in \mathbb{R})$ に対して a 倍という元 $av \in V$ が定まり，以下の法則が成立する．

(5) $(a + b)v = av + bv.$

(6) $a(v_1 + v_2) = av_1 + av_2.$

(7) $(ab)v = a(bv).$

(8) $1v = v.$

　ここでは定数は全て実数としたが，複素数でもかまわない．ここまでに関する限り式を書き換える必要もない．ベクトル空間の各元はベクトルともいう．

　ベクトルと位置ベクトル　（高校編）：高等学校の数学の教科書では，ベクトルを有向線分（oriented segment, 向きを指定した線分）と定義する．この線分の尾の方 A を始点，頭の方 B を終点といい，ベクトルの向きは始点から終点の方向である．ベクトルは $\overrightarrow{AB}$, $\vec{a}$ というように矢印を付けて示す．また線分の長さをベクトルの**大きさ**という．したがってベクトルは向きと大きさを持つ量である．

　ベクトルは空間の各位置に対して定義することもできるが，まず最初は，「長さと向きが等しいベクトル」はどこにあっても同じものであるとする．

　またベクトル $\vec{a} = \overrightarrow{AB}$ と，大きさは等しく向きが反対のベクトルを $\vec{a}$ の**逆ベクトル**といい，$-\vec{a}$, $-\overrightarrow{AB} = \overrightarrow{BA}$ と書く．大きさが 0 であるベクトルを**零ベクトル** (null vector) と呼び，$\vec{0} = 0$ と書く．

　さらにベクトルは，定数倍，およびベクトル同士の加減算が定義できる．例えば A から B に向かうベクトルと B から C に向かうベクトルを足すと，A から C に向かうベクトルに等しい：

$$\overrightarrow{AB} + \overrightarrow{BC} = \overrightarrow{AC}.$$

空間において，始点を原点に，終点を空間上の点にとるものを**位置ベクトル** (position vector) という．n 次元空間では，各座標を示す数字が縦に並んだ

$$\begin{pmatrix} x_1 \\ x_2 \\ \vdots \\ x_n \end{pmatrix}$$

が位置ベクトルということになる.

高等学校の課程で導入されたベクトルは，このようなものである．我々のベクトルはこれを一般化したものである.

線形空間の例をいくつか見てみよう．其々が定義の条件を満足していることを確かめてみよ.

(1) 平面上の座標 (x, y) が形成する 2 次元ベクトル空間.

(2) 変数 x の多項式 $\{x^k\}$, $k \in \mathbb{N}$.

(3) n 階斉次線形微分方程式：

$$\frac{d^n}{dx^n}y + p_{n-1}(x)\frac{d^n}{dx^{n-1}}y + \cdots + p_1(x)\frac{d^n}{dx}y + p_0(x)y = 0$$

の解全体.

● **線形独立と基底**

線形空間 V の元 $v_1, v_2, \ldots, v_k$ に関して，$c_j \in \mathbb{R}$ として，

$$c_1 v_2 + c_2 v_2 + \cdots + c_k v_k \tag{4.25}$$

を**線形結合** (linear combination) という．また

$$c_1 v_2 + c_2 v_2 + \cdots + c_k v_k = 0 \tag{4.26}$$

が自明でない（すべての j については $c_j = 0$ ではない）係数 c_j の組に対して成り立つとき「$v_1, v_2, \ldots, v_k$ は**線形従属** (linearly dependent) である」という．すべての j について $c_j = 0$ であるときのみ (4.26) が成立する場合，「$v_1, v_2, \ldots, v_k$ は**線形独立** (linearly independent) である」という．

　線形空間 V の任意の元はどのように表されるか考えてみよう. 任意の元 v を表すのに必要な元の組が基底である.

　[基底] の定義：線形空間 V の有限個の元 $e_1, e_2, \ldots, e_n$ が次の 2 条件を満足するとき, $e_1, e_2, \ldots, e_n$ を V の**基底** (basis) という. (基底は一意的に決まるものではなく, 任意に選択できる.)

(1) $e_1, e_2, \ldots, e_n$ は線形独立.

(2) $^\forall v \in V, \quad v = c_1 e_1 + c_2 e_2 + \cdots + c_n v_n.$ (基底を一つ決めれば, v を基底の線形結合で表す表し方は一通りしかない.)

● 線形写像

　[線形写像] の定義：ベクトル空間 V から ベクトル空間 U への写像 $T : V \to U$ が次の二つの性質を満足するとき T を**線形写像** (linear mapping) という.

(1) 加法性：$T(v_1 + v_2) = T(v_1) + T(v_2)$, ただし $v_1, v_2 \in V,\ T(v_1), T(v_2) \in U.$

(2) 斉次性：$T(cv) = cT(v)$ ただし $v \in V,\ c \in \mathbb{R},\ T(v) \in U.$

　[例 1] $n \times m$ の行列は n 次元線形空間から m 次元線形空間への線形写像である.

　[例 2] 2 階常微分方程式

$$\frac{d^2}{dx^2} y - 5 \frac{d}{dx} y + 4y = 0$$

の独立の二つの解は

$$y_1 = e^x, \quad y_2 = e^{4x} \tag{4.27a}$$

である. 一般解 (任意の元, 任意のベクトル) は

$$y = c_1 y_1 + c_2 y_2 = c_1 e^x + c_2 e^{4x} \tag{4.27b}$$

と書くことができ, y_1, y_2 が基底 (ベクトル) である. y_1, y_2 をそれぞれ

$$y_1 = \begin{pmatrix} 1 \\ 0 \end{pmatrix} \quad, \quad y_2 = \begin{pmatrix} 0 \\ 1 \end{pmatrix} \tag{4.27c}$$

と書けば, 一般解は

$$y = c_1 y_1 + c_2 y_2 = \begin{pmatrix} c_1 \\ c_2 \end{pmatrix} \tag{4.27d}$$

と書かれる．これは，(4.27c) と (4.27a) との間，および (4.27d) と (4.27b) との間に，1 対 1 の対応があるということを意味する．

　線形演算，線形演算子，線形作用素について：関数 $f_1(x)$, $f_2(x)$ に対して何らかの演算を考えて，その演算を $\mathcal{L}$ と書いてみよう．$\mathcal{L}$ としては例えば，微分とか積分とかあるいは $g(x)$ という別の関数を掛けるなどという操作（演算）を考えればよい．演算 $\mathcal{L}$ が性質

$$\mathcal{L}\{f_1(x) + f_2(x)\} = \mathcal{L}f_1(x) + \mathcal{L}f_2(x)$$
$$\mathcal{L}cf_1(x) = c\mathcal{L}f_1(x)$$

を満たすとき**線形演算子** (linear operator)，あるいは**線形作用素**という．これらは線形写像の条件と全く同じである．この定義から，微分演算 $\frac{d}{dx}$，積分 $\int dx$ は線形演算子であることが分かる．

　微分演算は，関数から関数への写像である．定積分は，関数（ベクトル空間）から実数値への写像（**汎関数** (functional) という）である．

　量子力学と重ね合わせの原理：原子スケールの現象は量子力学により記述される．量子力学では，「電子波の干渉」が基本的現象である．これを「状態の重ね合わせ（線形性）」ともいい，基礎方程式は線形であることが分かる．「線形性」とド・ブローイ波あるいはアインシュタインの関係式から，シュレーディンガー方程式，波動力学が導かれる．シュレーディンガー方程式では，幾何学と物理をプランク定数がつないでいる．

　一方で，線形性（重ね合わせの原理）と「不確定性原理」からいわゆる行列力学の形がハイゼンベルグによって作られた．行列力学の形式により，不確定性原理が，物理量に対応する演算子の非可換性によることが理解できる．

　線形代数の枠組みが，量子力学の枠組みと完全に一致している．このような歴史を見ると，問題を考える表現形式が，大変重要であることがよく分かる．

- **非線形**

　線形の世界でも十分豊かなのであるが，多くの実際の問題，例えば大きな変

形を許す系，あるいは長時間の変化を見るときなど，それぞれの**非線形性** (non-linearity) が，カオスとか分岐（バイファケーション）などの形で現れる．その一つが気象現象であり，また自発的パターン形成（秩序形成）である．典型的な非線形問題を挙げてみよう．

(1) 振幅の大きな振り子振動.

(2) 物体の大きな変形（塑性変形）や破壊.

(3) K-dV 方程式（浅水波の伝播）やローレンツ方程式（バタフライ効果，カオス），ロジスティック方程式（生物の増殖），ファン・デル・ポールの方程式（負性抵抗を含む電子回路），ホジキン–ハクスレー方程式（ニューロンの信号伝達）およびその本質部分を取り出したフィッツフュー–南雲モデル，など非線形微分方程式.

(4) チューリング・パターン（反応拡散方程式）などの自発的空間パターン形成.

(5) 流体力学におけるナビエ–ストークス方程式と乱流.

その他の様々な現象に関してもそれぞれの数理モデルとしての非線形方程式がある．

多くの場合，これらの問題は，安定な状態（安定点）の周りの様子を調べる（線形近似），摂動法による解析，など微小変形の安定点の周りから解析が進められる．その後で本質的な非線形現象が議論される．

工学分野における，構造体の微小変形から大変形，破壊にいたる現象は重要である．すべてはまず線形領域での理解と取扱いを学ぶところから始まる．

4.4.2　解の存在と一意性

これまでは，あまり強調してこなかったが微分方程式や連立 1 次方程式の解を考える際，果たして与えられた方程式は意味がある方程式で，解の存在が保証されているかを吟味しなくてはならない．**解の存在** (existence of solution) が保証されなければ，方程式をいくら考えても意味があるとは言えない．また解が存在する場合には，**解の一意性** (uniqueness of solution) は同じように重要である．これらが保証されるなら，なんとか解を見つける "見つけ甲斐" もあるが，そうでない場合には，たとえ形式的解が得られたとしても，見かけ上

のもの（"無駄な努力"）かもしれない.

● 常微分方程式の解の存在と一意性

以下では常微分方程式の場合に限って，どのように解の存在と一意性が保証されているのかを説明する．常微分方程式

$$\frac{dy(x)}{dx} = f(x, y) \tag{4.28}$$

を考えよう．ここで次の 2 条件が成立しているとする．

(A) 領域 $D : 0 \leq x - x_0, a, \ |y - y_0| < b$ において $f(x, y)$ は 1 価連続で

$$|f(x, y)| \leq M \quad (\text{有界}) \tag{4.29}$$

を満足する．

(B) 領域 D において，**リプシッツ条件** (Lipschitz condition)

$$|f(x, y) - f(x, z)| \leq k_0 |y - z| \tag{4.30}$$

が成立する．

このとき次の定理（コーシーの定理）が成り立つ.

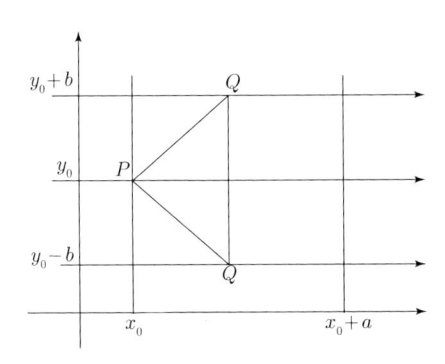

図 **4.9** コーシーの折れ線の条件

【**コーシーの定理**】(Cauchy's theorem) 　条件 (A)(B) のもとで，$x = x_0$ のとき $y = y_0$ となる (4.28) の解は

$$0 \leq x - x_0 < a_0 = \min\left(a, \frac{b}{M}\right) \tag{4.31}$$

において，ただ一つ存在し，かつ区間 (4.31) において連続である.

　この定理の前半は解を構成して，後半は解が二つあるとして矛盾を導く，という方法で示すことができる. 解を構成する方法は幾つかあるが，ここでは「逐次近似法」を用いる.

　証明：まず (4.28) の近似解を構成する. 初期条件を満たす第 0 近似は

$$y = y_0 \quad (\text{第 0 近似}). \tag{4.32a}$$

これを (4.28) の右辺に代入して第 1 近似の解を作る：

$$y_1 = y_0 + \int_{x_0}^{x} f(x', y_0) dx' \quad (\text{第 1 近似}). \tag{4.32b}$$

以下，この操作をくり返して次のような解を順次得る（逐次近似法）：

$$y_{k+1} = y_0 + \int_{x_0}^{x} f(x', y_k(x')) dx' \quad (\text{第 } k+1 \text{ 近似}). \tag{4.32c}$$

これらは初期条件 $y_k(x_0) = y_0$ を満足し，$0 \leq x - x_0 < a_0$ において，(4.29) (4.30) により次の 2 式を満たす：

$$|y_k - y_0| \leq \int_{x_0}^{x} |f(x', y_{k-1}(x'))| dx' \leq M(x - x_0) < b \tag{4.33a}$$

$$|y_{k+1} - y_k| \leq \int_{x_0}^{x} (k_0 |y_k - y_{k-1}|) dx'. \tag{4.33b}$$

(4.33b) で $k = 1$ としてさらに (4.33a) を用いると

$$|y_2 - y_1| \leq \int_{x_0}^{x} k_0 M(x' - x_0) dx' = k_0 M \frac{(x - x_0)^2}{2!}. \tag{4.33c}$$

次に $k = 2$ として (4.33c) を用いると

$$|y_3 - y_2| \leq \int_{x_0}^{x} k_0^2 M \frac{(x - x_0)^3}{3!}, \tag{4.33d}$$

以下これをくり返して

$$|y_k - y_{k-1}| \leq \int_{x_0}^{x} k_0^{k-1} M \frac{(x - x_0)^k}{k!} \tag{4.33e}$$

を得る．ここで

$$y_0 + (y_1 - y_0) + (y_2 - y_1) + \cdots + (y_k - y_{k-1}) + \cdots \tag{4.34}$$

を考えると，これが一様にある関数 $Y(x)$ に収束すれば，y_k も一様に $Y(x)$ に収束する．実際この級数は，(4.33c)(4.33d)(4.33e) の評価式により，一様収束することが分かる．またここで得られた関数 $Y(x)$ は $y_k(x)$ の満足する条件である初期条件，連続性，微分方程式 (4.28) を満足する．こうして，逐次近似により与えられた微分方程式を満足する解が得られた（解の存在）．

　次に，逐次近似で得られた解が常にある一つの曲線に収斂していくことを示さねばならない（解の一意性）．微分方程式 (4.28) は積分すれば

$$y(x) = y_0 + \int_{x_0}^{x} f(x', y(x'))dx'$$

である．ここで解 $Y(x)$ と $Z(x)$ の 2 つがあるとする：

$$Y(x) = Y_0 + \int_{x_0}^{x} f(x', Y(x'))dx' , \tag{4.35a}$$

$$Z(x) = Z_0 + \int_{x_0}^{x} f(x', Z(x'))dx' . \tag{4.35b}$$

リプシッツ条件を用いると

$$|Y(x) - Z(x)| = \left| \int_{x_0}^{x} \{f(x', Y) - f(x', Z)\}dx' \right|$$

$$\leq \int_{x_0}^{x} M|Y - Z|dx' \tag{4.36}$$

である．一方，$Y(x), Z(x)$ は連続でありかつ $Y(x_0) - Z(x_0) = 0$ であるから，$|Y - Z| < C$ である有限の正数 $C > 0$ が存在しする．したがって (4.36) は

$$|Y(x) - Z(x)| \leq CM(x - x_0) \tag{4.37}$$

と書かれる．これを再び (4.36) に代入し（これが逐次近似の考え方である）

$$|Y(x) - Z(x)| \le CM^2 \frac{(x - x_0)^2}{2!}$$

を得る．これを繰り返せば

$$|Y(x) - Z(x)| \le CM^k \frac{(x - x_0)^k}{k!} \tag{4.38}$$

が成り立つことが分かる．右辺は $k \to \infty$ とすればいくらでも小さくできるので

$$Y(x) = Z(x) \tag{4.39}$$

を得る．すなわち解は唯一である．　　　　　　　（解の存在と一意性の証明終）

[例題] 逐次近似による解の構成

$$\frac{dy}{dx} = y, \quad y(0) = 1$$

を逐次近似法で解いてみよう．最初に近似として $y_0 = 1$ をとる．これは初期条件 $y(0) = 1$ を満たしていることに注意．この解を逐次近似の式

$$y = 1 + \int_0^x f(x', y(x'))dx'$$

の右辺 f に代入し

$$y_1 = 1 + \int_0^x 1 dx' = 1 + x$$

を得る．この操作を順次繰り返していくと第 2 近似, ..., 第 n 近似として

$$y_2 = 1 + \int_0^x (1 + x')dx' = 1 + x + \frac{x^2}{2}$$

$$y_3 = 1 + \int_0^x (1 + x' + \frac{x'^2}{2})dx' = 1 + x + \frac{x^2}{2!} + \frac{x^3}{3!}$$

$$\vdots$$

$$y_n = 1 + x + \frac{x^2}{2!} + \frac{x^3}{3!} + \cdots + \frac{x^n}{n!}$$

を得る．この級数は x の全域で一様収束し

$$y(x) = \lim_{n \to \infty} y_n = \lim_{n \to \infty} \left(1 + x + \frac{x^2}{2!} + \frac{x^3}{3!} + \cdots + \frac{x^n}{n!} \right) = e^x$$

を得る．もちろん通常はこの類の問題は変数分離法により

$$\frac{dy}{dx} = y \Rightarrow \frac{dy}{y} = dx \Rightarrow \int \frac{dy}{y} = \int dx \Rightarrow c + \ln y = x \Rightarrow y = Ce^x \quad (4.40)$$

と解く．積分定数 C は初期条件 $y(0) = 1$ から $C = 1$ と決まる．

　常微分方程式の解の存在や一意性は，このようにまず解を構成してみせるところから始まります．解を構成することができればそれは実は実用的なものであることが分かります．高階常微分方程式についても y, f をベクトルだと思えば，ここで行った証明がそのまま成り立ちます．

● 偏微分方程式の解

　未知関数 $u(t, x_1, \ldots, x_n)$ に対する m 階偏微分方程式に対して，与えられた初期条件あるいは境界条件を満たす解を求める問題を「コーシー問題」という．コーシー問題の解は一般には存在するとは限らずまた解の一意性も一般には保証されない．

　これに対して（式を少し簡略化して書くと），関数 $u(t, x)$ に対する偏微分方程式

$$\frac{\partial^m u}{\partial t^m} = f\left(t, x, u, \ldots, \frac{\partial^{k+l} u}{\partial t^k \partial x^l}, \ldots \right) \tag{4.41}$$

を或る初期条件（コーシー問題の初期条件）のもとで考える．(4.41) において，f が含む偏導関数が $k + l \le m$ かつ $k < m$ に限られる場合に，f が解析的であるならば，この方程式は「コーシー–コワレフスカヤの定理」により解の存在と一意性の条件が与えられている．[18]

　物理現象に現れる微分方程式は，基本的に三つのタイプ：波動（振動）方程式，拡散方程式，ポアソン方程式，に限られます．これらの初期値境界値問題はよく調べられて，また解の存在と一意性についてもよく議論されています．

---

[18] Sofia Kovalevskaya (1850–1891). 女性として，ロシアで初めて，ヨーロッパで三人目の大学教授の地位についた．女性数学者としてのパイオニアであるだけでなく，偏微分方程式論，力学において輝かしい業績をあげた．

第 5 章
無作法のお作法：近似，精度，誤差，アルゴリズム

　これまでは，数学の厳密性，曖昧さのないことを強調しすぎたかもしれません．

　当然のことですが，数学者の中にもそれに飽き足らない人が沢山います．そもそも数学者のものの考え方は多様で，計算好きな数学者も沢山いますし，計算の仕方からその奥にある秘密を探りたくなる数学者も沢山います．さらに「錯視」や「だまし絵」[1]，「折り紙」[2] といった昔から知られていたものも数学の研究対象になっています．

　数学者の計算に対する考え方や方法からも多くのことが学べますし，役に立ちます．「近似計算」というものもそのようなもので，「近似の精度」や「精度の限界」「精度の制御」など多彩な側面から考えられてきました．「お作法」の後ろにある「無作法」，さらにその後ろにある「お作法」の種明かしです．

5.1　近似

　様々な方程式を扱う場合，取扱いやすさを目的として細部を無視し，基本的

---

[1] 古くから知られた錯視やだまし絵のパターンを数学的に解析するだけでなく，新しいパターンを見せてくれます．

[2] 折り紙といっても決して単純なものばかりではありません．様々な立体的な造形を 1 枚の紙から折あげるという素晴らしい表現芸術といえます．
　「ミウラ折り」という折り方は宇宙構造物（宇宙で太陽電池パネルを大きく開くため）に使うために開発されています．またチューハイの缶に使われている「ダイヤカット（吉村パターン）」というものもあります．日本の伝統が数学と結びつき，折り紙が国際的な関心を集め，愛好家やプロが世界中に広がっています．

に本質を失ってはいない対象に置き換えて対処してゆくことを近似 (approximation) という. どのような場合にも有効な精度を保証し本質を変えない，というような近似はなく，したがって近似の適用範囲に注意が必要である.

本節では，例えば非線形微分方程式の線形化について述べるが，これも安定な付近での近似である. 数理科学的な立場からは，近似解が真の解に近いことを保証する必要がある.

5.1.1 数の近似，関数の近似

● 実数の有理数近似と連分数による表現

この問題は実用的な近似法というよりは，これ自身面白くかつ代数学として重要な方法である. 実数 r が与えられたとき

$$r = a_0 + b_0$$

としよう. a_0 は自然数，$0 < b_0 < 1$ である. b_0 に対しても同様に

$$\frac{1}{b_0} = a_1 + b_1 \quad (0 < b_1 < 1)$$

と書く. 以下これを続けて

$$\frac{1}{b_k} = a_{k+1} + b_{k+1} \quad (0 < b_{k+1} < 1)$$

と書く. この結果を用いれば実数 r に対して，以下のような分数の形

$$r = a_0 + \cfrac{1}{a_1 + \cfrac{1}{a_2 + \cfrac{1}{a_3 + \cfrac{1}{a_4 + \cdots}}}} \tag{5.1}$$

を得る. これを連分数 (continued fraction) という. 特に，ここで示した方法で連分数を作る場合には，すべての段の分子は 1 となる. これを 正則連分数(regular continued fraction) といい，

$$r = [a_0; a_1, a_2, a_3, a_4, \ldots] \tag{5.2}$$

と書くこともある.

具体的な例を挙げよう.

$$\sqrt{2} = 1 + \cfrac{1}{2 + \cfrac{1}{2 + \cfrac{1}{2 + \cfrac{1}{2 + \cdots}}}} = [1; 2, 2, 2, 2, \ldots] \tag{5.3}$$

$$\frac{1 + \sqrt{5}}{2} = 1 + \cfrac{1}{1 + \cfrac{1}{1 + \cfrac{1}{1 + \cfrac{1}{1 + \cdots}}}} = [1; 1, 1, 1, \ldots] \tag{5.4}$$

最初の $\sqrt{2}$ の連分数表示は $\sqrt{2} = 1 + \frac{1}{\omega}$ と書いてやると $\omega = 1 + \sqrt{2} = 2 + \frac{1}{\omega}$ と書かれることが導かれ, これからすぐに上の表示が得られる. 2 番目の連分数はその形から $x = 1 + 1/x$ であるので, $x^2 - x - 1 = 0$ の解である黄金比 $(1 + \sqrt{5})/2$ となることが分かる. 連分数展開を有限の次数で止めれば結果は有理数となるので, 「実数の有理数近似」である.

正則連分数についてはいくつかの重要な性質が知られている：

(1) 任意の実数の正則連分数表示は唯一つしかない.

(2) 考えている実数 r が有理数の場合には, 連分数展開は途中で止まる. r が無理数である場合には連分数は無限に続く.

(3) r が無理数である場合, 正則連分数を途中で打ち切ったもの

$$r \simeq \frac{p_k}{q_k} = [a_0; a_1, a_2, a_3, a_4, \ldots, a_k]$$

は, $q < q_k$ である任意の分数 $\frac{p}{q}$　(p, q は整数) に対して

$$\left| r - \frac{p_k}{q_k} \right| < \left| r - \frac{p}{q} \right| \tag{5.5}$$

の意味で「最良近似」有理数となっている.

● テイラー展開

　一般の関数をそのまま取り扱うことは難しいことがある．例えば解析的に微分・積分が難しい場合などには，テイラー展開の低次の項で置き換えて取り扱う．単振り子（長さ l の糸の先端に質量 m の大きさの無い錘が付いている）の微小振動の方程式も，振り子の振れの角 θ に対する運動方程式

$$ml\frac{d^2\theta}{dt^2} = -mg\sin\theta$$

から，$\sin\theta$ の**テイラー展開** (Taylor expantion)

$$\sin\theta = \sum_{n=0}^{\infty} \frac{(-1)^n}{(2n+1)!}\theta^{2n+1} \tag{5.6}$$

の第 1 項をとって $\sin\theta \simeq \theta$ と「近似」して次式が得られる：

$$\frac{d^2\theta}{dt^2} = -\frac{g}{l}\theta.$$

この近似を行わなくても微分方程式を解くことはできるが，楕円積分を用いなくてはならない．厳密な解よりも近似を行うことにより，（微小）振動の本質（単振動，振り子の等時性など）がより明解になる．

● 内挿（補間）

　既知の数値データ列に対して，そのデータ列の各区間内の点での値を求めること，またはそのような関数を与えることを**内挿** (interpolation) あるいは**補間**という．各データ点を直線で結ぶ線形補間，データ点を通る多項式を用いる多項式補間，各小区間ごとに異なる個別の多項式を用いるスプライン補間（スプライン補間では各区間ごとの曲線は滑らかに接続するように決める）など多様な補間法があり，要求に応じて使い分けられる．

　表 5.1（差分表）を作ったとき，横に値を見たとき単調に値が小さくなり，縦に値を見たときその値がほぼ同じかあるいは何か変化が規則的であるときには，多項式補間がうまくいく．ここでは典型的な補間法であるラグランジュ補間を説明しよう．

　$N+1$ 個のデータ点 (x_j, y_j) $(k_j = 0, 1, 2, \ldots, N)$ を結ぶ N 次補間多項式は

表 5.1 差分表. $f_n = f(x_n)$, $\Delta^m f_n = \Delta^{m-1} f_{n+1} - \Delta^{m-1} f_n$. このように差分を並べる表をニュートンの 3 角形と呼ぶことがある.

$$L(x) = \sum_{j=0}^{N} y_j \ell_j(x)$$

$$\ell_j(x) = \prod_{\substack{0 \le m \le N \\ m \ne j}} \frac{(x - x_m)}{(x_j - x_m)} \tag{5.7}$$

である．これをラグランジュ補間公式 (Lagrange's interpolation formula) という．ラグランジュ補間公式の誤差評価も与えられている．差分表を用いる計算手順（アルゴリズム）として優れた方法にニュートン補間 (Newtonian interpolation) がある．このアルゴリズムは，データ点を新たに加える場合に最初から計算をやり直す必要がない，データ点が等間隔のときには計算は速くなるなど，優れた点が多い．もちろん得られる多項式は同じである．

多項式補間は，n 次の多項式が作るベクトル空間において任意の関数に対する多項式近似を保証している．これが次の多項式近似定理である．

【ワイエルストラスの多項式近似定理 (Weierstrass' approximation theorem)】：有界閉区間上の連続関数 $f(x)$ は多項式 $P(x)$ によって以下のような意味でいくらでも良い近似ができる：

$$^\forall x \in [a,b], \ ^\forall \varepsilon > 0 \ \text{について} \ |f(x) - P(x)| < \varepsilon.$$

　また多項式近似の考え方は，**スプライン補間** (spline interpolation)，**ベジエ補間** (Bézier interpolation) などで具体化され，コンピュータグラフィックスや造形デザインで広く用いられている．

　・スプライン補間では，ある区間に対しその前後の数点から近似多項式を求め，それらの多項式を滑らかにつなぐ．

　・ベジエ補間では（2 次の補間を例にとる．各点の座標をベクトル表示し P と書く）両端の点 P_0, P_2 の他に 1 点 P_1 を任意に選び，曲線を $P = (1-t)^2 P_0 + 2t(1-t)P_1 + t^2 P_2$ と定める．この曲線は点 P_1 は通らない．ベジエ補間はコンピュータ（お絵かきソフト）で曲線を描くときやアウトライン・フォントなどで使われている．

5.1.2　近似解法

● 最小二乗近似（最小二乗法）

　これまでも近似の度合いを測る，ということがしばしば話題に上ってきた．「近似」を行う以上，結果が“なんとなく合っている”のか，あるいは“キチンとした評価基準があって，合っている”のかは，当然気になるところである．

　最小二乗近似の概要：過去の観測位置データをもとに最小二乗近似により，ガウスは 1801 年大晦日の小惑星セレスの観測位置を予測・再発見した．ガウスは，観測位置のばらつきが正規分布（ガウス分布）に従うとしてこの近似が導かれることを示し（1809 年），なぜ最小二乗近似でなくてはならないかを説明した．

　変数 x_k に対してデータの値が y_k $(k = 0, 1, 2, \ldots, N)$ であるとする．データ (x_k, y_k) に対する近似関数（理論値）が $y_j = f(x_j)$ で与えられるとき，理論値からの誤差の分散は

$$J = \sum_{j=0}^{N} |f(x_j) - y_j|^2 \tag{5.8}$$

となる．J/N を二乗平均誤差という．最小二乗近似は，二乗平均誤差（データの分散）を最小にする．

近似関数を 1 次式とした場合：近似関数として 1 次式

$$f(x) = ax + b$$

を仮定すれば，J を a, b で偏微分して，$\frac{\partial J}{\partial a} = \frac{\partial J}{\partial b} = 0$ より，a, b が定まる.

　最良近似：統計的なバラツキのあるデータに関しては，最小二乗近似が最良近似である. データ点を (x_j, y_j) とする. この「ばらつき」の分布が，理論値 $f(x_j)$ の周りのガウス分布（正規分布）に従うとすれば，x_j における標本値の分布は

$$P(y_j) = \frac{1}{\sqrt{2\pi}\sigma} \exp\left[-\frac{(y_j - f(x_j))^2}{2\sigma^2} \right] \tag{5.9}$$

となる. $f(x)$ がここで決めるべき関数である. 分布 $P(y_j)$ 全体の尤度関数（分布に対する確からしさ）は $\prod P(y_j)$ である. 対数尤度関数

$$\log \prod P(y_j) = \sum \log P(y_j) = 定数 - \frac{1}{2\sigma^2} \sum (y_j - f(x_j))^2 \tag{5.10}$$

を最大にするには $\sum (y_j - f(x_j))^2$ が最小になるように $f(x_j)$ を選べばよい. したがって最小二乗近似が最良近似であることが分かる.

　関連する事項としては，回帰分析，非線形最小二乗法（ガウス–ニュートン法やレーベンバーグ–マーカート法）がある.

● **反復解法──ニュートン法またはニュートン–ラフソン法**

　一般の非線形方程式を数値計算で解くために広く用いられる反復法の一つがニュートン法（ニュートン–ラフソン法 (Newton-Raphson method) ともいう）である. 一般性を失わず，問題は（$f(x)$ が与えられたとき）

$$f(x) = 0 \tag{5.11}$$

を解くことである. 真の解に近い値（予測値）を x_0 とする（図 5.1）. $f(x)$ を x_0 の周りでテイラー展開してその 1 次の項までを書けば

$$f(x) = f(x_0) + f'(x_0)(x - x_0) \tag{5.12}$$

となる. $f(x) = 0, f'(x_0) \neq 0$ として，より良い近似解 x_1 として

$$x_1 = x_0 - \frac{f(x_0)}{f'(x_0)}$$

を得る．近似値 x_1 の意味は図 5.1 に示すとおりである．もう一度 x_1 を近似解としてこれを繰り返せば，より良い近似値が得られる．この操作を順次繰り返せば

$$x_{n+1} = x_n - \frac{f(x_n)}{f'(x_n)} \tag{5.13}$$

であり，望ましい精度の解が得られるまで反復する．この方法は，変数が複数あるときにも一般化が容易である．

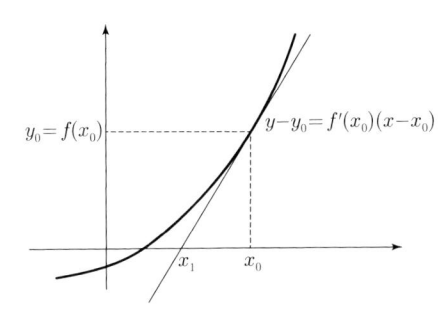

図 **5.1**　ニュートン法の解法

● 変分法

「評価関数」が与えられたとき，それが最小（あるいは最大）になるようにしたい，という問題は多い．具体的な問題を考えてみよう．

最速降下曲線 (curve of fastest descent)：点 O から点 A の間を曲線 $y = u(x)$ に沿って運動する質点を考える．ただし u-軸は下向きに取る．このとき 2 点間を重力（u 方向）によって O から A に滑り降りるとして，最短時間で運動する曲線の形を求めよう．エネルギー保存則により，曲線に沿った速度を v と書くと $\frac{1}{2}mv^2 = mgu$ であるので，速度は $v = \sqrt{2gu}$（g は重力加速度）である．線素の長さは $ds = \sqrt{1 + \left(\frac{du}{dx}\right)^2}\,dx$ であるから，この間を質点が動く時間は $(2gu)^{-1/2}[1 + (u')^2]^{1/2}dx$ である．したがって端 O から端 A まで質点が動

く時間は（定数を別にすれば）

$$J[u] = \int_0^a u(x)^{-1/2}[1 + u'(x)]^{1/2}dx \tag{5.14}$$

となる．ただし端での値は $u(0) = 0, u(b) = h$ で固定されている．

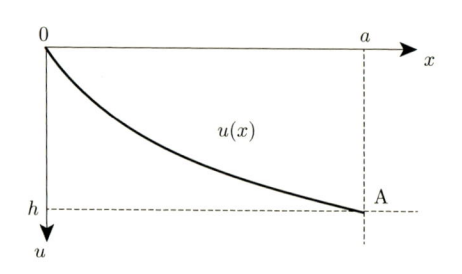

図 **5.2**　最速降下曲線

オイラー方程式：問題は

$$J[u] = \int_{x_i}^{x_f} F(x, u(x), u'(x))dx, \quad u(x_i) = U_i, \ u(x_f) = U_f \tag{5.15}$$

を最小化する関数 $u(x)$ は何か，と定式化される．これを**変分問題** (variational problem)，**変分法** (calculus of variations) という．

　$u \to u + \delta u$ として [*3] (5.15) の右辺に代入すれば

$$J[u + \delta u] = J[u] + \delta J = \int_{x_i}^{x_f} F(x, u + \delta u, u'(x) + \delta u'(x))dx$$
$$= \int_{x_i}^{x_f} [F(x, u, u') + F_u(x, u, u')\delta u + F_{u'}(x, u, u')\delta u']dx$$

となるので

[*3] 安定な J を与える u を**停留曲線** (stationary curve) という．これは停留曲線に対して，それをどのように変形させても J の値は増加する，と考えている．したがって問題は $\delta J = 0$ を与える $u(x)$ は何かということである．微分の項 3.2.6 で関数 $f(x)$ の最大値，最小値（正確には極値）をとる x の値は何か（$f'(x) = 0$）について議論した．考え方あるいはそれを決める式などが共通している．

$$\delta J = \int_{x_i}^{x_f} [F_u(x, u, u')\delta u + F_{u'}(x, u, u')\delta u']dx$$

$$= F_{u'}(x, u, u')\delta u \Big|_{x_i}^{x_f} + \int_{x_i}^{x_f} \Big[F_u - \frac{dF_{u'}}{dx}\Big]\delta u dx = 0$$

が得られる．右辺の第1式から第2式への変形では，積分内の第2項を部分積分を用いて変形した．

両端固定の条件により $\delta u(0) = \delta u(b) = 0$ であるから，右辺第1項は0となる．第2項の積分については変化 $\delta u(x)$ が任意の形のものに対して成立しなくてはいけないので，条件としては積分の中が恒等的に0でなくてはならない．こうして $u(x)$ を決める式としては

$$F_u - \frac{dF_{u'}}{dx} = 0 \tag{5.16}$$

および，その境界条件として

$$u(x_i) = U_i, \ u(x_f) = U_f \qquad (\text{固定端}) \tag{5.17}$$

を得る．微分方程式 (5.16) を解くことが，停留曲線を求めることになる．(5.16) をオイラー方程式 (Euler's equation) またはオイラー–ラグランジュ方程式という．

ここでは (5.17) のように境界における関数の値が固定されている場合のみ考えるが，一般には，様々な境界条件あるいは拘束条件下で変分法は議論されている．

オイラー方程式を解く：もとの問題「最速降下曲線」に戻ろう．(5.14) では

$$F(x, u, u') = \sqrt{\frac{1 + u'(x)}{u(x)}}$$

である．F は x を陽には含まないので $\frac{dF}{dx} = 0$ であるから

$$\frac{d}{dx}(F - u'F_{u'}) = (F_u - \frac{d}{dx}F_{u'})u' = 0$$

であり，したがってオイラー方程式は

$$F - u'F_{u'} = \text{定数} \tag{5.18}$$

と同等である.

今の場合，これは具体的には

$$\sqrt{\frac{1 + (u')^2}{u}} - \frac{(u')^2}{\sqrt{u\{1 + (u')^2\}}} = \frac{1}{\sqrt{u\{1 + (u')^2\}}} = 定数$$

である. これから $u' = \pm\sqrt{\frac{C}{u} - 1}$ と書き直され以下を得る：

$$\frac{dx}{du} = \frac{1}{\sqrt{\frac{C}{u} - 1}} \Rightarrow x = \int_0^u du \frac{1}{\sqrt{\frac{C}{u} - 1}} \quad . \tag{5.19}$$

$u = C\sin^2\theta$ と置けば，$\frac{C}{u} - 1 = \operatorname{cosec}^2\theta - 1 = \cot^2\theta,\ du = 2C\sin\theta\cos\theta d\theta$ である. したがって，この積分は書き直されて容易に実行でき，

$$x = \int_0^\theta 2C\sin^2\theta d\theta = C\int_0^\theta (1 - \cos 2\theta)d\theta = \frac{C}{2}(2\theta - \sin 2\theta) + D$$

を得る. これと

$$u = C\sin^2\theta = \frac{C}{2}(1 - \cos 2\theta)$$

を連立させたものが解である. あるいは

$$\alpha = 2\theta, \quad E = \frac{C}{2}$$

とおいて，これと $\beta = D$ をパラメータとし

$$x = E(\alpha - \sin\alpha) + \beta \tag{5.20a}$$

$$u = E(1 - \cos\alpha) = 2E\sin^2\frac{\alpha}{2} \tag{5.20b}$$

が一般の解である.

$x = 0$ での境界条件として $u = 0$ であるからこの点は $\alpha = 0$ である. したがって (5.20a) から $\beta = 0$ と定まる. 結果は以下のような曲線であり，これをサイクロイド (cycloid) という（図 5.3）.

$$\frac{x}{E} = \alpha - \sin\alpha \tag{5.21a}$$

$$\frac{u}{E} = 1 - \cos\alpha \quad . \tag{5.21b}$$

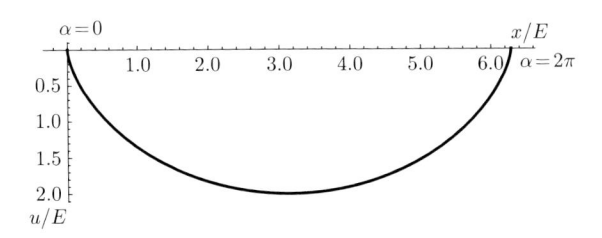

図 **5.3** サイクロイド：$x/E = \alpha + \sin\alpha,\ u/E = 1 - \cos\alpha.\ 0 \leq x/E \leq 2\pi$ の範囲で描いた.

E は $x = a$ の側の条件から決められる. $x = a$ のとき $\alpha = \alpha_a$ とすると

$$\frac{u}{a} \Rightarrow \frac{h}{a} = \frac{1 - \cos\alpha_a}{\alpha_a - \sin\alpha_a} \tag{5.22a}$$

$$E = \frac{a}{\alpha_a - \sin\alpha_a} \tag{5.22b}$$

(5.22a) からどのような h/a に対しても必ず $0 \leq \alpha_a \leq 2\pi$ の範囲で α_a を決めることができる. その α_a に対して (5.22b) により E が決まる. こうして $0 \leq \alpha \leq \alpha_a$ の範囲で (5.21a) と (5.21b) が表す曲線が求められる. 以上から, 解は次の図 5.4 のように作図すればよいことが分かる. まず図のように x-u の軸をとり, ここに直線 $u = (h/a)x$ および A 点 $(x = a, u = h)$ をとる. 点 A を通るようにサイクロイドを拡大あるいは縮小すれば, OA を結ぶサイクロイドの部分が求めるものとなる.

　最後に, 解の一意性 (これしかないかどうか) について注意しておこう. こ

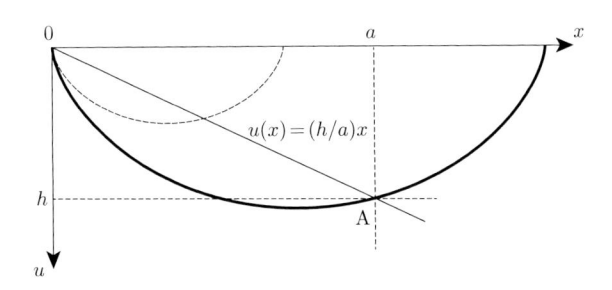

図 **5.4** 最速降下曲線の作図

れまで解いてきた微分方程式（5.19）に注意をすると，これは $C/u = 1$ では（4.29）およびリプシッツ条件（4.30）を満足しない．したがって解の一意性を保証しない．実際 $\pi h/2 < a$ のときに，$u = C = 2E = h$ かつ $du/dx = 0$ となる点 $x = E\pi$ で，$u = h$ という線分をつないでも（点 $x = 0$ からサイクロイドを降りてきて，$x = E\pi$ で滑らかに $u = h$ に移る），オイラー–ラグランジュ方程式を満たす．したがって図 5.4 の解が本当に最速であるかどうかは別に判別する必要がある．これには高次の変分を求める必要があるのだが，この議論に深入りすることは止めよう．[*4]

5.1.3　線形近似

● 線形化

すでに何度か述べてきたように，非線形方程式は，まず安定な点の周りで線形化 (linearization) を行って解析する．これを具体的に考えてみよう．

ロトカ–ボルテラ系の非線形微分方程式：微分方程式

$$
\begin{cases}
\frac{dx}{dt} = x - xy \\
\frac{dy}{dt} = xy - y
\end{cases}
\tag{5.23}
$$

を考える．これは捕食動物 (y) と被捕食動物 (x) との間のせめぎあいを表す数理モデルである．$x > 0, y > 0$ での解の軌道を図 5.5 に示す．この図から初期の値が $x > 0, y > 0$ の領域にあれば，解は図の軌道上を周期的に動くことが分かる：被捕食動物（餌）が減れば捕食動物も減る．被捕食動物（餌）の数が増えると捕食動物の数も増えるが，やがて被捕食動物（餌）を食べ尽くしてしまい捕食動物も減る．

線形化（安定点の周りの解）：この振舞いを知るために安定な点の周りで線形化する．$dx/dt = dy/dt = 0$ を表す解は $(x, y) = (0,0),(1,1)$ である．ここでは $x = y = 1$ の近くでの解を調べるために，そこで線形化を行う．$u = x - 1, v = y - 1$ とおいて，uv の項は 2 次の項なので落とせば

[*4] 最急降下曲線がサイクロイドであることを最初に発見したのはヤーコブ・ベルヌーイ，ヨハンネス・ベルヌーイ兄弟である．この解答の過程でヤーコブ・ベルヌーイ，オイラーおよびラグランジュにより，新しい方法である「変分法」が作られた．

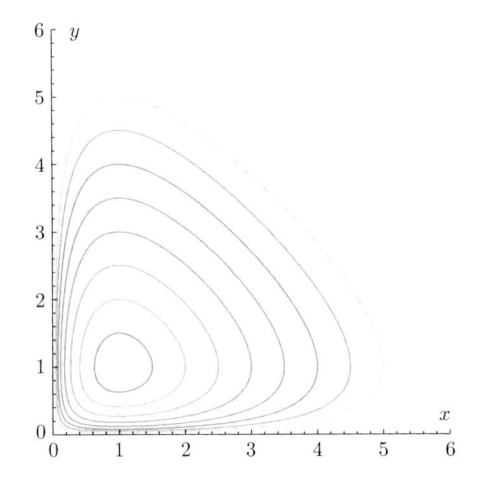

図 **5.5** ロトカ–ボルテラ系の微分方程式の振舞い

$$\left\{ \begin{array}{l} \frac{du}{dt} = -v \\ \frac{dv}{dt} = u \end{array} \right. \tag{5.24}$$

である．これから

$$u(t) = A\cos(t+\theta), \quad v(t) = A\sin(t+\theta) \ \Rightarrow \ (x-1)^2 + (y-1)^2 = A^2 \tag{5.25}$$

が得られる．従って線形化したときの解が描く軌道は点 $(1,1)$ を中心とする円である．元の微分方程式系では，出発の位置が点 $(1,1)$ から離れるに従って円の形から非線形効果が効いたひしゃげた周期軌道に移っていく（図 5.5）．

● 摂動論：ファン・デル・ポールの式を例として

　非線形微分方程式の解を考える場合，非線形部分が小さいとして解を逐次的に構成する方法として摂動法 (perturbation method) がある．次のファン・デル・ポール (van der Pol, 1889–1959) の式（負性抵抗素子を用いた自励式発振回路の式）を例にとって説明しよう．

$$\frac{d^2x}{dt^2} + x = \varepsilon(1-x^2)\frac{dx}{dt} \ . \tag{5.26}$$

変数変換 $\tau = \omega t$ を行うと，これは

$$\omega^2 \frac{d^2 x}{d\tau^2} + x = \varepsilon\omega(1 - x^2)\frac{dx}{d\tau} \tag{5.27}$$

となる．ε が十分小さいとして，解が ε の冪で展開されるとしよう：

$$x = x_0 + \varepsilon x_1 + \varepsilon^2 x_2 + \cdots \ . \tag{5.28}$$

さらに ε により単振動に様々な正弦波が混ざってくると考えて

$$\omega = 1 + \varepsilon\omega_1 + \varepsilon^2\omega_2 + \cdots \ . \tag{5.29}$$

とおく．

　(5.28)(5.29) を (5.27) に代入して ε の冪の時数で整理し，その次数で左右両辺が成立しているとすれば

$$\varepsilon^0 : \frac{d^2 x_0}{d\tau^2} + x_0 = 0$$

$$\varepsilon^1 : \frac{d^2 x_1}{d\tau^1} + x_1 = -2\omega_1 \frac{d^2 x_0}{d\tau^2} + (1 - x_0^2)\frac{dx_0}{d\tau}$$

$$\varepsilon^1 : \frac{d^2 x_2}{d\tau^1} + x_2 = (-2\omega_2 - \omega_1^2)\frac{d^2 x_0}{d\tau^2} - 2\omega_1 \frac{d^2 x_1}{d\tau^2} - 2x_1 x_0 \frac{dx_0}{d\tau}$$

$$+ \left(\frac{dx_1}{d\tau} + \omega_1 \frac{dx_0}{d\tau}\right)(1 - x_0^2)$$

$$\vdots$$

となる．これをまず第 1 式を解いて

$$x_0 = A\cos\tau$$

を得，それを第 2 式の右辺に入れて式

$$\frac{d^2 x_1}{d\tau^1} + x_1 = 2\omega_1 A\cos\tau - A\left(1 - \frac{A^2}{4}\right)\sin\tau + \frac{A^3}{4}\sin 3\tau$$

を得る．ここで $\cos\tau$, $\sin\tau$ の項がなければ強制振動が起こらず不安定さが入り込まないことがわかる．この最後の式から（$A = 0$ の解は $x_0 = 0$ であるから採用できず），

$$A = 2, \ \omega_1 = 0$$

を得る．こうして初期条件 $\frac{dx_1(0)}{d\tau} = 0$ を用いて

$$x_1 = A_1 \cos\tau + \frac{3}{4}\sin\tau - \frac{1}{4}\sin 3\tau$$

を得る．このようにして順次計算を進めると

$$x = \left(2 - \frac{\varepsilon^2}{8}\right)\cos\omega t + \frac{3\varepsilon}{4}\sin\omega t - \frac{\varepsilon}{4}\sin 3\omega t$$
$$+ \frac{3\varepsilon^2}{16}\cos 3\omega t - \frac{5\varepsilon^2}{96}\cos 5\omega t \tag{5.30}$$

ただし

$$\omega = 1 - \frac{\varepsilon^2}{16}$$

となる．以上が摂動法の概要である．

5.2 値の精度

5.2.1 有効数字

　測定値は，必ずその数字の後ろの桁辺りに（様々な原因による）誤差を含んでいる．その測定値（またはそれを用いた計算値）に基づいて，測定値として意味のある桁数だけを表示したものを，**有効数字** (significant digit) という．例えば国際標準として決められた真空中の光速 (c) および電子質量 (m) は

$$c = 2.99792458 \times 10^9 \text{ m/s}$$
$$m = 9.10938291 \times 10^{-31} \text{ kg}$$

である．これは物理定数の測定限界による有効数字（有効桁）であり，いずれも「有効数字 9 桁」と表現される．

　このように小数桁を用いて書けば，有効数字に曖昧さはない．

$$30.5 \times 10^2, \quad 30.50 \times 10^2, \quad 3050$$

は有効数字の桁数という点から見ると異なる数である．30.5×10^2 は有効数字 3 桁，30.50×10^2 は 4 桁，3050 は有効数字が 3 桁か 4 桁かあるいはそれ以上

か，区別がつかない．

有効桁が n 桁の数と m 桁の数を乗除算では，結果の数は n と m の小さなほうの数になる．加減算のときの規則は少し異なる．

$$100\ 123.00 + 0.1 = 100\ 123.1$$

$$100\ 123.00 + 0.001 = 100\ 123.00$$

$$100\ 123.00 + 0.121 = 100\ 123.12$$

5.2.2 浮動小数点演算と数値の精度

以前，PC がまだ専門家のためのものであった頃には，コンピュータのなかで数値がどのように扱われているか講義の中で聴く機会が必ずあった．現在のように PC を誰もが使えるようになると逆にこのことに触れることは少なくなって，数値の扱いが粗雑になってきているように感じることが，しばしばある．また自分でプログラムを書くときには，数値の精度がどのくらいあるのか試すということも多かったが，かなり本格的な計算でも出来合いのプログラムを使うのが当り前になって，数値の精度に無頓着になっている．

● 浮動小数点演算

計算における誤差の小節 5.3.1 でもう一度戻るが，コンピュータの中では，数値は 10 進法で表されるのではない．一般には 2 進法あるいは 16 進法が用いられている．2 進法が用いられるのは，コンピュータの基本が電気回路のオン・オフの 2 値で支配されているからである．10 進法における数は各桁が 0～9 で表され，それを超えると 1 桁繰り上がる．2 進法では各桁は 0,1 の数字だけからなり，例えば 10 進数での 2 は 1 桁繰り上がり「10」と表現される．2 進法で 1 桁を 1 ビット（bit, b と略記）という．

● コンピュータ内で表せられる数の限界

コンピュータ内の数は整数型と実数型との違いがある．整数型は整数を取り扱うもので，扱える数の上下限はあるが，その範囲に入っていれば精度その他の問題はない．8 ビット整数は 8 個の 0 または 1 で表すことのできる整数であり，最大が 11111111（2 進数）$= 2^8 - 1 = 255$（10 進数）である．

実数は**浮動小数点数**（floating point number）として表す．これは小数点の

位置を固定しないためにこの名前で呼ばれる．例えば -122.5 という数字は

$$-122.5 = -1.225 \times 10^2$$

と表し，$(-)$ を符号部，(1.225) を仮数部，10 の肩にある (2) を指数部 という．最近では PC もほとんど 64 ビットマシンになったが，一つの数は通常 32 ビットあるいは 64 ビットに収められている．浮動小数点数は単精度は 32 ビット，倍精度は 64 ビットで表し，それぞれ

単精度:符号部 1 ビット・指数部 8 ビット・仮数部 23 ビット

倍精度:符号部 1 ビット・指数部 11 ビット・仮数部 52 ビット

と割り当てられている．

32 ビットに格納できる整数は符号に 1 ビットとるので，$-2^{31} = -2147483648$ から $2^{31} - 1 = 2147483647$ までとなる．32 ビットで表現される実数は [5]

$$数値 = (-1)^{符号部} \times (1.仮数部) \times 2^{指数部-127}$$

となる．このことから単精度の精度は高々 24 ビット，10 進数で 7 桁程度となる．上の式から，絶対値が最大のものは $3.40282347 \times 10^{38}$ で，絶対値最小のものは $1.17549435 \times 10^{-38}$ となることが分かる．浮動小数点演算の指数部が，表現範囲の最大値を超えることを**オーバーフロー** (overflow)，また最小値を下回ることを**アンダーフロー** (underflow) と呼ぶ．

5.3 誤差

数値的取扱いでは，様々な原因による数値的な誤差が混入する．誤差とは一般には「測定値と真の値との差」であるが，ここでは「計算による誤差」について考える．

5.3.1 計算における誤差

数値解析など科学技術計算の分野では，数値誤差は重要な問題である．代表

---

[5] 指数部は $2^8 = 256$ を $-127 \sim +128$ に振り分ける．そのため指数部 -127 という形とする．

的な計算における誤差について議論しよう．

● 丸め誤差

　丸め誤差は小学校で「四捨五入」を習ったときから，[6] なじみのものである．いったん，四捨五入の操作を行えば以降は，それ以上に小さなところで"真の値"を得ることはできない．

　数を有限の数値として扱う限り，それは"有限の長さを持つ語"として保存・操作が行われる．この有限の長さを超えたところでの違いを区別することはできなくて，それが本質的な数値計算の精度における限界となる．一般に，数値のどこかの桁で四捨五入・切捨てなどの端数処理 を行った場合に生じる誤差を丸め誤差 (rounding error) という．

　浮動小数点演算による丸め誤差：コンピュータで計算している場合に発生する丸め誤差には，気付きにくい深刻な問題がある．浮動小数点演算が行われていることに起因する，小数部の必然的な切捨てに伴うものである．

　数を n 進法で表現することを考えてみよう．整数部は例えば 10 進法で与えられた整数 X を n 進数で表した結果が t 桁で x であるとする．このとき n 進数としての表現として $(0 \leq x_j \leq n-1)$

$$x \equiv x_t x_{t-1} x_{t-2} \cdots x_2 x_1$$

と表現されたとすると，10 進数での表現は

$$X = x_t n^{t-1} + x_{t-1} n^{t-2} + x_{t-2} n^{t-3} + \cdots + x_2 n^1 + x_1 n^0$$

である．これは，X を n で割った結果が「X_1 余り x_1」，X_1 を n で割った結果が「X_2 余り x_2」，... という具体的な操作を意味している．[7]

　10 進法で与えられた小数 Y $(0 < Y < 1)$ を n 進数で表した結果が s 桁で y であるとする．このとき n 進数としての表現として $(0 \leq y_k \leq n-1)$

$$y \equiv .y_1 y_2 \cdots y_{s-2} y_{s-1} y_s$$

---

[6] 四捨五入に関する数値の「丸め方」は JIS（日本工業規格）Z8401（1999 年）で規定されており，これは国際規格 ISO 31-0（1992 年）に基づいている．

[7] $n > 10$ の場合には，x_j を表すために，0 〜 9 に加えてアルファベットを用いる．小数部の y_k についても同じである．

と表現されたとすると，10 進数での表現は

$$Y = \frac{y_1}{n^1} + \frac{y_2}{n^2} + \frac{y_3}{n^3} + \cdots + \frac{y_{s-1}}{n^{s-1}} + \frac{y_s}{n^s}$$

である．これは，Y に n を掛けた結果が「(1 より大きな数が) y_1 で (1 より小さな部分を) 余り Y_1」，Y_1 に n を掛けた結果が「(1 より大きな数が) y_2 で (1 より小さな部分を) 余り Y_2」，$\ldots$ という具体的な操作を意味している．

　10 進法で有限の桁で書かれていた数も，2 進法では無限の数になることが一般に起こる．10 進法で

$$13.6$$

となる数を 2 進法で表してみよう．整数部は

(10 進数)　$13 = 1 \times 2^3 + 1 \times 2^2 + 0 \times 2^1 + 1 \times 2^0 \ \Rightarrow 1101$　(2 進数)，

小数部は

(10 進数)　$0.6 = \dfrac{1}{2} + \dfrac{0}{2^2} + \dfrac{0}{2^3} + \dfrac{1}{2^4} + \dfrac{1}{2^5} + \dfrac{0}{2^6} + \dfrac{0}{2^7} + \dfrac{1}{2^8} + \cdots$

$$\cdots \Rightarrow .10011001\cdots \quad (2 \text{ 進数})$$

という具合に，1001 を無限に繰り返す．したがって 10 進で有限の形に表現されていたものが 2 進で無限の形となり，有限で切り捨てると，それに伴う誤差が発生することが分かる．例えば，ここの 2 進の小数の部分 $.10011001\cdots$ を有限で打ち切った結果は以下のとおりである．

(10 進数)　$0.6 = \ .10011001\cdots$　(2 進数)

(2 進数)　$0.1 = \ 0.5$　(10 進数)

(2 進数)　$0.100 = \ 0.5$　(10 進数)

(2 進数)　$0.1001 = \ 0.5625$　(10 進数)

(2 進数)　$0.10011 = \ 0.59375$　(10 進数)

(2 進数)　$0.10011001 = \ 0.59765625$　(10 進数)

$$\vdots$$

● 打切り誤差

数値計算において逐次近似などの反復計算あるいは無限級数の和などの処理を行う場合, 一般に計算処理の打切りを行う. この場合, 様々な数値誤差の評価を行い, 指定した規則に従い計算の打切りをする必要がある. 計算を途中で打ち切ることにより発生する誤差 を打切り誤差 (truncation error, discreization error) と呼ぶ. 例えば逐次計算の場合に, n 回目逐次近似の結果を p_n と書いて

$$\frac{|p_n - p_{n-1}|}{|p_n|} < \delta$$

といった評価, あるいは理論的な誤差評価式による評価を行う.

理論的な誤差評価式の簡単な例として, データの内挿 (線形補間) を考えてみよう. 2 点 x_1, x_2 $(x_2 > x_1)$ での関数値 f_1, f_2 が分かっているとき, その間の点 $x = x_1 + p(x_2 - x_1) = (1-p)x_1 + px_2$ $(h = x_2 - x_1)$ における関数値を

$$f(x_1 + ph) = (1-p)f(x_1) + pf(x_2) + R \tag{5.31}$$

と書く. R が線形補間をしたための打切り誤差である.

R は, 関数 $f(x)$ が 2 次導関数を持つとする, あるいは数値的に 2 次の差分 $\Delta^2 f_1 = \Delta^1 f_2 - \Delta^1 f_1$ （表 5.1）をとれば $(x_1 < \xi < x_2)$

$$|\,R| \leq 0.125h^2|f''(\xi)| \simeq 0.125\Delta^2 f_1 \tag{5.32}$$

と評価できる. 様々な内挿公式に対する誤差評価は

Handbook of Mathematical Functions with Formulas, Graphs, and Mathematical Tables (National Bureau of Standards, 1970)

が大いに参考になる.

● 桁落ち

値がほぼ等しい二つの数の引き算を行うとき, 数値の主たる部分は互いに打ち消しあい, 有効数字の桁数が減少 することがある. これを桁落ち, あるいは桁落ち誤差 (cancelling error) という.

例をいくつか挙げておこう.

[例 1]　有効数字 6 桁の二つの実数に引き算により有効数字が 2 桁となる例

として次の計算を挙げておこう：

$$123.456 - 123.444 = 0.012 \ \ .$$

[例 2]　2 次方程式

$$ax^2 + bx + c = 0.$$

係数の間の関係が

$$|ac| << |b|^2$$

であるときの解を，2 次方程式の解の公式

$$x = \frac{-b \pm \sqrt{b^2 - 4ac}}{2a}$$

で計算してみよう．

$$a = 1.0 \ , \ \ b = 100.0 \ , \ \ c = 0.1$$

とする．b と $\sqrt{b^2 - 4ac}$ は値が極めて近いため，$-b + \sqrt{b^2 - 4ac}$ の計算で桁落ちを起こす．正しい解（倍精度）は

$$-1.0000100151013151 \times 10^{-3}, \quad -99.998999989999803$$

である．[8] 一方，単精度で単純に値を上式に代入して計算すると

$$-9.99450684 \times 10^{-4}, \quad -99.999005$$

となり，単精度の結果が得られていない．

[例 3]　1 次球ベッセル関数

$$j_1(z) = \frac{\sin z - z \cos z}{z^2}$$

---

[8] 倍精度計算でも，上の式にそのまま値を代入したのでは十分な精度は得られない．ここでは

$$\frac{-b + \sqrt{b^2 - 4ac}}{2a} = \frac{2c}{-b - \sqrt{b^2 - 4ac}}$$

と変形して計算している．

という関数がある．z の小さいところで注意しなくてはいけない．
$z = 10^{-2}$ のとき，正しい答えは

$$3.333\ 330\ 119\ 047\ 619\ 0\cdots \times 10^{-3}$$

であるが，上の式 cos, sin に値を入れて倍精度で計算すると

$$3.333\ 300\ 000\ 116\ 223\ 8 \times 10^{-3}$$

を得る．有効数字は小数点以下 4 桁までしかなく，倍精度は出ない．z の小さいところでは，桁落ちを起こすためである．そのため正しい評価をするためには，$j_1(z)$ の定義にある 3 角関数を z の小さいところでテイラー展開をして，打ち消すべきものは打ち消して値を正しく評価する必要がある．実際

$$\frac{\sin z - z \cos z}{z^2} = \frac{z}{3} - \frac{z^3}{30} + \frac{z^5}{3} + \cdots$$

となり，z の低次の項は打ち消しあう．3 角関数のままでは低次の項が正確に打ち消しあわないことによる桁落ちが発生する．

　　情報落ち誤差：二つの数の絶対値に大きな桁の違いがある場合，その加減算で小さい数が計算結果に反映されないために計算誤差が発生する．これを情報落ち誤差という．このような場合には絶対値の大きいものだけ，小さいものだけを集めてまずそちらを先に計算する必要がある．

● 離散化誤差と累積誤差

　　差分による誤差：数値計算では，微分方程式あるいは積分について，変数を離散化して差分方程式 (difference equation) として扱う．このときに生じる誤差を離散化誤差 (discretization error) という．一般に，差分の幅を狭くすれば単一区間の誤差は小さくできるが，その代り同一区間を差分化する個数は増え，1 ステップの誤差がその分だけ累積する．

　　実際に以下の微分方程式を差分化して数値的に解こう：

$$\frac{dy}{dx} = 2y, \quad y(0) = 1.0 \ . \tag{5.33}$$

差分化として，$y(x) = y(x_0) + y'(x_0)(x - x_0)$ を用いれば（オイラー法）

$$y_{n+1} \equiv y((n+1)h) = y(nh) + 2y(nh)h = y_n(1 + 2h)$$
$$= y_0(1 + 2h)^{n+1} \tag{5.34}$$

を得る. 差分による離散化誤差とは, ここでの真の解 $y(x_n)$ と差分方程式の解 y_n の差をいう.

累積誤差：微分方程式や積分では, 一区間の誤差を一定区間足し合わすことになるので, 最終的にはそれらの総和が全体の誤差となる. これを累積誤差 (accumulated error) という. 一区間の誤差が分割の幅 ($h = x_{k+1} - x_k$) に比例する場合, 全区間 $[a, b]$ を N 等分するとき, $Nh = b - a$ である. 離散化誤差が $O(h)$ であるとすると累積誤差は $O(Nh)$ となるから, h を小さくしても誤差は同じである. 累積誤差を小さくするように離散化誤差は h の高次に比例するような離散化方法を選ばなくては意味がない.

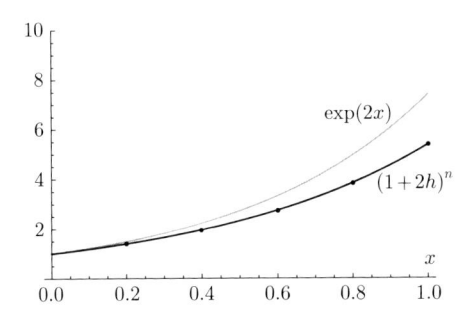

図 **5.6** 微分方程式の離散化誤差と累積誤差. $h = 0.2$ とした.

先ほどの例 (5.34) に戻ろう. 初期値 $y(0) = y_0 = 1$ により

$$y_n = (1 + 2h)^n \tag{5.35}$$

を得る. これと真の解 $y(x) = \exp(2x)$ の差が累積誤差となる (図 5.6).

5.4 アルゴリズム

アルゴリズム (algorithm) とは「計算方法」「計算の手順」のことである. こ

れまでもいくつかの例でみたように，計算の順序により，桁落ちや加減乗除計算の回数の大きな違いが生じる．具体的な数値計算では，むやみやたらと計算をすればよいのではなく，有効桁数や乗算の回数などを考えて，効率的なものにする必要がある．計算機プログラムはアルゴリズム（データ処理の手順）を計算機言語で書き下したものである．[*9]

5.4.1　そろばん（算盤，十露盤）

そろばんがどういうものかは詳しく説明するまでもないが，計算補助のための道具で，細い棒で刺した「たま」を移動させその位置から数を読み取るものである．そろばんを使った計算を珠算（しゅざん）という．

そろばんが中国から日本に入ったのは，明の時代，室町時代末期 15 世紀初頭であると考えられているが，正確なことは分からない．「読み書きそろばん」という言い方から分かるように，江戸時代には，そろばんは庶民の生活の中に広く入り込んでいた．

明治以降も，和算の廃止，洋算の初等教育への導入といった数学教育の大きな変化があったが，江戸時代からの和算の中で根付いたそろばんと九九は残った．そろばんの玉の動かし方は決められた効率的なものであり，アルゴリズムの一種である．

5.4.2　ホーナー法

ホーナー (William George Horner, 1786–1837) 法は，多項式の計算法としてよく知られた方法である．x の n 次多項式

$$f_n(x) = a_n + a_{n-1}x + a_{n-2}x^2 + \cdots + a_1 x^{n-1} + a_0 x^n \tag{5.36}$$

を計算する場合，各項を順に計算していくと，$0+1+2+\cdots+n = n(n+1)/2$ 回の乗算と n 回の加算が必要になる．しかしこれを

$$f_1 = a_0 x + a_1$$

[*9] 歴史上もっとも古いアルゴリズムは，後述する「ユークリッドの互除法」であろう．またアルゴリズムの名前の起源は 9 世紀のイスラム科学者アル・フワーリズミー (Mohammed ibn Musa al-Khwarizmi) にある．アル・フワーリズミーのテキストのタイトルが Algebra（代数学）の語源でもある．

$$f_2 = f_1 x + a_2$$

$$\vdots$$

$$f_n = f_{n-1} x + a_n \tag{5.37}$$

$f(x) = f_n(x)$ と逐次的に計算すると，n 回の乗算と n 回の加算で済む．この計算方法を**ホーナー法** (Horner's method) という．[10] コンピュータの計算では，n 桁の整数同士の加算には n に比例した時間，乗算は n^2 に比例した時間がかかる．[11] したがってホーナー法のほうが圧倒的に計算量，計算時間が短縮される．[12]

5.4.3 ユークリッドの互除法

● ユークリッドの互除法の例と証明

ユークリッドの互除法 (Euclidean algorithm) とは，二つの自然数の最大公約数を求める方法である．

[手順] 二つの自然数 a, b $(a \geq b)$ について，a の b による剰余を r とする．さらに b を r で割った剰余 s，r をその剰余 s で割った剰余，と剰余を求める計算を逐次繰り返していく．この手順を繰り返して剰余が 0 になったときの除数が a と b との最大公約数となる．[13]

[例]

$$902 と 154 の最大公約数$$
$$902 = 5 \times 154 + 132$$
$$154 = 1 \times 132 + 22$$
$$132 = 6 \times 22 + 0$$

---

[10] A New Method of Solving Numerical Equations of All Orders, by Continuous Approximation, W. G. Horner, *Philosophical Transactions of the Royal Society of London*, Vol. 109 (1819), pp. 308–335.

[11] n 桁の整数同士の乗算では，n 回の桁シフトを伴う n 桁の加算が必要.

[12] ここで述べた方法とニュートン法を組み合わせたものを「ホーナー法」ということがある.

[13] ユークリッドの互除法は，明示的に記された最古のアルゴリズムであり，ユークリッドの『原論』第7巻にある.

$$\text{最大公約数} = 22$$

証明：自然数 a, b に対して q, r も自然数として，

$$a = qb + r \quad (0 < r < b)$$

とする．このとき「a と b の最大公約数 M」は「b と r の最大公約数 m」に等しいことを示せばよい．

上式右辺は最大公約数 m で割り切れるのだから a も m で割り切れる．したがって a, b は m で割り切れる．a, b の公約数の最大のものが M であるから

$$M \geq m$$

である．一方 上式を $r = a - bq$ と書き直して同じ議論をすれば，r が M で割り切れることが分かる．よって b, r は M で割り切る．b, r の公約数の最大のものが m であるから

$$m \geq M$$

が成り立つ．以上の二つの式から

$$M = m$$

を得る．　　　　　　　　　　　　　　　　　　　　　　　　　（証明終）

● ユークリッド互除法と連分数

上に与えた例を書き直す．

$$902 \text{ と } 154 \text{ の最大公約数}$$

$$\frac{902}{154} = 5 + \frac{132}{154}$$
$$\frac{154}{132} = 1 + \frac{22}{132}$$
$$\frac{132}{22} = 6$$

これを見ると番目の式の右辺第 2 項は第 3 式左辺の逆数となっている．これらにより上の式は連分数表示を与えることが分かる：

$$\frac{902}{154} = 5 + \frac{1}{\frac{154}{132}} = 5 + \frac{1}{1 + \frac{22}{132}}$$
$$= 5 + \frac{1}{1 + \frac{1}{6}} \cdot$$

このようにユークリッドの互除法はまた，有理数の連分数表示を求める方法でもある．

● 中国式剰余定理

中国式剰余定理は『孫子算経』に記された整数の剰余についての定理であり，一般化したものは代数学での重要な定理である．これを説明する．

[中国式剰余定理 (Chinese remainder theorem)]：m, n を互いに素な自然数とする．$x = a \,(\mathrm{mod}\ m)$，$x = b \,(\mathrm{mod}\ n)$ (x を m で割った余りが a, n で割った余りが b) であるとき，x は mn を法として一意に定まる．*14

[例] 3で割ると2余り，5で割ると3余る数は何か．答 $x \equiv 8 \,(\mathrm{mod}\ 15)$

証明：最初の条件 $x = 2 \,(\mathrm{mod}\ 3)$ より $x = 3m_1 + 2$．これを2番目の条件式に代入し，$3m_1 = 1 \,(\mathrm{mod}\ 5)$ を得る．あるいは $6m_1 = 2 \,(\mathrm{mod}\ 5)$ となるが，$6m_1 = 5m_1 + m_1$ であるから，$m_1 = 2 \,(\mathrm{mod}\ 5)$ が分かる．よって $m_1 = 5m + 2$ となり，最初の式に代入すれば，$x = 15m + 8$ すなわち

$$x = 8 \,(\mathrm{mod}\ 15)$$

を得る．

ユークリッド互除法や中国式剰余定理は一般化されて，大きな合成数の素因数分解の困難性を根拠とする公開鍵暗号の RSA 暗号技術 (Rivest–Shamir–Adleman cryptosystem) に応用されている．

5.4.4 大規模線形計算

データ科学の重要性から，大規模線形計算（大次元連立方程式，大規模固有値

---

*14 自然数 x, a, m, r に対して $x = am + r$ ($r < m$) (x を m で割ると，a 余り r) のとき $x = r \,(\mathrm{mod}\ m)$ と書き，「x は m を法として r に等しい」という．

計算，特異値分解など）が今後ますます重要性を増す．[15] 線形計算として 100 万次元の連立 1 次方程式を解くなどということは珍しいことではなくなっている．そのときナイーブに定義式に従って計算を進めようとすることは常識外れといわざるをえない．大規模線形計算には独特のアルゴリズムがあるということを知っておくことは重要である．

● クラメルの公式と乗算回数

クラメル (Cramer) の公式は未知数が n 個の n 元連立方程式の解を $n \times n$ 行列式で書き下す基本的な公式である．[16] クラメルの公式に現れる行列式を定義に従って計算すると，一つの行列式の計算のために $(n-1)n!$ 回の乗算と $n-1$ 回の加算をしなくてはならない．$n = 10$ の場合と $n = 20$ の場合でこれを比較すると，$(10-1)10! = 32,659,200$，$(20-1)20! = 46,225,138,155,356,160,000$ であるから $1,415,378,764,800$ 倍の違いとなる．仮に前者の計算に 1 分の時間がかかるとすると，後者には約 269 万年かかる勘定になる．

各行列式の計算に以下で述べる「ガウスの掃き出し法」を用いても全体の計算回数は n^4 に比例する．したがって連立方程式の次数が 10 倍になると計算は 10,000 倍になるということは知っていなければならない．

● ガウスの掃き出し法（ガウスの消去法）

一般に大規模行列式の計算，連立方程式の解法，線形系の固有値計算，逆行列の計算などはすべて共通した解法によって扱う．ここではアルゴリズムの詳細は説明せず，ガウスの掃き出し法を用いた 3 元連立方程式の解法を具体的に示してみよう．

今，三つの変数 x_1, x_2, x_3 を含む連立 1 次方程式

$$\begin{cases} 2x_1 + & 2x_2 + & 3x_3 = & 3 \\ x_1 - & x_2 & = & 2 \\ -x_1 + & 2x_2 + & x_3 = & 1 \end{cases} \tag{5.38}$$

---

[15] AI（人工知能）や深層学習において基礎となるのは，パターン認識（これも非線形最適化問題であるが），線形計算，最適化問題，統計などである．したがって人工知能の基本には線形計画法，非線形計画法といった最適化技法があることを知らなくてなならない．

[16] この式は 1750 年にクラメルが書いている．

を解く．まず 3×3 型行列および 3 次元ベクトルを用いてこの式を書き直せば

$$
\begin{pmatrix} 2 & 2 & 3 \\ 1 & -1 & 0 \\ -1 & 2 & 1 \end{pmatrix} \begin{pmatrix} x_1 \\ x_2 \\ x_3 \end{pmatrix} = \begin{pmatrix} 3 \\ 2 \\ 1 \end{pmatrix} \tag{5.39}
$$

となる．連立 1 次方程式 (5.39) を解くシステマティックな操作はガウスの掃き出し法 (Gaussian elimination) を用いることである．左辺の係数が作る 3×3 行列をまず書き，その右側に右辺のベクトルを並べる．この 3×4 行列に関して 行に関する基本変形（行を定数倍する，行同士の加減算を行うなど）を順次 施して，左側の 3×3 行列部分を単位行列に変換する．以下では基本変形の具 体的な操作をそれぞれの矢印（変形を示す）の上に書いた．

$$
\begin{pmatrix} 2 & 2 & 3 & 3 \\ 1 & -1 & 0 & 2 \\ -1 & 2 & 1 & 1 \end{pmatrix} \xrightarrow{\left(\begin{smallmatrix} \text{第 2 行} - \text{第 1 行} \times 1/2 \\ \text{第 3 行} + \text{第 2 行} \times 1/2 \end{smallmatrix} \right)}
$$

$$
\begin{pmatrix} 2 & 2 & 3 & 3 \\ 0 & -2 & -3/2 & 1/2 \\ 0 & 3 & 5/2 & 5/2 \end{pmatrix} \xrightarrow{(\text{第 3 行} + \text{第 2 行} \times 3/2)}
$$

$$
\begin{pmatrix} 2 & 2 & 3 & 3 \\ 0 & -2 & -3/2 & 1/2 \\ 0 & 0 & 1/4 & 13/4 \end{pmatrix} \xrightarrow{\left(\begin{smallmatrix} \text{第 1 行} - \text{第 3 行} \times 12 \\ \text{第 2 行} + \text{第 3 行} \times 6 \end{smallmatrix} \right)}
$$

$$
\begin{pmatrix} 2 & 2 & 0 & -36 \\ 0 & -2 & 0 & 20 \\ 0 & 0 & 1/4 & 13/4 \end{pmatrix} \xrightarrow{(\text{第 1 行} + \text{第 2 行})}
$$

$$
\begin{pmatrix} 2 & 0 & 0 & -16 \\ 0 & -2 & 0 & 20 \\ 0 & 0 & 1/4 & 13/4 \end{pmatrix} \xrightarrow{\left(\begin{smallmatrix} \text{第 1 行} \times 1/2 \\ \text{第 2 行} \times -1/2 \\ \text{第 3 行} \times 4 \end{smallmatrix} \right)}
$$

$$
\begin{pmatrix} 1 & 0 & 0 & -8 \\ 0 & 1 & 0 & -10 \\ 0 & 0 & 1 & 13 \end{pmatrix} \tag{5.40}
$$

最後に右 1 列に並んだのが答である.

$$\begin{pmatrix} x_1 \\ x_2 \\ x_3 \end{pmatrix} = \begin{pmatrix} -8 \\ -10 \\ 13 \end{pmatrix}. \tag{5.41}$$

● ランチョス法——グラム–シュミット法

与えられたエルミート行列に対して，これを 3 重対角行列に変換して処理することも多い．3 重対角行列にするために用いられる一般的な方法はハウスホルダー変換である．[17] その他にも様々なアルゴリズムがある内で，面白いのが以下に説明するランチョス法 (Lanczos algorithm) である．この方法は，一般には累積誤差がたまり，それによる不安定さがあるため，実際に使うにはいろいろの工夫を加えるが，ここでは元のままの形で紹介しよう.

$n \times n$ 型エルミート行列 A に対して，規格化された n 次元ベクトル u_1 を任意に選び，再帰的に次の手順で規格化されたベクトル系 $\{u_n\}$ を作る.

$$\begin{cases} \alpha_1 &= (u_1, Au_1) \\ u_2 &= \dfrac{(A - \alpha_1 E)u_1}{\|(A - \alpha_1 E)u_1\|} \\ \beta_1 &= (u_2, (A - \alpha_1 E)u_1) \end{cases}$$

$$Au_1 = \alpha_1 u_1 + \beta_1 u_2$$

$$\begin{cases} \alpha_2 &= (u_2, Au_2) \\ u_3 &= \dfrac{(A - \alpha_2 E)u_2 - \bar{\beta}_1 u_1}{\|(A - \alpha_2 E)u_2 - \bar{\beta}_1 u_1\|} \\ \beta_2 &= (u_3, (A - \alpha_2 E)u_2 - \bar{\beta}_1 u_1) \end{cases}$$

$$Au_2 = \bar{\beta}_1 u_1 + \alpha_2 u_2 + \beta_2 u_3$$

$$\vdots$$

---

[17] 最近，3 重対角行列に変換するのではなく，5 重対角に変換する方法も開発されている．こちらのほうがだいぶ効率が良い処理となっているようである (スーパーコンピューティングニュース, vol.16, No3, p.20, (2014).

$$\begin{cases} \alpha_k &= (\boldsymbol{u}_k, A\boldsymbol{u}_k) \\ \boldsymbol{u}_{k+1} &= \dfrac{(A - \alpha_k E)\boldsymbol{u}_k - \bar{\beta}_{k-1}\boldsymbol{u}_{k-1}}{||(A - \alpha_k E)\boldsymbol{u}_k - \bar{\beta}_{k-1}\boldsymbol{u}_{k-1}||} \\ \beta_k &= (\boldsymbol{u}_{k+1}, (A - \alpha_k E)\boldsymbol{u}_k - \bar{\beta}_{k-1}\boldsymbol{u}_{k-1}) \end{cases}$$

$$A\boldsymbol{u}_k = \bar{\beta}_{k-1}\boldsymbol{u}_{k-1} + \alpha_k\boldsymbol{u}_k + \beta_k\boldsymbol{u}_{k+1} \tag{5.42}$$

ここで $\bar{\beta}$ は β の複素共役を表す.

ベクトル $\{\boldsymbol{u}_n\}$ は（原理的には）自動的にお互いが直交している：

$$(\boldsymbol{u}_i, \boldsymbol{u}_j) = \delta_{ij} . \tag{5.43}$$

順次 α_k, β_k, $\boldsymbol{u}_k$ を決めていくことが変換行列 P

$$P = (\boldsymbol{u}_1, \boldsymbol{u}_2, \ldots, \boldsymbol{u}_n) \tag{5.44}$$

および 3 重対角行列

$$P^{-1}AP = \begin{pmatrix} \alpha_1 & \bar{\beta}_1 & 0 & 0 & \cdots & 0 \\ \beta_1 & \alpha_2 & \bar{\beta}_2 & 0 & \cdots & 0 \\ 0 & \beta_2 & \alpha_3 & \bar{\beta}_3 & \cdots & 0 \\ 0 & 0 & \beta_3 & \alpha_4 & \cdots & 0 \\ \vdots & \vdots & \vdots & \vdots & \ddots & \vdots \\ 0 & 0 & 0 & 0 & \cdots & \alpha_n \end{pmatrix} \tag{5.45}$$

を作ることになる．直交関係 (5.43) により 3 重対角行列を得たが，この方法は

$$\boldsymbol{u}_1, \ A\boldsymbol{u}_1, \ A^2\boldsymbol{u}_1, \ \ldots, \ A^{n-1}\boldsymbol{u}_1$$

から正規直交基底ベクトルを作る「グラム–シュミットの方法」になっている．上のベクトルが張る部分空間をクリロフ (Krylov) 部分空間という，

ランチョス法の計算は，行列の次元数が増えても，計算の手間は次元数に 比例して増えるということと，計算を任意の段階で打ち切ることができるという，きわめて好ましい性質がある．しかし一方では，行列 A を何度も掛けるために丸め誤差が累積し，そのため直交関係をくずしてしまいやすいので注意を要する．

● 2 分法

　2 分法 (bisection method) は，解を含む区間を反復して縮小していくことにより方程式を解く，きわめて汎用性の高い求根アルゴリズムである．[18] ここではまず，行列の固有値を求める際に，なぜ 2 分法が使われるのかの説明をする．

　前準備：すでに述べたように，大規模線形方程式を扱う場合，元の行列を 3 重対角行列に変換することが多い．元の大規模行列としてエルミート行列に限ると，3 重対角行列もエルミートとなる．

$$
B = \begin{pmatrix}
\alpha_1 & \bar{\beta}_1 & 0 & & & \\
\beta_1 & \alpha_2 & \bar{\beta}_2 & 0 & & \\
0 & \beta_2 & \alpha_3 & \bar{\beta}_3 & \ddots & \\
& 0 & \beta_3 & \alpha_4 & \ddots & 0 \\
& & \ddots & \ddots & \ddots & \bar{\beta}_{n-1} \\
& & & 0 & \beta_{n-1} & \alpha_n
\end{pmatrix}
\tag{5.46}
$$

3 重対角行列 B の固有値問題

$$
B\boldsymbol{x} = \lambda\boldsymbol{x}
\tag{5.47}
$$

を考える．E を単位行列として，特性多項式を

$$
\Phi_B(\lambda) = \det(\lambda E - B) \equiv p_1(\lambda)
\tag{5.48}
$$

と書く．これを行列 $(\lambda E - B)$ の第 1 列で展開し

$$
p_1(\lambda) = (\lambda - \alpha_1)p_2(\lambda) - |\beta_1|^2 p_3(\lambda)
\tag{5.49}
$$

を得る．ただし

$$
p_2(\lambda) = \det \begin{pmatrix}
\lambda - \alpha_2 & -\bar{\beta}_2 & 0 & & \\
-\beta_2 & \lambda - \alpha_3 & -\bar{\beta}_3 & & \\
0 & -\beta_3 & \lambda - \alpha_4 & \ddots & \\
& & \ddots & \ddots & -\bar{\beta}_{n-1} \\
& & & -\beta_{n-1} & \lambda - \alpha_n
\end{pmatrix}
$$

---

[18] 小節 3.2.5 の証明でも 2 分法を用いた．

$$p_3(\lambda) = \det \begin{pmatrix} \lambda - \alpha_3 & -\bar{\beta}_3 & 0 & & & \\ -\beta_3 & \lambda - \alpha_4 & -\bar{\beta}_4 & & & \\ 0 & -\beta_4 & \lambda - \alpha_5 & \ddots & & \\ & & \ddots & \ddots & -\bar{\beta}_{n-1} & \\ & & & -\beta_{n-1} & \lambda - \alpha_n \end{pmatrix}.$$

以下，同じようにして行列式の展開を行えば

$$p_k(\lambda) = (\lambda - \alpha_k)p_{k+1}(\lambda) - |\beta_k|^2 p_{k+2}(\lambda) , \quad (1 \le k \le n-1) \quad (5.50\text{a})$$

$$p_n(\lambda) = (\lambda - \alpha_n) \quad (5.50\text{b})$$

$$p_{n+1}(\lambda) = 1 \quad (5.50\text{c})$$

を得る．$p_k(\lambda)$ は λ に関して $n+1-k$ 次多項式である．上式を $p_{n+1}(\lambda)$ から $p_1(\lambda)$ まで辿ることにより，すべての $p_k(\lambda)$ が計算される．$\{p_k(\lambda)\}$ を**スツルム列** (Sturm sequence) という．

スツルム列 $\{p_k(\lambda)\}$ の性質を以下にまとめておこう．

1. $p_k(\lambda) = 0$ のすべての根は実数である．
2. $p_k(\lambda) = 0$ の二つの隣あった根の間に，$p_{k+1}(\lambda) = 0$ の根が一つずつ現れる．また λ_0 を $p_k(\lambda_0)$ の根 $(p_k(\lambda_0) = 0)$ とすると

$$p_{k-1}(\lambda_0)p_{k+1}(\lambda_0) < 0$$

である（証明省略．α_k が正しい解 λ_0 であるとして（5.50a）を用いる）．

これから，次のことが分かる：

任意に λ_t を選び，$p_{n+1}(\lambda_t)$ から始めて，順次 $p_n(\lambda_t), p_{n-1}(\lambda_t), \ldots, p_2(\lambda_t), p_1(\lambda_t)$ が何回符号を変えるか数え，この回数を $N(\lambda_t)$ とする．上の性質から，$p_1(\lambda) = 0$ の根の内で λ_t より大きなものは $N(\lambda_t)$ 個である．したがって

$$\lambda_L < \lambda < \lambda_U$$

である（5.47）式の固有値の数は

$$N(\lambda_L) - N(\lambda_U)$$

であることが分かる.

次に新たな λ を $(\lambda_U + \lambda_L)/2$ に選び同じような計算を進めることで, $p_1(\lambda) = 0$ なる解が存在する区間を, 各段階で半分の狭い範囲に追い込んでいくことができる.

2分法の実際：2分法の具体的な計算手順は以下のとおりである. 解は $a < x < b$ にあることが分かっていて, また

$$f(a) < 0 , \quad f(b) > 0$$

であるとする. 計算手順は, 次の二つのステップからなる.

第1段： 区間 $[a, b]$ を定め, 中点 $c(= (a + b)/2)$ を求める.

第2段： $f(c)$ を計算する.

規則 1：$f(c) = 0 \Rightarrow x = c$ が解である (計算終了).

規則 2：$f(c) > 0 \Rightarrow$ 区間を $[a, c]$ に置き換えて第1段に戻る.

規則 3：$f(c) < 0 \Rightarrow$ 区間を $[c, b]$ に置き換えて第1段に戻る.

これにより $f(x) = 0$ の解が必要な精度で求められる.

5.4.5 線形および非線形計画問題

一般的な関数 (目的関数) の大域的な最小値または最大値 (とパラメータ空間の場所) を探す問題で, 現在は数学としても (非) 線形計画問題として大きな分野を形成するに至っている.

● 線形計画法の問題

線形計画問題 (linear programming (LP)) とは, 目的関数と制約条件がすべて線形である**最適化問題** (optimization problem) のことをいう.

変数が二つ $x_1(\geq 0), x_2(\geq 0)$ の場合に一般的に書けば, 不等式条件

$$a_{11}x_1 + a_{12}x_2 \leq b_1,$$
$$a_{21}x_1 + a_{22}x_2 \leq b_2$$

の制約 (2次元空間内で (x_1, x_2) の領域を決める) の下で

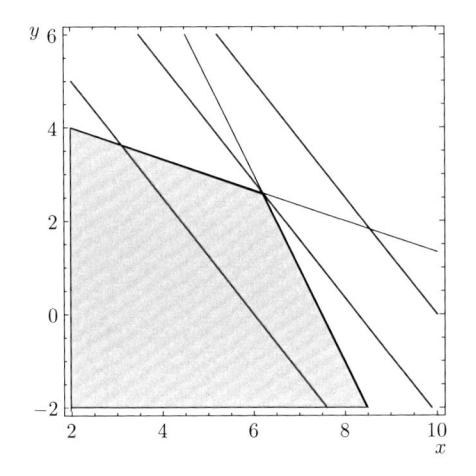

図 **5.7** 線形計画問題の例. 制約条件 $4x + 2y \leq 30$, $x + 3y \leq 14$ の下で, 目的関数 $f(x,y) = -5x - 4y$ を最小化する. グレー部分が制約条件で指定された領域. 並行した直線は $f(x,y) = -30, -207/5, -50$ の等高線. $x = 31/5$, $y = 13/5$ で最小値 $a = -207/5$ をとる. 図から見て取れるように, 最適値をとる場所は, 領域の端, 二つの直線の交点となる.

$$c_1 x_1 + c_2 x_2$$

の最大（小）値およびそのときの x_1, x_2 を求める問題である.

目的関数が線形なので, 局所的な解は大域的な意味でも最適解になる. さらに目的関数も線形であるから, 不等式制約条件の場合の最適解は凸多面体の境界上に存在する. 図 5.7 に例題と解答を示す.

- 非線形計画法の問題

非線形計画問題 (nonlinear programming) は, 制約条件, 目的関数（のすべて, あるいは一部）が一般に非線形である場合, たとえば次のようなものである.

[問題の例] $x \geq 0, y \geq 0$ において制約条件 $1 \leq x^2 + y^2 \leq 2$ の下で, 目的関数 $f(x,y) = x^2 + y$ を最大化せよ（図 5.8）.

- 勾配ベクトル, ヘッセ行列

簡単のために目的関数が x, y の二つの変数の関数であるとする. ここでベクトル表記とその転置（T を付ける）を

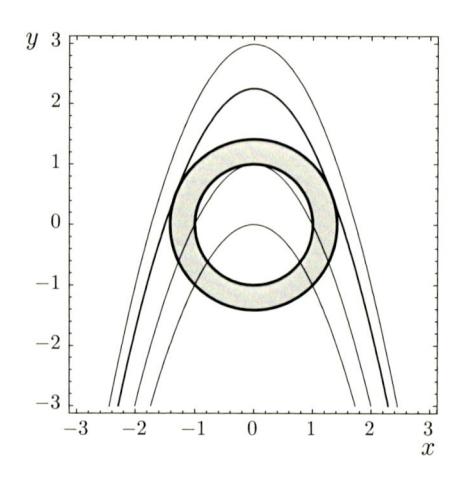

図 5.8　非線形計画問題の例．グレー部分が制約条件で指定された領域で，目的関数の等高線 $f(x,y) = a$ は放物線である $(a = 3,\ 9/4,\ 1,\ 0)$．答は図から読み取れるように $x = \sqrt{7}/2,\ y = 1/2$（太い放物線と円との接点）のときに $f(\sqrt{7}/2, 1/2) = 9/4$ である．

$$x = \begin{pmatrix} x \\ y \end{pmatrix} \quad , \quad x^{\mathrm{T}} = (x, y)$$

と書く．探査ベクトルを d と書いて $f(x,y) = f(x)$ を x_0 の周りでテーラー展開すれば

$$f(x_0 + d) = f(x_0) + \{\nabla f(x_0)\}^{\mathrm{T}} d + \frac{1}{2} d^{\mathrm{T}} \nabla^2 f(x_0) d + \cdots \qquad (5.51)$$

となる．ただし

$$\nabla f(x) = \begin{pmatrix} \dfrac{\partial f}{\partial x}(x) \\[2mm] \dfrac{\partial f}{\partial y}(x) \end{pmatrix} \quad \in \mathbb{R}^2 \qquad (5.52)$$

$$\nabla^2 f(\boldsymbol{x}) = \begin{pmatrix} \dfrac{\partial^2 f}{\partial^2 x}(\boldsymbol{x}) & \dfrac{\partial^2 f}{\partial x \partial y}(\boldsymbol{x}) \\[3mm] \dfrac{\partial^2 f}{\partial y \partial x}(\boldsymbol{x}) & \dfrac{\partial^2 f}{\partial^2 y}(\boldsymbol{x}) \end{pmatrix} \in \mathbb{R}^{2 \times 2} \tag{5.53}$$

$$\tag{5.54}$$

と定義し，それぞれを勾配ベクトル (gradient vector)，ヘッセ行列 (Hessian matrix) という．以下ではヘッセ行列は対称行列であると仮定する．

我々の問題は，如何に効率的に f の最適値を与える場所に行きつくか，ということになる．この問題に対して探査方向として，探査ベクトル $\boldsymbol{d}$ の 1 次まで

$$f(\boldsymbol{x}_0 + \boldsymbol{d}) = f(\boldsymbol{x}_0) + \{\nabla f(\boldsymbol{x}_0)\}^{\mathrm{T}} \boldsymbol{d}$$

を考慮するモデルが最急降下法であり，また探査ベクトル $\boldsymbol{d}$ の 2 次まで

$$f(\boldsymbol{x}_0 + \boldsymbol{d}) = f(\boldsymbol{x}_0) + \{\nabla f(\boldsymbol{x}_0)\}^{\mathrm{T}} \boldsymbol{d} + \frac{1}{2} \boldsymbol{d}^{\mathrm{T}} \nabla^2 f(\boldsymbol{x}_0) \boldsymbol{d}$$

で決めるのが共役勾配法やニュートン法である．

● 最急降下法

探査ベクトル $\boldsymbol{d}$ を目的関数の等高線に垂直に選ぶ，すなわち最も急な方向（最急降下方向）に選ぶのが最急降下法 (steepest descent method) である．この場合には，点 $\boldsymbol{x}_k$ における探査ベクトル $\boldsymbol{d}_k$ は勾配ベクトルの方向にとる：

$$\boldsymbol{d}_k = -\nabla f(\boldsymbol{x}_k) . \tag{5.55}$$

このとき探査ベクトルを改めて

$$\boldsymbol{d} = \alpha \boldsymbol{d}_k \tag{5.56}$$

として α の大きさを別に定めるとしたらどうなるだろうか．(5.51) にこれを代入して α で展開すると

$$f(\boldsymbol{x}_k + \alpha \boldsymbol{d}_k) = f(\boldsymbol{x}_k) + \boldsymbol{d}_k^{\mathrm{T}} (\nabla f(\boldsymbol{x}_k)) \alpha + \frac{1}{2} (\boldsymbol{d}_k^{\mathrm{T}} (\nabla^2 f(\boldsymbol{x}_k) \boldsymbol{d}_k) \alpha^2 \tag{5.57}$$

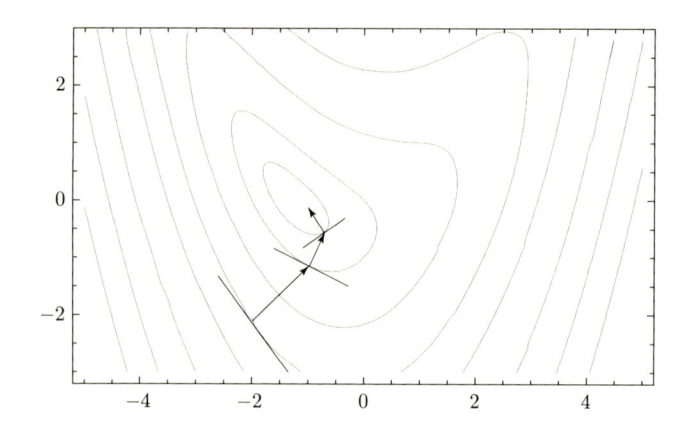

図 **5.9**　最急降下法．最急勾配の方向に探索する．

である．これを α の 2 次式と見て α を決めることができる．しかし一般の場合には α の大きさは適当に決めて反復計算により求める最小値に至るほうが実際的である．

- **共役勾配法**

  対称正定値行列 A を係数とする n 元連立一次方程式

$$Ax = b \tag{5.58}$$

の解を x^* と書こう．この問題は

$$
\begin{aligned}
\phi(x) &= \frac{1}{2}(x - x^*, A(x - x^*)) \\
&= \frac{1}{2}(x, Ax) - (x, b) + \frac{1}{2}(x^*, Ax^*)
\end{aligned} \tag{5.59}
$$

の最小化問題と同等である．

$$r = b - Ax \tag{5.60}$$

を定義すると，これは残差 (residual) といわれるものであり

$$r = -\nabla \phi(x) \tag{5.61}$$

すなわち $\phi(\boldsymbol{x})$ の最急降下の方向 (5.55) である.

今の近似解 $\boldsymbol{x}$ の次の探査ベクトルを $\boldsymbol{p}$ とすると

$$\boldsymbol{x}_{\mathrm{new}} = \boldsymbol{x} + \alpha \boldsymbol{p} \tag{5.62}$$

であり

$$\phi(\boldsymbol{x} + \alpha \boldsymbol{p}) = \phi(\boldsymbol{x}) - \alpha(\boldsymbol{r}, \boldsymbol{p}) + \frac{\alpha^2}{2}(\boldsymbol{p}, A\boldsymbol{p}) \ . \tag{5.63}$$

(5.60) と (5.62) から

$$\boldsymbol{r}_{\mathrm{new}} = \boldsymbol{b} + A\boldsymbol{x}_{\mathrm{new}} = (\boldsymbol{b} - A\boldsymbol{x}) - \alpha A\boldsymbol{p} = \boldsymbol{r} - \alpha A\boldsymbol{p} \tag{5.64}$$

を得る. (5.63) を最小にするように $\boldsymbol{p}$ を決めることになる. したがって α は

$$\alpha = \frac{(\boldsymbol{r}, \boldsymbol{p})}{(\boldsymbol{p}, A\boldsymbol{p})} \tag{5.65}$$

と選べばよい.

$\boldsymbol{p}$ の自然な選択は, 式 (5.61) 最急降下方向 $\boldsymbol{r}$ である. しかし, このような選択が最適な選択ではないことが知られている (証明省略). 逐次的に計算を行い, 新たな探索ベクトル $\boldsymbol{p}_{\mathrm{new}}$ を選択する際に

$$(\boldsymbol{p}, A\boldsymbol{p}_{\mathrm{new}}) = 0 \tag{5.66}$$

と選択するのがよい. 関係 (5.66) を A-共役性 (A-conjugate) という.

$$\boldsymbol{p}_{\mathrm{new}} = \boldsymbol{r} + \beta \boldsymbol{p} \tag{5.67}$$

として (5.66) に代入すれば

$$\beta = -\frac{(\boldsymbol{r}, A\boldsymbol{p})}{(\boldsymbol{p}, A\boldsymbol{p})} \tag{5.68}$$

を得る. 以上をまとめると次のような逐次算法が得られる.

[**Step1**] :初期ベクトル $\boldsymbol{x}_0$ をとり, $\boldsymbol{r}_0 = \boldsymbol{b} - A\boldsymbol{x}_0$, $\boldsymbol{p}_0 = \boldsymbol{r}_0$ と選ぶ.

[**Step2**] :$k = 0, 1, 2, \dots$ とし, 以下の計算を あらかじめ決めた ε に対し

て $||r_k|| < \varepsilon ||b||$ が得られるまで繰り返す：

$$\alpha_k = \frac{(r_k, p_k)}{(p_k, Ap_k)}$$

$$x_{k+1} = x_k + \alpha_k p_k$$

$$r_{k+1} = r_k - \alpha_k Ap_k$$

$$\beta_k = -\frac{(r_{k+1}, Ap_k)}{(p_k, Ap_k)}$$

$$p_{k+1} = r_{k+1} + \beta_k p_k$$

以上の方法を共役勾配法 (cojugate gradient method) といい，有限回で最適解に達することが保証されている．この方法はクリロフ部分空間（A により生成される部分空間）のグラム–シュミットの方法と理解することができる．

5.4.6　計算複雑度と多項式時間アルゴリズム

一般に最適解を探す問題では，計算時間が本質的に重要であることを説明しよう．

● バブルソートとクイックソート

n 個の大きさがばらばらである数を，大きさの順番に並べ替える問題を，「ソート」あるいは「整列」という．ソート解法は n^2 に比例する．

バブルソート (bubble sort)：隣り合う要素の大小を比較し，順序が逆であったら入れ換える．要素数 n に対して要素の比較・交換を行う回数は高々 $\frac{1}{2}n(n-1) \sim O(n^2)$ である．効率は悪いが分かり易いので，しばしば使われる．

クイックソート (quick sort)：最も高速だと考えられる．n 個のデータをソートする際の最良な計算量は $O(n \log n)$，　最悪の場合には計算量は $O(n^2)$.

（1）データの中央値（ピボット）を選ぶ．

（2）ピボットより大きな値を持つデータは後ろに，小さい値を持つデータは前に移すことでデータを全体を 2 分割する．

（3）それぞれのデータ群に対して同じようにピボットの選択とデータ 2 分割を行い，これを繰り返す．

- 巡回セールスマン問題

頂点と（頂点同士を結ぶ）枝からなる図形をグラフ (graph) という．グラフが与えられたとき，すべての頂点を一度ずつ通る道すじ（パス）のうち，経路長が最短のものを求める問題が巡回セールスマン問題 (traveling salesman problem) である．この問題は，解答が困難な問題の代表例である．

頂点が n の場合，出発点を決めると（実際に枝があるかは別として）残りの頂点数は $n-1$ 個である．総当りで試すとすれば，考えるべき可能なパスの数は最大 $n!$ 個となる．したがって単純な総当りによる解法では $n!$ に比例する計算量となることが分かる．巡回セールスマン問題では一般に，与えられたグラフに「すべての点を 1 回ずつ通る」巡回路がないグラフもある．

- クラス P

問題のサイズ（入力の長さ，行列の次元など）を n としたときに，解くべき問題の処理時間の上界が n の多項式で表現できる問題に関して，そのアルゴリズムを，**多項式時間** (polynomial time) アルゴリズムという．

yes/no で答えられる問題（決定問題，判定問題）に対して，それを解く決定性アルゴリズム [19] が多項式時間アルゴリズムである問題の集合を**クラス P** (class P) という．一方，クラス P に属さない問題を「難しい」「手に負えない」問題と呼ぶ．

一般に「最適化問題」のほうが「決定問題」より難しい．しかし，「最適解」の候補が決まれば，それが本当かどうかの決定問題に移行することが，多くの場合には可能である（と信じられている）．そのため，決定問題に置きなおしたとき，それが多項式時間内で解を返すことができるかどうかが重要になる．

5.4.7 20 世紀の重要アルゴリズム問題

IEEE Computer Society と米国物理学会の共同出版による *Computing in Science & Engineering* の 2000 年 January/February 号（第 1 号）に The Top

---

[19] 通常は，どのような条件下でも同じ入力に対して，コンピュータは，プログラム上で同じ経路を通り同じ解を返す．これを**決定性アルゴリズム** (deterministic algolithm) と呼ぶ．それに対して，**非決定性アルゴリズム** (nondeterministic algolithm) とは，途中のステップで取りうる道がいくつかに枝分かれしていて，入力以外の外部の状態を使用したり，あるいはタイミングに依存した処理をする場合をいう．

Ten Algorithm (J. Dongarra and F. Sullivan) という記事が掲載された. [20]
そこで挙げられたのは以下のアルゴリズムである.

1. モンテカルロシミュレーションにおけるメトロポリス法
2. 線形計画法における単体法（シンプレックス法）
3. 線形方程式の逐次解法におけるクリロフ部分空間法
4. 行列の分解（行列の積への分解）
5. フォートラン・コンパイラ
6. 行列の QR 分解
7. クイック・ソート
8. 高速フーリエ展開
9. 整数関係アルゴリズム
10. 高速多重極法（FMM）

ほとんどが大規模線形計算の問題である. このほかに，計算科学の立場から
重要なアルゴリズムとして，以下のようなものが挙げられている.

11. メルセンヌ・ツイスタ（擬似乱数列生成式）
12. データ圧縮
13. 公開鍵暗号などの暗号理論

---

[20] SIAM (Society for Industrial and Applied Mathematics) が発行する *SIAM News* の
Vol.33 No.4 の The Best of the 20th Century: Editors Name Top 10 Algorithms
(Barry A. Cipra) で詳しく解説されている.

第 6 章
統計現象の取扱い：バラついた値と集団の性質

　数学は，ある集団についてのバラついた値の集合の中から，その集団の性質を見出し評価する方法も提供します．意外なことに，賭博が好きな数学者も多かったのです．

　ありがたいことに，バラついた値が，その集団の性質を論じるのに十分かどうかまで，値のバラつき方を見て判断できます（検定）．近年注目されている「機械学習」「深層学習」の基本には，値の信頼性を高めていく統計量の処理過程も含まれています．結果を見ながらだんだんと信頼性を高めていくという手順を，数学は提供します．

　このような方法があるということを知っていれば，起こりえない現象かどうか，言っている人が信頼できるかどうかまで分かってしまいます．

6.1　統計の基礎

6.1.1　確率とは何か

● 事象と確率

　自然現象には，「熱的な揺らぎ」によって生じる事象や「放射性崩壊」のように，ある種の規則としての蓋然性に従って発生する本質的に非決定論的に起きる事象 (event) がある．測定にも，測る人や機器の癖があって，測定値に「ばらつき」が生じる．社会現象には，多数であるために人の個性や意思が捨象される「集団としての動き」がある．これらの 事象の「確からしさ」を 0 から 1 の間の数値で表したもの を確率 (probability) という．

　確率は次のようなものに分けられるだろう．

・数学的確率：等しく起こりうる m 通りの可能な状態があるとする．このとき各状態がとる「確率」を $P = \frac{1}{m}$ と定義する．これがラプラス (Pierre-Simon Laplace, 1749–1827) によって初めて定義された「確率」である．コイントスで表の出る確率などはこれ．

・統計的確率：試行あるいは過去の統計から得られる「確率」である．経験的確率ともいう．生まれる子が男の子である割合を確率と みなす，などがこれ．

・公理論的確率：現在の統計理論の枠組みでは，"確率ありき"で議論を進める．対象とする数値データを「確率」であるとするためには，次の条件（確率の公理（コルモゴロフによる））を満足する必要がある．

【確率の公理】 事象全体の集合を標本空間 (sample space) Ω と呼ぶ．Ω の元を標本点 (sample point) といい ω で表す．集合 Ω は部分集合として Ω 自身および空集合 $\{\} = \emptyset$ を含む．事象の部分集合 A が起こる確率を $P(A)$ と書くと，これは次の性質を満たす．

公理 1：$0 \leq P(A) \leq 1$

公理 2：$P(\Omega) = 1$

公理 3：$A_i \cap A_j = \emptyset$（排他的事象）ならば　$P(\cup_{i=1}^{\infty} A_i) = \displaystyle\sum_{i=1}^{\infty} P(A_i)$

$$(6.1)$$

一般的に次の［加法定理］が成り立つ．

$$P(A_1 \cup A_2) = P(A) + P(B) - P(A \cap B) \tag{6.2}$$

　大データと少数データの違い：統計データに馴染みのない人は，数字に騙されることが多い．コイントスを 10 回行ったときに表が 3 回以下しか出ないというのはままあることだが，トスの回数を 100 回にしたとき表が 30 回以下しか出ないということは"まず"ない．

10 回中で表が 3 回以下しか出ない確率：　$\displaystyle\sum_{t=0}^{3} \frac{{}_{10}\mathrm{C}_t}{2^{10}} = 0.172 = 17.2\%$

100 回中で表が 30 回以下しか出ない確率：　$\displaystyle\sum_{t=0}^{30} \frac{{}_{100}\mathrm{C}_t}{2^{100}} = 0.0039$

$$\times 10^{-2} = 0.0039\%$$

データ数が少ない場合，偶然によって極端な値をとりやすいからである．[*1]

● 事象の原因と結果：【ベイズの定理】

　原因となる事象を B，結果となる事象を A とする．それぞれの事象の確率を $P(A)$ および $P(B)$ とする．このとき結果と原因は不可分であるから，「原因 B が起こったという条件の下で事象 A が起こる確率」を考えるのが自然である．これを $P(A|B)$ と書くことにする（条件付確率）：

$$P(A|B) = \frac{P(A \cap B)}{P(B)} \quad \text{ただし} \quad P(B) \neq 0 . \tag{6.3}$$

逆に，結果から原因を考えることにする．結果から原因を考えるのであるから，原因を A として結果を B とすることになる．

$$P(A \cap B) = P(A|B)P(B) = P(B|A)P(A)$$

であるから

$$P(B|A) = \frac{P(A|B)P(B)}{P(A)} \tag{6.4}$$

を得る．一般に原因となる事象は複数 $(B_1, B_2, \ldots, B_k)$ ある．それらが互いに排他的 (exclusive) 事象 $(B_i \cap B_j = \emptyset)$ であるとすると

$$A = \cup_{i=1}^{k}(A \cap B_i)$$

を得，それから

$$P(B_i|A) = \frac{P(A|B_i)P(B_i)}{\sum_{j=1}^{k} P(A|B_j)P(B_j)} \tag{6.5}$$

となる．(6.5) をベイズの公式（Bayes' formula，ベイズの定理）という．また $P(B_i)$ を事象 B_i の**事前確率** (prior probability)，$P(B_i|A)$ を**事後確率** (posterior probability) といい，$P(A|B_i)$ を**尤度** (likelihood) という．

　「臨床検査による擬陽性」の問題：冬のインフルエンザ（罹病を事象 B）の流行に備え，検査をした．検査をして陽性になる事象を A とする．また罹病す

[*1] 0.0039% は 100 回中では 1 回にもならないことに注意せよ．後で述べる 2 項分布で，上の結果を各自計算してみよ．

る割合が $P(B) = 0.01$ であるとし，罹病した場合に検査で陽性になる確率が $P(A|B) = 0.99$，罹病していないのに陽性になる確率を $P(A|B^c) = 0.05$ とする．

検査で陽性になった人の中で罹病している人の割合 $P(B|A)$ は

$$P(B|A) = \frac{P(A|B)P(B)}{P(A|B)P(B) + P(A|B^c)P(B^c)} = \frac{0.99 \times 0.01}{0.99 \times 0.01 + 0.05 \times 0.99}$$
$$= 0.1666\cdots$$

である．陽性の人のうち実際に罹病している割合 0.167 は，事前確率 $P(B) = 0.01$ より大幅に増えているので，検査による患者の絞込みは有効であるといえる．

大流行になって事前確率が $P(B) = 0.2$ になったとする．この場合には

$$P(B|A) = \frac{0.99 \times 0.2}{0.99 \times 0.2 + 0.05 \times 0.8} = 0.861$$

となる．大流行になれば検査による絞込みの有効性は格段に増す．

「迷惑メール判定」の問題：過去の調査から迷惑メールはメール全体の 50% を超えるという．仮に迷惑メール (B) の割合が $P(B) = 0.55$ としよう（事前確率）．迷惑メールの 30% は「キャンペーン」という語を含む (A) としよう：$P(A|B) = 0.3$．また一般メールが「キャンペーン」という語を含む割合は 2% であるとする：$P(A|B^c) = 0.02$．「キャンペーン」という語を含むメールが迷惑メールである確率（事後確率）は

$$P(B|A) = \frac{0.3 \times 0.55}{0.3 \times 0.55 + 0.02 \times 0.45} = 0.948\cdots$$

である．よって語「キャンペーン」を含むものは迷惑メールと考えて遮断して差し支えない．

6.1.2 分布

● 確率変数

それぞれの事象（標本点 ω）に対して実数を対応させる関数 $X(\omega)$ を確率変

数 (random variable) と呼ぶ．確率変数 X の分布を累積分布関数 (cumulative distribution function) という：

$$F_X(x) = P(\{\omega : X(\omega) \le x\}) \quad \text{ただし} \quad -\infty < x < \infty \tag{6.6}$$

● 離散分布

確率変数が離散的な値 $(V = \{v_1, v_2, \ldots\})$ のみをとるものを離散分布 (discrete distribution) という．$x = v_k$ をとる確率は

$$f(v_k) \equiv P(x = v_k) = F(v_k) - F(v_{k-1}) \tag{6.7}$$

である．$f(v)$ を確率関数 (probability function) という．

・2 点分布 $B(1; p)$, ベルヌーイ試行：コイントスのように 2 種類（表 $(x = 0)$ か裏 $(x = 1)$ か）のパターンからなり，それらの確率が常に p と $q(p + q = 1)$ であるものをベルヌーイ試行 (Bernoulli trial) という $(P(0) = p, P(1) = q = 1-p)$．また，このときの分布 $B(1; p)$ を 2 点分布 (two-point distribution) という．

・2 項分布 $B(n; p)$：ベルヌーイ試行を n 回繰り返したとき，表が k 回出る確率関数は

$$f(k) = {}_nC_k p^k (1 - p)^{n-k} \tag{6.8}$$

である．このような分布を 2 項分布 (binomial distribution) と呼ぶ．

・ポアソン分布：単位時間あたり平均 λ 回起こる現象が，単位時間内に k 回起きる分布をポアソン分布 (Poisson distribution) と呼び，確率関数は

$$f(k) = e^{-\lambda} \frac{\lambda^k}{k!} \tag{6.9}$$

となる．ポアソン分布は 2 項分布 $B(n; p)$ において，$\lambda = np$ とおいて $n \to \infty$ とする極限に対応する（図 6.1a）．

● 連続分布

確率変数が連続的な値をとるものを連続分布 (continuous distribution) という．このとき累積分布関数の定義は (6.6) と同様で

$$F_X(x) = P(\{\omega : X(\omega) \le x\}) \quad \text{ただし} \quad -\infty < x < \infty \tag{6.10}$$

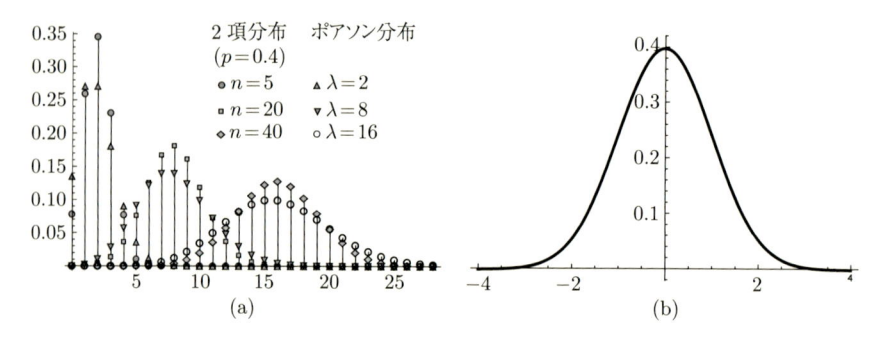

図 **6.1** 確率関数. (a) 離散分布：2 項分布とポアソン分布. (b) 正規分布 $(\mu = 0, \sigma = 1)$.

である. $x = v_k$ をとる確率は

$$f(x) \equiv \frac{d}{dx} F_X(x) \tag{6.11}$$

となる. $f(v)$ を確率（密度）関数 (probability (density) function) という.
(6.10) はまた

$$F_X(x) = \int^x f_X(x) dx \tag{6.12}$$

となる.

- **一様分布** (uniform distribution) $U(a, b)$：確率変数が $[a, b]$ で連続の値をとり，確率が一定である分布. 確率密度関数は

$$f(x) = 1/(b - a) \quad a \le x \le b, \quad f(x) = 0 \quad \text{それ以外} \tag{6.13}$$

- **正規分布** (normal distribution) $N(\mu, \sigma^2)$：以後，非常に重要な分布. $-\infty < x < \infty$, $-\infty < \mu < \infty$, $\sigma > 0$ （図 6.1b）. 確率密度関数は

$$f(x) = \frac{1}{\sqrt{2\pi\sigma^2}} \exp\left[-\frac{(x - \mu)^2}{2\sigma^2} \right]. \tag{6.14}$$

- **χ^2 （カイ 2 乗）分布** (χ(chi)-square distribution) $Ga(1/2, 2)$：標準正規分布 $N(0, 1)$ に従う確率変数を X とするとき $Y = X^2$ を確率変数とする分布の確率密度関数は

$$f_Y(y) = \begin{cases} 0 & (y < 0) \\ \frac{1}{\sqrt{2\pi}} y^{-1/2} \exp[-y/2] & (y \ge 0) \end{cases} \tag{6.15}$$

であり，これを χ^2（カイ 2 乗）分布という．

χ^2 分布 $f_Y(y)$ における y の狭い範囲 $[y, y+\Delta]$ の分布は，正規分布 $f(x)$ の x の範囲 $[|x|, |x|+\frac{\Delta}{2|x|}]$ および $[-|x|-\frac{\Delta}{2|x|}, -|x|]$ の分布に対応します．

$$f_Y(y)dy = 2f(x)dx,$$

$$x^2 = y, \ \ 2xdx = dy \rightarrow dx = \frac{y^{-1/2}}{2}dy$$

ですから，これから（6.15）が得られます．

$X_1, X_2, \ldots, X_k$ が互いに独立で標準正規分布 $N(0,1)$ に従う確率変数であるとき，$Y = X_1^2 + X_2^2 + \cdots + X_k^2$ を確率変数とする分布の確率密度関数は

$$f_Y(y;k) = \begin{cases} 0 & (y < 0) \\ \dfrac{1}{2^{k/2}\Gamma(k/2)}y^{k/2-1}\exp[-y/2] & (y \geq 0) \end{cases} \tag{6.16}$$

となる．これを 自由度 (degree of freedom) k の χ^2 分布という．

自由度 k の χ^2 分布の確率密度分関数 $f_Y(y;k)$ は次の式を満たします．

$$f_Y(y;k) = \int_0^y f_Y(t;k-1)f_Y(y-t;1)dt$$

これから（6.16）の $f_Y(y;k)$ が導かれます．

● 平均値と分散

「平均値」と「分散」は統計学における重要な概念である．平均値は与えられた分布の確率（密度）関数を重みとした算術平均，分散は分布についての平均値の周りでの統計データの値のバラツキの目安を与え，それぞれ次のように定義される：

$$\text{平均値 (mean) } \mu = E[X] = \begin{cases} \sum_k v_k f(v_k) & \text{（離散分布）} \\ \int_{-\infty}^{\infty} xf(x)dx & \text{（連続分布）} \end{cases} \tag{6.17a}$$

$$\text{分散 (variance) } V(X) = E[\{X - E(X)\}^2] = \begin{cases} \sum_k (v_k - \mu)^2 f(v_k) & \text{（離散分布）} \\ \int_{-\infty}^{\infty} (x - \mu)^2 f(x)dx & \text{（連続分布）} \end{cases}$$

$$\tag{6.17b}$$

分散には次のような性質がある：

1. $V(X) > 0$ 　　　　　　　　　　　　　　　　　　　　　(6.17c)

2. $V(X) = E[X^2] - \mu^2$ 　　　　　　　　　　　　　　(6.17d)

3. $V(aX + b) = E[\{(aX + b) - E[aX + b]\}^2] = a^2 V(X)$ 　(6.17e)

4. $V(X_1 + X_2) = V(X_1) + V(X_2) + 2E[(X_1 - \mu_1)(X_2 - \mu_2)]$

(6.17f)

標準偏差： 分散の平方根 $\sqrt{V(X)}$ を標準偏差 (standard deviation) という．

共分散： (6.17f) に表れた $E[(X_1 - \mu_1)(X_2 - \mu_2)]$ を共分散 (covariance) といい $\mathrm{Cov}(X_1, X_2)$ と表す：

$$\mathrm{Cov}(X_1, X_2) = E[(X_1 - \mu_1)(X_2 - \mu_2)].$$ 　　　(6.17g)

これは二つの確率変数が独立か従属かの目安となる（相関係数および 6.1.3 参照）．

相関係数：

$$\rho = \frac{\mathrm{Cov}(X, Y)}{\left[V(X)\, V(Y)\right]^{1/2}}$$ 　　　　　　　　　(6.17h)

を「確率変数 X, Y の相関係数 (correlation coefficient)」という．

6.1.3　大数の法則と中心極限定理

● 独立な確率変数

　一つの試行に対して，複数の確率変数 X, Y を考える（例えばトランプカードをめくるという試行に対して，カードの赤黒とカードの数 $1 \sim 13$ の偶奇）．任意の x, y に対して

$$P(X = x, Y = y) = P(X = x)P(Y = y)$$ 　　　　　(6.18)

が成立するとき確率変数 X と Y は独立 (independence) であるという．

　確率変数 X と Y が独立であるならば，二つの確率変数の間には相関がない（無相関），すなわち

$$\mathrm{Cov}(X, Y) = 0.$$ 　　　　　　　　　　　　　(6.19)

逆に二つの確率変数の間に相関がなくても，それらが独立とは限らない.

● **大数の法則**

確率変数 $X_1, X_2, \ldots, X_n$ が互いに独立であるとする．このとき

$$S_n = \frac{1}{n}(X_1 + X_2 + \cdots + X_n) \tag{6.20}$$

を定義すると S_n も確率変数となり，その平均および分散が

$$E(S_n) = \mu, \quad V(S_n) = \frac{\sigma^2}{n} \tag{6.21}$$

である.

大数の弱法則と確率収束：確率変数 $X_1, X_2, \ldots, X_n$ が 同じ分布 に従い,

$$E(X_i) = \mu, \quad V(X_i) = \sigma^2\ (<\infty), \quad (i = 1, 2, 3, \ldots, n) \tag{6.22}$$

とする．このとき十分に小さく選んだ $\varepsilon > 0$ に対して

$$\lim_{n \to \infty} P\Big(|S_n - \mu| \geq \varepsilon\Big) = 0 \tag{6.23}$$

が成り立つ．これを**大数の弱法則** (weak law of large numbers) という．この証明には，次の「チェビシェフの不等式」が必要である.

【チェビシェフの不等式 (Chebyshev's inequality)**】**：確率論の基本定理です．期待値 μ，分散 σ^2 である確率変数 X について以下の不等式（チェビシェフの不等式）が成り立ちます：

$$P(|X - \mu| \geq k\sigma) \leq \frac{1}{k^2}.$$

S_n に対して「チェビシェフの不等式」を認め，$V(S_n) = \frac{\sigma^2}{n}$ を用いて，証明を試みてみるとよい.

大数の弱法則は，十分に小さく選んだ $\varepsilon >$ に対して，n を大きくとれば，S_n の分布が区間 $[\mu - \varepsilon, \mu + \varepsilon]$ に集中してくることを意味する．このとき S_n は μ に**確率収束** (convergence in probability) するという.

大数の弱法則よりも強い収束として，次の定理「大数の強法則」がある.

　　大数の強法則と概収束：確率変数 $X_1, X_2, \ldots, X_n$ が互いに独立で，平均および分散が

$$E(X_i) = \mu, \quad V(X_i) \leq \sigma^2(< \infty) \tag{6.24}$$

であるとする．ただし同一の確率分布であるとは限らない．このとき

$$S_n = \frac{1}{n}(X_1 + X_2 + \cdots + X_n) \tag{6.25}$$

は <u>確率 1 で</u>

$$\lim_{n \to \infty} S_n = \mu \tag{6.26}$$

となる．これを**大数の強法則** (strong law of large numbers) という．

　　これはまた次のように表現してもよい．

$$P\Big(\lim_{n \to \infty} |S_n - \mu| = 0\Big) = 1 \quad . \tag{6.27}$$

このとき S_n は μ にほとんど確実に収束する，あるいは**概収束** (almost sure convergence) するという．

　　ここでいう「<u>ほとんど確実に</u>」の意味は，論理上可能ではあるが，$n \to \infty$ の極限では現れない（観測されない，あるいは起きたとしても確率 0 である．これを測度 0 という）ということである．

　　　例えば，1 を表，0 を裏としてコイントスを考えてみましょう．このとき，「111111 $\cdots$」，「000000 $\cdots$」あるいは「10101010 $\cdots$」ということとは論理的にはありうりますが，実際的には "絶体" ありえない，または「統計的には確率 0」となります．

この定理の証明には，まず「コルモゴロフの不等式」（チェビシェフの不等式の拡張になっている）と「ボレル–カンテリの定理」が必要だが，その準備ができていないので，行わない．また概収束すれば確率収束することが分かる．概収束の余事象を考えて，その確率を考えればよい．

● **中心極限定理**

　　確率変数 $X_1, X_2, \ldots, X_n$ が互いに独立で，かつそれぞれの平均値が μ，分散が $\sigma^2(\neq 0)$ である同じ分布に従うとする．このとき $X_1, X_2, \ldots, X_n$ が

どのような分布であっても，正規化した確率変数 $Z_n = \dfrac{S_n - n\mu}{\sigma\sqrt{n}}$ の確率分布は次式に従う．

$$\lim_{n\to\infty} P(a \leq Z_n \leq b) = \int_a^b (2\pi)^{-1/2} \exp(-\frac{x^2}{2})dx \ . \qquad (6.28)$$

これを中心極限定理 (central limit theorem) という．このことは，正規分布の普遍性 を示す．（証明は省略）

　大数の法則は「統計量」に関するものである．中心極限定理は，「分布に関しての収束」を記述している定理である．これを用いるとデータ数が十分であるかどうかの検証ができる．

6.2　推定と検定

6.2.1　推定

● 点推定

　母集団 (population) から無作為に抽出された標本から，母集団の統計的性質に対して推測を行うことを統計的推測 (statistical inference) という．母集団の性質を記述するものとして，例えば，平均値 μ と分散 σ^2 の値を推定することを点推定 (point estimation) という．これらを母数 (parameter) と呼び，それぞれを母平均 (population mean)，母分散 (population variance) という．この場合，母数（あるいは分布）に何らかの仮定（例えば母集団の分布は正規分布であると仮定するなど）を設けるものをパラメトリック (parametric)，そうではないものをノンパラメトリック (non-parametric) という．母集団から標本を 無作為に抽出 して，平均および分散（標本平均，標本分散）を計算するのであって，母数は実際には未知量である．したがって，標本平均，標本分散から 母数を推定 する．

　n 個の標本 $x_1, x_2, \ldots, x_n$（標本数 n）を取り出し，それらについて，標本平均 $\bar{x}$，標本分散 s^2 を次のように定義し（分散の方は n で割るのではなく，$n-1$ で割る），計算する：

$$\bar{x} = \sum_{i=1}^{n} \frac{x_i}{n} \tag{6.29a}$$

$$s^2 = \sum_{i=1}^{n} \frac{(x_i - \bar{x})^2}{n-1} \quad . \tag{6.29b}$$

次に，点推定で推定した母集団の中のグループに対応したデータ点のバラツキや信頼区間を検討しなくてはならない．$\{x_i\}$ は確率変数であり，$\bar{x}$ も s^2 もまた確率変数である．$z_i = x_i - \mu$, $\bar{z} = \sum_i z_i/n$ として，これらの平均値は

$$E[\bar{x}] = E[\frac{x_1 + x_2 + \cdots + x_n}{n}] = \frac{1}{n}\sum_i E[x_i] = E[x_i] = \mu \tag{6.29c}$$

$$\begin{aligned}
E[s^2] &= \frac{1}{n-1} E[\sum_i (x_i - \bar{x})^2] \\
&= \frac{1}{n-1} E[\sum_i z_i^2 - 2\sum_i \bar{z}z_i + n\bar{z}^2] \\
&= \frac{1}{n-1}\Big\{ \sum_i E(z_i^2) - \frac{2}{n}\sum_i E[z_i(z_1 + z_2 + \cdots + z_n)] \\
&\quad + \frac{1}{n^2}\sum_i E[(z_1 + z_2 + \cdots + z_n)^2] \Big\} \\
&= \frac{1}{n-1}(n\sigma^2 - 2\sigma^2 + \sigma^2) = \sigma^2 \tag{6.29d}
\end{aligned}$$

となり，母数と一致する．また標本分散は次のようになる：

$$V[\bar{x}] = \frac{1}{n^2} V\big[\sum_i x_i\big] = \frac{1}{n} V[x_i] = \frac{\sigma^2}{n} \quad . \tag{6.29e}$$

最後の式は標本数が大きくなると分散が小さくなることを示している．

$\bar{x}$ や s^2 のように，期待値をとると母数に等しくなる推定量を**不偏推定量** (unbiased estimator) という．

● **信頼区間** (confidence interval)

標本数の決め方：母集団において，ある事象が起きる確率を**母比率**という．一つひとつの試行で事象が起きる比率が p（起きない比率が $1-p$）であるとする（事象が起これば $X = 1$，事象が起きなければ $X = 0$）．これはベルヌーイ試行であるから，分布は 2 項分布となる．したがって母集団の確率変数 X の平

均値および分散は，n 回の試行に関して

$$E[X] = np, \quad V[X] = np(1-p)$$

である．新たに確率変数を

$$Z = \frac{X - np}{\sqrt{np(1-p)}} = \frac{X/n - p}{\sqrt{p(1-p)/n}}$$

と選べば，その分布は n が十分大きいときには標準正規分布 $N(0,1)$ に近づく．X/n は（事象が起こった回数）/標本数である．

　$\bar{p} = X/n$（n 個の標本についての事象が起こった比率（標本比率））とする（$Z = (\bar{p} - p)/\sqrt{p(1-p)/n}$）．$n$ を十分大きくとれば，Z の分布は標準正規分布 $N(0,1)$ で与えられる．このことから統計量 Z の **95％信頼区間**（$P(-1.96 \leq Z \leq 1.96) = 0.95$）は

$$-1.96 \leq Z \leq 1.96$$

であること，書き直して

$$\bar{p} - 1.96 \times \sqrt{\frac{p(1-p)}{n}} \leq p \leq \bar{p} + 1.96 \times \sqrt{\frac{p(1-p)}{n}} \tag{6.30a}$$

であることが分かる．[*2] このままでは式 (6.30a) は使いにくい．またサンプル数 n が十分大きければ

$$p \simeq \bar{p}$$

と考えてよい．これを用いて (6.30a) を書き直せば

$$\bar{p} - 1.96 \times \sqrt{\frac{\bar{p}(1-\bar{p})}{n}} \leq p \leq \bar{p} + 1.96 \times \sqrt{\frac{\bar{p}(1-\bar{p})}{n}} \tag{6.30b}$$

を得る．これから母数の $95％$ 信頼区間が求められる．

　　「95％信頼区間」の意味：母平均は母集団に対して一つ決まっている値であって，測定によって変わるものではないから，これは，「この区間の

[*2] 標準正規分布 $N(0,1)$ では，$-1.96 \leq x \leq 1.96$ に分布全体の $95％$ が入る．これを「標準正規分布表から読み取った x の $95％$ 信頼区間は $-1.96 \leq x \leq 1.96$ である」という．

中に 95%の確率で**母平均**が含まれる」という意味ではありません．「信頼区間を得るために標本抽出を 100 回繰り返したとき，その内の 95 回は信頼区間の中に**標本平均** (sample mean) が入っている」という意味なのです．

　なるべく確度の高い結果を得るためには 信頼区間を狭く すればよい．式 (6.30b) から分かるように，そのためにはサンプル数 n を大きくする必要がある．標本比率を 30 % ($\bar{p} = 0.3$) として，95%の信頼区間の幅を，例えば，4%の幅に止めたいとする．このときは

$$2 \times 1.96 \times \sqrt{\frac{0.3(1-0.3)}{n}} \leq 0.04 \rightarrow n \geq \left(2 \times 1.96 \times \frac{\sqrt{0.21}}{0.04}\right)^2 = 2016.8$$

とすればよい．すなわち標本数 n を 2017 以上無作為に抽出する必要がある．

母平均の区間推定：母平均の区間推定の場合には

$$t = \frac{\sqrt{n}(\bar{x} - \mu)}{s} \tag{6.31}$$

を確率変数とする．この場合には確率変数 t は，二つの確率変数 $\bar{x}$（正規分布）と s（χ^2 分布）の組合せであるので，n が十分大きければ t は t 分布 (t-destribution) というものに従うこと分かっている．

　したがって標本数が十分の大きければ，t 分布を用いて，t の平均値の上下 $\pm\alpha$ に β%のデータが入るとして，母平均 μ の β%信頼区間は

$$\left[\bar{x} - \alpha \cdot \frac{s}{\sqrt{n}} , \bar{x} + \alpha \cdot \frac{s}{\sqrt{n}}\right]$$

である，という．標本数 n を大きくすれば区間は狭く，標本標準偏差 s が小さければ区間は狭くなる．

母分散の区間推定：母分散を推定するためには，標本の分散 s^2 の分布を知る必要がある．標準正規分布 $N(0, 1)$ に従う確率変数を X とするとき $Y = X^2$ を確率変数とする分布は χ^2（カイ 2 乗）分布 である．したがって，母分散の区間推定を行うためには，n 個の標本について $(X_i - \bar{X})^2$ の分布を χ^2（カイ 2

乗）分布をもとに，母平均で行ったのと同じように，評価する.

6.2.2 仮説検定

母集団に対して期待される結果（**仮説** (hypotheisis)）と観測される結果を比較して検証することを検定（**仮説検定** (hypothesis testing)）という. 仮説と結果の差が確率的な誤差の範囲（**有意水準** (significance level) という）を超えている場合（「有意である」という）には仮説を誤りであると判断（仮説の棄却）する.

ここで行うことは推定の項で行ったのと同じように，標本数が足りなかったのか，標本平均値は有意水準の内側にあるか等々の検討である. 検定では母集団の母数に対してある条件（平均値など）を仮定し，標本はそれと同じ，すなわち「母集団と標本の間の食い違いは有意水準に達しておらず，誤差の範囲内にある」という仮説（**帰無仮説** (null hypotheisis) H_0）を設定する. これに対して帰無仮説と対立する（互いに否定の関係にある）仮説，すなわち「母集団と標本の間の食い違いは有意水準にある」という第2の仮設（**対立仮説** (alternative hypotheisis) H_1）を設定する.

これらに対して，標本数の数，平均値の分布，分散の分布などの観点から評価をする.

6.3 回帰分析

統計データから，母集団に対するモデルを構築する方法が**回帰分析** (regression analysis) である. 具体的にはある統計量 $\{Y_i\}$ に対するモデルを

$$Y_i = f(X_i) + v_i \quad :（1変数） \tag{6.32a}$$

$$Y_i = f(X_{1i}, X_{2i}, \ldots) + v_i \quad :（多変数） \tag{6.32b}$$

と書く. v_i は誤差項と呼ばれるデータのバラツキを表す部分である.

1変数の場合を**単回帰分析**，多変数の場合を**重回帰分析**と呼ぶ. X_{ki} は独立変数または説明変数，Y_i は従属変数または目的変数という. 特に f が独立変数に関する線形の関数であるときを**線形回帰**，そうでないときは**非線形回帰**という.

線形関数

$$f(X_{1i}, X_{2i}, \ldots) = \beta_0 + \beta_1 X_{1i} + \beta_2 X_{2i} + \cdots + \beta_k X_{ki} \tag{6.33}$$

の場合, 係数 $\{\beta_j\}$ を決めるための方法としてよく用いられるのが, 最小二乗法 (p. 131) である. その場合に評価関数は, バラツキの 2 乗和

$$S = \sum v_i^2 = \sum [Y_i - \{\beta_0 + \beta_1 X_{1i} + \beta_2 X_{2i} + \cdots + \beta_k X_{ki}\}]^2 \tag{6.34}$$

である.

　最尤法：統計学において, 与えられたデータからそれが従う確率分布の母数を推定する方法が**最尤法** (maximum likelihood method) である. すでに小節 5.1.1 で説明したように, 尤度関数を $\log \prod P(Y_j) = \sum \log P(Y_j)$ と選ぶ (対数尤度関数) と, 正規分布しているデータに対する最良近似として最小二乗法を得る.

6.4　ベイズ統計

6.4.1　ベイズ統計の考え方

　統計を利用する立場では, 観測事実から, その原因事象について確率的な意味で推論する. そのときに「ベイズの定理」を基本的な方法論として用いる立場をベイズ統計 (Bayesian statistics) という. ベイズ推定は, ベイズの定理の考え方に基づき, 事前確率 (主観確率) $P(B_i)$ からより精度 (客観性) の高い事後確率 $P(B_i|A)$ を求めるものである. 従来の立場で言えば $P(B_i)$ は既に決まっているものでそれを議論する意味はない. しかしベイズ統計の立場からは, それ自身が観測によって知られるものである. 実際そのような立場から, 実験や観測により新しいデータを収集し, それらよって確率を改訂するという新しい科学的方法として提案されている. 原因事象の確率を「仮に」既知であるとして計算したものが, 「ベイズの定理」の項で示した「擬陽性」の問題および「迷惑メール」の問題で, きわめて実用的立場から有効な考え方である.

6.4.2　ベイズ統計と機械学習, ビッグデータ

　実験により得た知識やデータをもとに, コンピュータを用いてデータの中に

(コンピューターが学習能力を持って) 新たな法則性を見出し利用する機能を機械学習 (machine learning) という. 新たにデータを更新していくプロセスはベイズ統計の考えと相性が良く, 現在広く関心を持たれている. 例えば, 迷惑メールやスパムメールの判別に機械学習の機能は利用され, "ベイジアンフィルター" というメールフィルターが実現されている.

　ビッグデータ解析は人の様々な嗜好の解析に用いられているが, マーケット調査でもベイズ統計の考えは使われている. 人々の嗜好の分布を事前確率として仮定し, そこから事後確率を求めるというサイクルを動かしながら分析をくり返すという柔軟な分析手法がビッグデータ解析に大変有用である.

第 7 章
歴史から学ぶ証明の重要性

　数学というのは，計算の学問でも，なにか七面倒くさい論理だけを追求するものでもないことが，そろそろお分かりいただけたのではないかと思います．

　本章では，（バビロニア数学から始まった）数学の発展史をおさらいしてみます．数学と他の自然科学との違いも際立ったものになってきました．日本にも，日本独自の和算という数学があり，世界の天才たちに数十年から 100 年も先んじて，沢山のトップの成果を得ていた時期がありました．しかし，それらは世界の数学に全く影響を与えなかったばかりか，その成果を知られることもありませんでした．それは何故かと考えると，当時の（そして現在に通じる）日本社会の欠点も見えてきます．

　さらにバビロニア数学における 2 次方程式の解法から始め，5 次以上の方程式の解の公式に関する議論にいたり，現代数学の入り口に皆さんをお誘いします．複素数に関する長い歴史もその中に姿を現します．2 次方程式の解の公式を軽んじてはいけないというお話です．

7.1　数学の考え方

7.1.1　近代科学の系譜

　近代科学は，ギリシャ時代に源を持つ．その伝統を引き継ぎ，ローマ時代末期に成立したのが「Seven Liberal Arts」（自由 7 科）である．自由 7 科の起源は共和政ローマ末期の政治家，文筆家，哲学者として名高いキケロ（Cicero, BC106–BC43, 共和主義, 民主主義の象徴とされる）が述べたものであり，この 7 科は，奴隷ではない自由人として生きていくために必要な素養であるとされた．

　自由7科は2～4世紀にアレクサンドリアに設けられたキリスト教教理学校の教育体系に組み込まれ，現在の米国リベラル・アーツ教育においても重要視されている．自由7科とは，主に言語にかかわる「文法」(Grammar)，「修辞学」(Rhetoric)，「論理学」(Logic) の初級3科目トリビウム (trivium) と，数学にかかわる「算術」(Arithmetic)，「幾何」(Geometry)，「天文」(Astronomy)，「音楽」(Music) の上級4科目クアドリビウム (quadrivium) から成る．ヨーロッパ中世においてもこの体系が受け入れられた．やがて各地に大学が成立すると，初級3科目は神学，法学，医学の3学部に対する予備教育として人文学部の教科となった．その後，3科は哲学系の学部に，4科は自然科学系の学部に発展した．[*1]

　中世から近世へ向けての科学革命の中で，**ガリレオ** (Galileo Galilei, 1564–1642)，**デカルト** (Rene Descartes, 1596–1650)，ニュートンらにより自然哲学 Natural Philosophy が整えられていった．これらの時代には，数学と天文学の間に明確な区別はなかった．

7.1.2　インドおよびイスラムの数学

　現在の数学はヨーロッパの数学の系譜につながり，その向こうには紀元前6世紀のギリシャがある．しかし数学の源流は古代ギリシャだけではない．それと異なる数学も世界には存在した．例えばインドの数学であり，日本の数学（和算）である．和算に関しては後の 7.2 節で深く触れる．ここではインドおよびイスラム社会（アラビア）の数学に少し触れておこう．

● インドの数学──0 および負の数

　インドの数学の歴史的記録は紀元前 3000 年頃の遺跡から現れている 10 進数の記録あるいは物差しに見ることができる．何といっても，インドに起源をもつ数学として特筆すべきは，0 および負の数の導入，0 を用いた数記法，正弦関数の導入であり，これらをアラビアが継承した．インドで0が数として確立したのが

[*1] なぜ4科に音楽が入るのかということは，我々から見ると不思議である．そもそも音楽は，天文学と共に，算術と幾何学の応用科目と考えられた．音楽は，音に対する調和を問題にし，数量や比を考察すると考えたからである．現在も Doctor of Music という学位は英国および，かつてその影響下にあった諸国にあり，著名な音楽家，作曲家に与えられるものである．例えば，ハイドン，リヒャルト・シュトラウス，チャイコフスキー，リスト，ブラームス等，現在ではデビッド・ボウイ，ボブ・ディランなどに与えられている．Doctor of Musical Arts とは別のもの．

5 世紀，また 0 を用いた位取り記法が始まったのが 9 世紀だと考えられている．

● **アラビアの数学——3 角法，数論，代数の発達**

　ギリシャ数学の継承者はローマではなくアラビアである．アラビアはギリシャ数学とインド数学の両方を継承し，さらに発展させた．アッバース朝第 2 代カリフであるアル・マンスール (713–775)，第 7 代カリフであるアル・マアムーン (786–833) らは学問を好み一種のアカデミーを設け，図書館と天文台をそれに付属させた．

　アラビアにおける数学の発展はアラビア国家の隆盛と軌を一にし，7 世紀から 10 世紀あるいは 11 世紀のころである．そこでは 3 角法，数論，代数のいずれもが発達した．もっとも名高い数学者はアル・フワーリズミー (al-Khwarizmi, 780–850) である．「0」を用いて空位の桁を表すことを 12 世紀に入ってヨーロッパに伝えたのはフワーリズミーの著書『インドの数の計算法 (*Algoritmi de numero Indorum*)』であるという．*2 これらの書物は以降のヨーロッパにおける数学の教科書となった．またウマル・ハイヤーム (1048–1131) は円錐曲線の交点を求めることで初めて 3 次方程式を解いた．

　このような流れを経由して，数学はヨーロッパに還流するのである．

7.1.3　数学者はどのようにものを考えたか

　数学を創った人々の伝記（『数学をつくった人々 (*Men of Mathematics*, E.T.Bell)』*3 など）を読むと，天文学の研究のために近代の数学が整えられていったことがよく分かる．さらにニュートンやライプニッツおよび彼の後継者たちの努力により，天体の運動を支配する法則が地上の物体の運動をも支配するということが理解され，その結果として学問が人々の環境を支配する自然法則を研究対象とするようになった．

　ベル (Eric Temple Bell, 1883–1960) の著書が優れているのは，数学的内容が正しく書かれ，なおかつそれぞれの個人の実像が書かれていることである．

---

*2 フワーリズミーの代数学書『ジャブル・ムカーバラの計算の抜粋の書』のタイトルの一部アル・ジャブルが Algebra の語源であり，Algoritmi de numero Indorum がアルゴリズムの語源である．

*3 田中勇・銀林浩訳，ハヤカワ文庫．是非，一度読むことを勧める．『天才の栄光と挫折』（藤原正彦著，文春文庫）も面白い．

そのため，それぞれの数学者の研究と日常の関わり，期待した評価を社会から得られないことへの葛藤，家庭の事情あるいは恋愛などが丁寧に描かれ，数学者一人ひとりの像に血が通うからである．最近では，立て続けに実在の天才数学者を描いた小説や映画が発表されている．*4

　　数学者に限らず，科学や技術に携わる者が，少し変わった人と扱われることは少なくありません．数学者が変人扱いされるのは，個人の問題というよりもむしろ，数学そのものおよび数学者の希少性にあるのではないでしょうか．学問的あるいは科学的成果を得るには，ちょっと違う価値観や，普通よりはずっと集中力を要するのは確かです．でもそれ以上に，科学に携わる仕事が，他の仕事と比べて珍しいからではないでしょうか．

　数学者のものの考え方が一般とそれほど異なるはずがない．*5 数学者は様々な数理的事象を帰納的に整理し，法則性（命題）を予想する．ここまでは何事にも共通する思考過程である．その上で命題が正しいかどうかを演繹的に示す（証明する）というのが特徴的なことである．*6

　　並外れた天才であった**ラマヌジャン** (Srinivasa Aiyanger Ramanujan, 1887–1920)についての記述を引用しながら，このことを考えてみましょう．

　　ラマヌジャンは，自分について，定理を夢の中でナーマギリ女神が教えてくれると表現したそうです．その定理を書き留め翌日に**ハーディ** (Godfrey H. Hardy, 1877–1947)のところに持っていき，それをハーディが証明し論文にまとめました．「我々数学者と同様に，帰納と類比，例証や計算などがあったに違いない．ただそれらの鋭さや組み合わせの自由度が，極端に高かったのではないか．（『天才の栄光と挫折』p.191（文春文庫））」

*4 『博士の愛した数式』(小川洋子の小説，のち映画化)，ジョン・ナッシュを題材とした *Beautifle Mind*，シュリニヴァーサ・ラマヌジャンに関する『奇跡がくれた数式 (*The Man Who Knew Infinity*)』，アラン・チューリングに題材をとった『イミテーションゲーム (*The Imitation Game*)』，岡潔についての『天才を育てた女房』(TV)，などである．

*5 多少理屈っぽいところはあるが．

*6 数学者の考え方（過程）が普通と違うと思わせるのは，教科書の書き方にも一因があると思う．自然な発想の順で書いてある本には，ほとんどお目にかかったことがない．物理では，量子力学の本なら，古典熱力学と実験結果の矛盾から始め，古典量子論，シュレーディンガーの理論，と書くのが（好き嫌いは別として）一つの典型的な方法となっている．

とハーディは考えたといいます．ここで著者が注目するのは，ラマヌジャンのことを述べた部分だけでなく，「『我々数学者』の考え方の部分『帰納と類比，例証や計算』」です．これが普通の数学者の考え方です．それはともかく，ラマヌジャン自身は「数式が天から降りてきた」と言うしか他に表現の仕方がなかったとしても，標準的な証明とは違う独特の方法があったとハーディーは考えたのです．*7

　和算では証明といえるような手続きはなく，帰納によって一般的な結果を得るという方法をとった．数学には（ある段階では）そういう方法もありうる．

　数学者が世間一般と違う面があるといっても，世間や仲間による評価というものから自由ではない．自分が優れた数学者だと尊敬する人から評価されたいと思い，また評価されず無視されたときには社会全体が敵に見えるという面でも，普通の人である．ガロア (Evarist Galois, 1811–1832) についての記述を，『ガロアの生涯――神々の愛でし人』(L. インフェルト) *8 の中から見てみよう．

　ガロアは，10 代のうちに現在では**ガロア理論** (Galois theory) と呼ばれる代数系と群を結びつける高度な研究を行いました．またそれを用いて，アーベルによる「5 次以上の方程式には一般的な代数的解の公式がない」という定理に対するさらなる寄与をし，方程式が解の代数的な表式を持つ条件を与えました．

　ガロアはエコール・ポリテクニークへの入学を 2 度拒否され（1828 年，1829 年），コーシーに論文を紛失され（1929 年），またフーリエの急死で論文が行方不明になり（1930 年），ポアソンから論文の掲載を拒否（1931 年）されるという過酷な経験をしました．*9 さらに残酷なことに，

---

*7 我々にも，色々考えていて分からなかったことが，ある朝目が覚めたときに解答の仕方が頭にあるということは，よくあります．そんなときには解答が降ってきたと感じます．寝ているときも脳がフルに働いているのでしょう．

*8 インフェルト自身は優れた理論物理学者である．この伝記はガロアの残した論文や手紙類をもとに，著者の想像の部分も入れて書かれている．「あとがき」にはもとにした残された記録に基づく部分はどれで，著者の創作の部分はどこ，ということも明らかにされている．同時にインフェルトにとっては，創作ではなく必然である，と述べている．

*9 数学が普遍的な科学であるなら，このような社会からの仕打ちを一概に不当だとまではいうことはできないのだろう．証明は，万人が納得できるものでなくてはならないのだから．

彼の父親は共和主義の町長だったために，教会と対立し陥れられ，自殺しました（1829 年）．

　これらのどの一つをとっても，既存の社会や権威を破壊したいという気持ちになるだろうと，容易に想像できます．実際に，これらすべてが矢継ぎ早に起きました．

　時代はフランス 7 月革命（1830 年）の真っただ中で，ガロアはエコール・ノルマル・シュペリウール（高等師範学校）に在学しながら，既に共和派の闘士として知られていました．ガロアは，秘密警察の罠にはまって決闘により命を落としたとも，あるいは恋人の名誉を守るための決闘で命を落としたともいわれます．ガロアの死にはいろいろ不明なところがあるようです．ガロア理論の価値を最初に認めたのは 1846 年の**リウヴィル** (Joseph Liouville, 1809–1882) でした．20 歳前後の天才のなした仕事が死後 15 年たってようやくその重要性を評価されるようになったのです．理論が難解というよりは，早すぎたというべきでしょう．

ガロアが天才ゆえに精神面で過激であったとか変人であったとかいうことはなく，天才であっても，周りからの過酷な仕打ちには弱いという人間一般の共通性は変わらない，ということを強く感じる．

ガウスやルジャンドルがアーベルを無視したとか，カントールは集合論をめぐってデデキントから激しい攻撃を受けて精神の均衡を失ったというが，その当事者双方が極めて"普通の人"に見えてくる．一方で，ヒルベルトとミンコフスキー，秋月康夫と岡潔，クレレ [10] とアーベルのような，無私の人間関係もあった．

7.1.4　数学と他の科学

● 数学と物理学の違い

物理学になると少し様子が変わってくる．数学においては，最終的には定義

---

[10] **クレレ** (August Leopold Crelle, 1780–1855) はベルリンの土木業者, 現在も続く数学誌 *Crelle's Journal* (The Journal für die reine und angewandte Mathematik) の創立者. アーベルやカントールはこの雑誌に多くの著名な論文を投稿した. アーベルのベルリン大学教授就任を強く運動し, 最終的には成功したが, その報がアーベルのもとに届いたときはアーベルの死の 2 日後であった.

が先行するが，物理学では無定義語が，数学におけるよりもはるかに緩やかに許容されている．論文も，数理物理学のものでなければ，定義 → 命題 → 証明という形はとらず，

$$実験（計算）\to 結果 \to 議論 \to 結論$$

という帰納的論理過程をとる．基本的に，経験科学だからである．

● 数学，物理学と生物学の違い

数学の定理や物理学の法則は，宇宙の隅々まで支配するものである．違う宇宙でも同じ物理法則が支配し，同じ数学が成り立つ．

しかし生物の世界，生物学は違う．極端にいえば生物学には法則はない．異なる宇宙の生命体が地球上のそれらと同じであると信じる理由は今のところない．地球が例外，唯一無二と信じる理由もない．地球上の真核生物（細胞核を持つ原生生物，藻類，植物，動物）が皆同じ細胞構造や遺伝などの仕組みを備えているのは，発生がもともと同根だからであり，進化の過程で枝分かれしてきたからである．

一方，最近では地中や深海中に，メタンを好むメタン菌，飽和食塩水を好む高度好塩菌，100℃以上で生育する好熱菌，高圧でないと生育できない絶体好圧菌など，これまで知られていたものと全く異なる種類の生物が見つかっている．これらは真核生物とは異なる由来を持つ古細菌 (Archaea) であることが分かってきている．[*11]

7.2 日本伝統の数学──和算はなぜ衰退したか

7.2.1 和算の成り立ち

我国には独自の数学が存在したということを聞いたことがあるだろう．インド数学が中国・朝鮮に伝わり，それぞれの地における発達を経て，日本に入っ

[*11] このことは，違う宇宙では全く違う生物がいて，違う生物学がありうると著者が信じる理由である．これらの生物が今後どのような進化を遂げることができるのか，見ることができるなら見てみたいと思う．

てきた．それがさらに独自に発達したのが和算である．[12]

　最初に数学が中国から日本に伝わったのは，奈良時代である．『養老令』の中に数学に関する記述があり，定められた学制の中に算博士，算生の規定がある．そのころには既に分数が存在した．平安時代には九九もあったという．

　中世の日本に大きな影響を与えた中国の数学書は『算法統宗』(1592 年頃) および『算学啓蒙』(1299) であったという．算学啓蒙では「算木」(竹でできた細い棒で計算に使う) に模した籌式（ちゅうしき）文字を用いているが，ここではゼロは「○」で表し，空位の桁を示す．正の数を表す算木は赤く，負の数を表す算木は黒く色づけした．籌式文字では，正数は黒い棒で表し，負数はそれに斜め線を重ねて表した．

　日本で最初に出版された数学書は毛利重能の『割算書』(1622) である．現在，我々は億，兆，京（けい），該（がい）という具合に 4 桁ごとに呼び名を変える．しかし中国では億までは 4 桁，それ以上は 8 桁で呼び名が変わっていた．また日本では億以上はあまり法則性はなくいろいろであったという．4 桁ずつの方法に換えたのは，『塵劫記（じんこうき）』(1627) の著者吉田光由であるが，それ以降も完全に統一されたわけではなく，和算書においても様々な記法が使われているという．[13]

7.2.2　江戸時代の和算は世界の最高水準にあった

　江戸時代中期に差し掛かり，関孝和(1642?–1708) により，和算は全く変わったものとなった．関孝和については，その生まれた年や場所を含めて不明なことが多い．[14]

　関孝和は『発微算法』(1674)，『開方翻変之法』(1685)，『解伏題之法』(1683)，『括要算法』(1712) などを著した．関は和算の教程編纂を企てたようで，上のもののいくつかを含む，「三部抄」「七部書」といわれる計 10 冊の数学全書を刊行した．その他，関の著作あるいは著作と伝えられるものは多数に上る．

---

[12] 藤原松三郎『日本数学史要』(1952)，『明治前日本数学史』(1954)，『東洋数学史への招待——藤原松三郎数学史論文集』(2007).

[13] 欧米の位取り法では 3 桁で呼び名が変わる．現在は欧米日本とも 3 桁ごとにカンマを打つ．また日本ではかつては 4 桁ごとにカンマを打つ方法がとられていた時代もある．

[14] 関孝和の養子となった甥の新七郎が博打のため追放になり，家が断絶したことが大きな理由である．

● **関孝和の業績**

関孝和の成した成果は，信じがたいくらいに多彩である．それらの中には欧州の数学より 100 年も先を行くものもあった．

- 点竄術（てんざんじゅつ）の発明：中国から伝わった天元術に加えて，傍書法と代数記号法を発明した．点竄術では複数の未知数を用い，文字係数を可能とした．その結果，記号代数学の発展につながった．[*15]
- 行列式の発明（解伏題之法）：伏題とは二つ以上の方程式を解く問題のことで，ここに行列式が現れる．欧州で行列式が初めて登場するのはライプニッツの書簡 (1693) でのことであり，著書としてはクラメルが 1750 年に著したものの中にあるのだから，それより 70 年も早い．
- 方程式論：ニュートン法（開方翻変之法），および広い意味でのホーナーの方法（開方翻変之法）．関孝和は方程式の負根，虚根を認め，代数方程式の根の数の議論もしている．
- 円理：円理とは，円周・曲線の長さ，円の面積，球の体積などに関する算法をいう．関孝和のころとそれ以後とでは，「円理」の示すものが異なる．関孝和は，円に内接する正 131072 角形の周長を計算し，円周率がおよそ $355/113 \sim 3.1415929$ であることを示したが，よく言われる積分法の発見には至っていない．これらの議論における求弧術（括要算法）の表式はニュートンの補間公式そのものである．
- 角術（括要算法）：正多角形の理論．
- ベルヌーイ数の発見（括要算法）：関孝和は杉成算（俵を山に積むとき，最下の俵の数を知って総数を求める問題）の拡張 $\sum_{k=1}^{n} k^p$ から，ベルヌーイより早くベルヌーイ数 に行き着いた[*16]．

● **関孝和以降の和算の成果**

関孝和により開かれた新しい和算はその弟子である建部賢弘(1664–1739),

[*15] しかしそれでも，今の私たちに理解するのは難しい．

[*16] ベルヌーイ数に至る漸化式を，順に漢文で書いている．これは一つひとつ何が書いてあるか示されなければ，なかなか理解はできない．例えば藤原松三郎「和算史の研究（其十二）」（帝国学士院紀事　第 3 巻第 2 号，pp.371–433)

松永良弼(1690?-1744), 久留島義太(1690?-1758) らに引き継がれ, さらに発展した.

- 建部賢弘の業績：帰納法, 2 項定理, ディオファンタス近似, リチャードソン補外法, べき級数展開, 3 角関数表.
- 松永良弼の業績：点竄術の完成（傍書法における除法の記法の完成）, 極限の概念と定積分（円理）.
- 久留島義太の業績：円理と円周率の公式, 極大極小論, 行列式（ラプラス展開）, 整数の平方根の近似値.

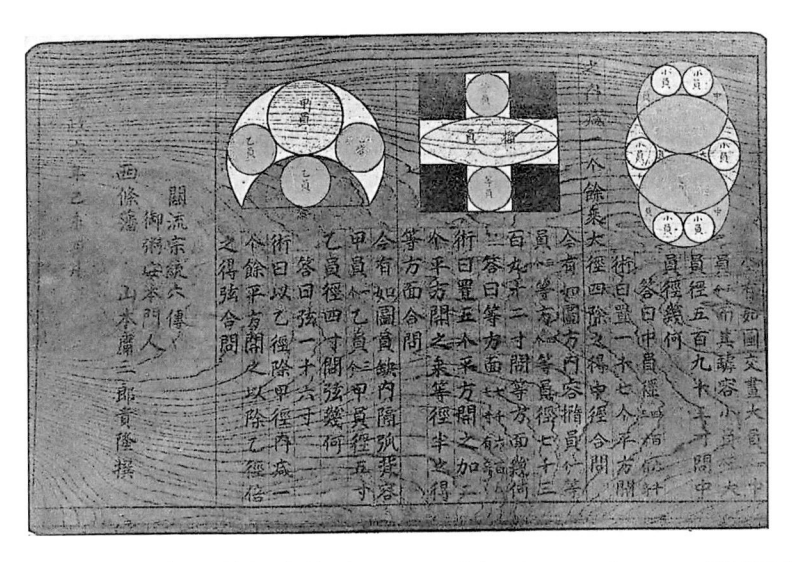

図 **7.1**　東京渋谷の金王八幡宮の算額.（Wikipedia より；Creative Commons CC-BY-SA-3.0)

これらの時代を経て, 江戸後期の安島直円 (1732-1798), 會田安明 (1747-1817), 和田寧 (1787-1840) のころには和算においても, 数論の研究, 対数の研究, 定積分の研究と積分表の作成が行われた. 著名な和算家の中には久留米藩主有馬頼徸(1714-1783) らの名前もある. 1760 年代頃から関流和算という形が整えられ, 塾, 家元, 免許といった形が作られていった. 難しい問題が解け

ると，それを神仏に報告し感謝するために「算額」を神社仏閣に収めた．今日でも多くの寺社で江戸時代の算額を見ることができる（東京渋谷の金王八幡宮（図 7.1），あるいは京都八坂神社のものが有名）．

　江戸時代末期にはヨーロッパの数学も種々の書籍の輸入に伴い，我が国に入ってきた．[*17]

7.2.3　和算の欠点

　和算は，思考のみによって一時は数十年から 100 年も世界に先んじたいくつもの第一級の成果を得ていた．しかし，そのことを欧州の人たちに知られることは一切なく，世界の数学に影響を与えることは全くなかった．やがて和算はその勢いを失っていき，欧州の近代科学の発展とは全く異なった歩みをとった．

　我が国が進んだ（進んでいた）数学を持てたことを誇りに思うが，しかし何故やがて世界から取り残されることになったか，を謙虚に考えなくてはならない．[*18]

● 和算自身の問題

　和算が，欧州の数学と比較して，何故，現代につながる大きな発展ができなかったのか．それ自身の問題点として次のような点が指摘されている．[*19]

- ●座標概念の欠如：座標の概念がなく，一般の曲線が研究対象となりえなかった．
- ●角度概念の欠如：角度の概念がないため，幾何学はピタゴラスの定理（勾股弦の定理）と相似三角形の定理を基本とする．
- ●関数概念の欠如：関数の概念がなく，研究対象となるものも整式または級数で表されるものに限られた．
- ●帰納法が基本であり，証明が欠如：議論が帰納法によっている（数学的帰納法ではない）．級数の一般項を求める際も然り．そのため，現在我々が証

[*17] 和算について少し詳しく立ち入りすぎたかもしれない．和算に対して中国，朝鮮の影響がどの程度であったか，あるいは江戸中期以降に欧州からの影響がどの程度あったかなかったかの議論は，まだ完全に決着がついてはいないといえよう．

[*18] このことは江戸時代のことばかりではない．日清・日露戦争後の日本の軍国化への歩み，最近の経済成長後の迷走，東アジアの中での自己の居場所の喪失，など様々な面で思い当たるところである．

[*19] 藤原松三郎，『日本数学史要』，『東洋数学史への招待——藤原松三郎数学史論文集』(2007).

明と呼ぶものがなく，議論が一般的に発展していく条件に欠ける．

- 記号法の改良：点竄術により記号代数を可能にしたが，それ以上の記号法の改良がなかった．
- 個々の問題を解くことに傾斜し，理論の発展を疎かにした．
- 秘密主義：和算書は江戸時代には多数出版されていたが，それは入門書，啓蒙書の類である．しかし，多くの成果は口伝，面伝あるいは，秘奥は1子および高弟1人のみに伝承といった制度をたてた．また関流をはじめ流派を作った．

- ## 江戸時代の社会問題

和算自身の問題に加えて，当然のことであるが，江戸時代という社会の問題もある．広く発表する場が極めて限られていたことは大きい．

- 和算家の社会的地位：和算家の地位は高くなかった．関孝和は，主君徳川綱重（甲斐甲府藩主．徳川家光の三男）が将軍後継ぎとして江戸城に入った際に幕府直臣となったが，そのときの役職が御納戸組頭御蔵米250俵10人扶持であったという．建部賢弘の扶持もほぼ同じであった．[20] ニュートン，ライプニッツ，ベルヌーイなどの社会的地位と比較すべくもなかった．[21] 武士の家禄制の問題がその根本にあった．[22]
- アカデミー：ヨーロッパでは，啓蒙専制君主の時代にアカデミーという形で科学者の社会的地位に対する保護と向上がはかられた．日本にも藩校や

---

[20] 知行地を持たない立場であるから，それだけ立場は下ということになる．ただし知行地100石は蔵米どり100俵というから，武士としては中の下ということかもしれない．しかし関，建部などは異例のことで，通常はもっと低い扶持を与えられていた．

[21] ニュートンは26歳でケンブリッジ大学のルーカス教授の地位に，その後，大学選出国会議員，造幣局長官（年収2000ポンド），60歳で王立協会長，の地位を得，最後はウェストミンスター寺院に葬られた．ライプニッツは外交官，歴史家，哲学者，数学者であり，ドイツの中のいくつかの宮廷の顧問官を務めた．またベルリン科学学士院を作り初代院長となった．ベルヌーイ（ベルヌーイ家は大商人として有名で，近世から今日まで著名な科学者や芸術家を何人も輩出した家族である）は，どのベルヌーイも大学教授，ベルリンやザンクト・ペテルブルグ，フランスのアカデミーにかかわりを持っている．

[22] 禄高が実際の仕事とはあまり関係がないところ，家柄（主君家とのつながりなど）や昔先祖がたてた勲功などで決まり，それで固定されていた．

幕府の学校（昌平坂学問所など）はあったが，武家社会の（封建）制度に強く縛られた閉じたものであった．[*23] 得られた学問的成果を，広く発表する場もなかった．唯一発表できる場は書物と（数学に関していえば）算額であった．

- 社会構造：ヨーロッパでは数学は天文学だけではなく，測量学，機械学その他との結びつきが強く，やがて社会の近代化とともに数学に対して新しい問題が次々と提供された．それに対して日本では社会との結びつきは弱く，応用先は暦に限られた．関孝和が徳川綱重に召し抱えられたのも，幕府が改暦に興味を持ったからである．

- 印刷術：印刷術も重要な要素である．ヨーロッパではグーテンベルグの活版印刷術（1439年頃から）が宗教，科学その他に計り知れない影響を与え，市民社会の形成，大学の設立，科学の普及を牽引した．一方，日本では，本は筆写か木版本であった．日本には木製の活字技術があったが，コスト的に割に合わず用いられなかった．[*24] これが，最新成果の広範な普及に関してさしたる役には立たず，結果として秘密主義や家元，免許などの制度を助けたと想像できる．

7.2.4　世界の近代化に取り残された和算

● 社会の平安──鎖国──が学問の停滞につながった

　江戸時代に世界と共通な問題とは暦くらいだった．それも多くの場合には，一般の生活にはあまり結びついていない．

　ヨーロッパは天文学，機械論的哲学などの発展がやがて，市民社会の形成 → 啓蒙思想 → 産業革命 → 市民革命といったサイクルに入っていった．一方，日本では裕福な商人社会というものは形成されたが，より広い市民社会の形成には至らなかった．

　江戸時代の産業振興は，幕末を除けば，農業，漁業に限られた．道路網の整備は進められ，初等教育などの土壌は形成され近代産業のための基盤は整ったが，近代産業・工業に直接つながる動きは少なかった．明治に入って初めて国

[*23] 寺子屋はあくまで読み書きそろばんを教える初等教育機関であり，私塾であった．

[*24] 日本で本格的な活版印刷が行われるようになったのは明治以降である．

単位の産業振興が政策的に行われた．江戸時代のこのような状況が，市民社会の形成と工業の振興における遅れ，結果的に近代科学の立ち遅れを生んだ．[*25]

● **和算の何が一番問題だったのだろうか**

和算に関して言えば，学問としての発展の種を内包できなかった．基本的に重要な欠陥が，具体的には，次の3点だと考えられる．

- ● 式の表記法
- ● 計算偏重，証明の欠如
- ● 秘密主義

我々は，現在，ライプニッツによって導入された記号の多くを継承している．数学記号は難しい，頭が痛くなる，と言う人も多いが，記号の由来や歴史を知ると，必然性が見えてくる．関孝和の点竄術が和算の発達に欠かせないといっても，ヨーロッパにおける記号法の簡便さ，明解さには遥かに及ばなかった．

ユークリッド『原論』は中国経由（中国語訳『幾何原本』）で江戸時代初期日本に入ったが，1630年の禁教令で禁書となった．1720年享保の改革における実学振興策で輸入が許されたが，和算への影響はほとんど見られないという．『原論』にある証明の意義を評価し受け入れることのできる人物がいなかった，あるいはそのような人の目には触れなかったということであろうか．それほどに社会が固定化して安定していたと理解すべきなのかもしれない．「証明」を受け入れるための「哲学」および「証明」を必要とする「疑い」といったものが既に社会から失われていたといえよう．これらのことから，論証というプロセスが育たなかった．[*26]

西洋数学の意義がようやく定着したのは，幕末になって「開成所」「大学南校」が設けられてからである．しかし，それも自然理解という哲学的な意味ではな

[*25] 開国直後，明治新政府は岩倉使節団を欧米に派遣した．使節団派遣の目的であった不平等条約の改定には失敗したが，その報告に基づいて近代化のための人材を海外に送り出し学ばせた．それぞれの分野の送り先は，工学はイギリス（スコットランド），法律と国際法，数学はフランス，政治学や経済学，医学はドイツ，物理学と化学はフランスとドイツといった具合であり，新政府は的確な世界認識・学問認識を得ていた．これらは，岩倉使節団の報告以前にも，江戸幕府の時代からオランダを通して海外の事情を的確に把握していたためであるという（加藤詔士，愛知大学教職課程研究年報，第6号 (2017))．

[*26] このことは現代にも通じている．哲学が失われ，論理が軽視されていることは，政治のみならず科学の視点からも現在の日本社会の大きな課題である．

く，実用的な目的で評価したのであった．歴史に「もし」は禁句であるが，もし『原論』が定着し，関孝和の目に触れていたらどのような日本になっていただろうか，といった想像をしてしまう．

● 算数の問題の中に生き残った和算

　明治以降，和算のいくつかの問題は，計算技術として初等教育の中に生き残った．（中国から伝わった）そろばん，九九，鶴亀算，旅人算，流水算，ネズミ算，俵算などである．しかし例えば俵算がベルヌーイ数につながるということは，教育の中で生かされていない．

7.3　2 次方程式とその解の公式の後ろにあるもの

7.3.1　2 次方程式の歴史——2 次方程式が教える世界史：虚数の世界

● メソポタミアの地

　古代ギリシャ数学のさらに源をたどると古代バビロニア（B.C.2300〜B.C.1600）すなわち楔形文字の時代に遡る．バビロニア（メソポタミア）はティグリスとユーフラテスの二つの川にはさまれた地域で，現在のイラクの周辺である．

　古代バビロニアの遺跡から出てくる粘土板には，楔形文字で断片的な様々な記録が残されている．それによれば，かの地において既にいくつかの数学が得られていたことが分かっている．それらは以下のとおりである．[*27]

- 数字の存在
- 60 進数の使用
- 度量衡
- 1 次方程式，2 次方程式の解法．3 次方程式は一部
- 3 平方の定理（ピタゴラス数の表）

[*27] Otto E. Neugebauer, *Quellen und Stadien*；ファン・デル・ヴェルデン，『古代文明の数学』；室井和夫，『バビロニアの数学』；中村滋・室井和夫，『数学史——数学 5000 年の歩み』．特に中村・室井の共著『数学史』は，300 頁弱の本であるが，古代からの数学の歴史をもとの記録・文献を基に述べられており，大変参考になる優れた著作である．この項を書くにあたって『バビロニアの数学』と合わせて，参考にした．

- 掛け算表，逆数表，平方数表，平方根数表の存在
- 計算練習帳

2次方程式の解法，3平方の定理，平方根表などが，具体的に面積の計算に必要なものと認識されていたようだ．しかし，古代バビロニアには0，負数はなく，またすべての数は有理数の形で表されると信じて疑わなかった，と思われる．

平方根を作図する（デカルトによる作図）：特別の数，例えば $\sqrt{2}$ や $\sqrt{3}$ ならば幾何学的にどういう図形が対応するか（直角2等辺3角形，正三角形である）は周知のことであろう．一般の長さに対してとなると，少し頭を使うが分かれば大して難しいことではない．デカルト（『幾何学』）にならって，長さ r

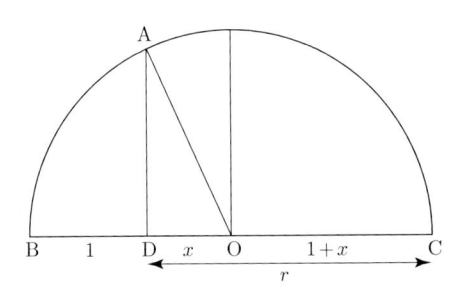

図 **7.2**　r の平方根の作図（デカルトによる）．

の平方根を作図することを考えよう．ただし，古代ギリシャ人になったつもりで，使ってよいのは，長さ1および長さ r の縄と，直角を示す定規だけ [*28] とする．

$r > 1$ として議論する．[*29]　1と $r = 1 + 2x$ を足して半分にしたもの $(1+r)/2 = 1+x$ を半径として円を描く．図7.2のOが円の中心．

$$\overline{BD} = 1, \quad \overline{CD} = r, \quad \overline{OA} = \overline{OB} = \overline{OC} = \frac{1+r}{2} = 1+x$$

である．Dに直径BCに垂直な線分を立て，円周との交点をAとする．$\overline{AD}$ の

[*28] 古代人が使えるものだけ．縄があるから，半径1，r および $(1+r)/2$ の円は描ける．

[*29] $r < 1$ のときも同じように考えることができる．

長さの 2 乗は，3 平方の定理（ピタゴラスの定理）を用いて

$$(\overline{\text{AD}})^2 = (\overline{\text{OA}})^2 - (\overline{\text{OD}})^2 = (1+x)^2 - x^2 = 1 + 2x = r$$

であるから，次式の結果

$$\overline{\text{AD}} = \sqrt{r}$$

を得る．[*30]

恒等式　「$(a+b)^2 = a^2 + b^2 + 2ab$」：ギリシャ時代のユークリッドも，アラビア数学者のアル・フワーリズミーも，その著作に恒等式

$$(a+b)^2 = a^2 + b^2 + 2ab \tag{7.1}$$

を載せている．古代バビロニア人もこの恒等式を知っていた．[*31]　図 7.3a に示すように，面積の定義と計算法を知っていればすぐに理解できる．

3 平方の定理（ピタゴラスによる証明）：3 平方の定理（ピタゴラスの定理）は古代バビロニアの人々も知っていた．[*32]　ここではピタゴラスの証明（といわれるもの）に倣って，容易に理解できる図を示すことにする（図 7.3b）．大きな 1 辺 $a+b$ である正方形が，1 辺の長さ c の正方形と直角を挟む 2 辺の長さが a, b である直角三角形 4 個に分割される．[*33]

$$(a+b)^2 = c^2 + 4 \times \frac{ab}{2} \tag{7.2}$$

（7.1）と（7.2）を比較して

[*30] 以上で，非常に単純な方法で平方根が作図により得られることが分かった．このような作図は，しかし，古代バビロニアで行われていたわけではない．

[*31] 古代アッカド人の言語であるアッカド語で，「平方完成」をタキールトゥム（*takīltum*）という．この言葉は「〜を持つ」という動詞クルルム（*kullum*）から作られた数学用語で，「〜を含むもの」という意味であるという．このような言葉から，古代バビロニア人は，恒等式 $(a+b)^2 = a^2 + b^2 + 2ab$ を視覚的に理解していただろうと推測されている（『数学史——数学 5000 年のあゆみ』中村滋・室井和男）．

[*32] ピタゴラス以前からよく知られている定理を「ピタゴラスの定理」と呼ぶのも奇妙なものだが．

[*33] 1 辺 c の四辺形が正方形であることは，3 角形の合同と 3 角形の内角の和が 180 度であることを用いればすぐに示せる．

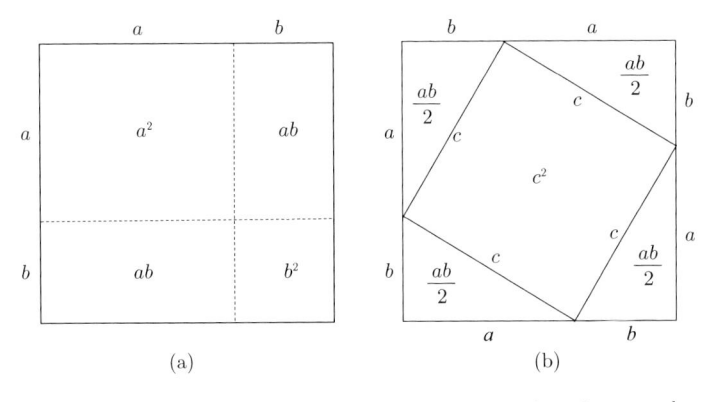

図 **7.3** (a) $(a+b)^2 = a^2 + b^2 + 2 \times ab$. (b) $(a+b)^2 = c^2 + 4 \times \frac{ab}{2}$

$$c^2 = a^2 + b^2 \tag{7.3}$$

を得る.

4000 年前の 2 次方程式の解法：古代王国エラムの首都スーサ (Susa) で発見 (1933) された数学の粘土板を**スーサ数学文書**という. [*34] その中で問題 $x^2 - ax = b$ から平方を完成し解を求める方法を示している [*35]

$$x^2 - ax = b \ \rightarrow \ x^2 - ax + \left(\frac{a}{2}\right)^2 = b + \left(\frac{a}{2}\right)^2 \ \rightarrow$$

$$\left(x - \frac{a}{2}\right)^2 = b + \left(\frac{a}{2}\right)^2 \ \rightarrow \ x - \frac{a}{2} = \frac{\sqrt{a^2 + 4b}}{2}$$

$$x = \frac{a + \sqrt{a^2 + 4b}}{2}. \tag{7.4}$$

このように，古代バビロニアの人々は平方根や平方完成の手順を知っていた．一方で，人々は負の数を知らず，また平方根をとったときにもう一方の負の値のほうは知らなかったことも分かっている.

- 虚数単位 i をどう理解するか——複素数の豊かな世界へ

  $x^2 - m = 0$ という形の 2 次方程式を 2 次方程式の**標準形**と呼ぶ. この方

[*34] スーサは紀元前 30 世紀から紀元前 7 世紀にエラム (Elam) 王国の首都として栄えた. 有名なハムラビ法典の碑（ルーブル美術館所蔵）もここから出土した.

[*35] 室井和夫，『バビロニアの数学』，pp.45–46. ：

程式の解は容易に求めることができる. [*36] 1 の平方根が ± 1 だと知っている私たちは，2 次方程式の根が（$m > 0$ であるなら）二つあることがすぐわかる. それでは $m < 0$ のときはどうかというのが次の自然な疑問である.

「$x^2 + 1 = 0$ は解を持たない，あるいは $x^2 - m = 0$ は $m < 0$ の範囲では解を持たない」という理解のままで，長いこと数学は推移した. イタリアの 16 世紀の数学者であり医者であり占星術師でありまた賭博師でもあった**カルダーノ** (Gerolamo Cardano, 1501–1576) は初めてこの理解の状況を動かした. 1545 年の *Ars Magna* (The Great Art) では，「10 を二つに分け，その積を 40 にせよ $(x(10 - x) = 40)$」という問題に対し，$5 + \sqrt{-15}, 5 - \sqrt{-15}$ を与えた. カルダーノ自身がこれを実際には意味がないと考えたようだが，「それでもこの計算は成り立つ」と書いた.

まだ負数の存在も十分に認識されていない時代である. こうして虚数の存在を認めれば，2 次方程式の解は（重根の場合も二つと数えれば）常に二つあることが認識された. カルダーノによって初めて虚数が認識されたが，その後，負数の平方根はなかなか許容されなかった. [*37]

17 世紀から 18 世紀初めにかけての欧州における数学の状況は次のようなものだった.

- 「パンセ」中の**パスカル** (Blaise Pascal, 1623–1662) による記述：「0 から 4 を引けば 0 であることを理解できない人がいることを私は知っている.」
- 座標概念を最初に導入したのは**デカルト** (Rene Descartes, 1596–1650) である.
- デカルトは負数の平方根を著書『幾何学』(1637) の中で否定的に捉え，「想像上の数（仏：nombre imaginaire＝虚数）」と名付けた. さらに虚数をデ

[*36] ただし $m \neq 0$ のとき，正の数の平方根が $\pm$ の両方あることを知らなければ，あるいは負の数を知らなければ，片一方を取り落とす. これが古代バビロニア人以来近世まで，人々がやっていたことである.

[*37] 虚数が数学者から避けられた理由は，$\sqrt{-1} \times \sqrt{-1} = -1$ であるのに，他方で $\sqrt{-1} \times \sqrt{-1} = \sqrt{(-1) \times (-1)} = \sqrt{1} = 1$ となり，この矛盾が解消できなかったということがあったからだそうだ（飯高茂，数学通信 15 巻 1 号 49〜53 ページ，2010 年）. $\sqrt{-1}$ というものを使わず，i を使えば $i \times i = i^2 = -1$ という一通りのやり方しか出てこない. これはなぜか，ということを議論の出発に置くと面白い，というのが飯高の問題提起である.

カルトは作図不可能と論じ，この数が実在しない根拠とした．

- ヨハン・ベルヌーイ，オイラー，ダランベールらにより，複素数を用いて数学・物理学の研究が多くなされ発展した．

- **オイラー** (Leonhard Euler, 1707–1783) が "imaginary" の頭文字 i を使って $i = \sqrt{-1}$ と表した．またオイラーはオイラーの公式（『無限解析序説』(1748)）

$$e^{i\theta} = \cos\theta + i\sin\theta \tag{7.5}$$

を発表した．この公式により，虚数をめぐるすべての矛盾が氷解した．$\theta = \pi$ に相当する式

$$e^{i\pi} + 1 = 0$$

は「数学における最も美しい定理」に選ばれている（*The Mathematical Intelligencer* の読者投票，2006）．

- **ウェッセル** (Caspar Wessel, 1745–1818) が 1797 年に，**アルガン** (Jean-Robert Argand, 1768–1822) が 1806 年に複素数の幾何学的表示を論じたが，広く知られるには至らなかった．今日のガウス平面である．

- ガウスは 2 次元平面上の点 (x, y) と複素数 $x + iy$ を対応づけた（1831 年頃）．これにより複素数は **2 次元平面上の点としての実体**，数直線の拡張としての 2 次元平面，実数体から複素数体への拡張という意味を得るに至った．[38] さらに複素数 $z = x + iy$ に i を掛けた結果の $iz = -y + ix$ という数は，z が表す平面上の点 (x, y) を原点を中心として $\pi/2$ だけ正の方向に回転させることに対応することが，人々に理解された．

以上が，虚数，複素数概念が定着するまでの顛末である．[39]

- **3 次方程式，4 次方程式の解**

カルダーノが負数の平方根を議論した著書 *Ars Magna*（大いなる学芸，1545

---

[38] 体とは，0 で割る除法を除く加減乗除が定義された元の集合．

[39] 現在でも「虚数を想像上の数」で「現実には存在しない数」という人がいるが，それは虚数と命名したデカルトのとらえ方で止まってしまった理解である．デカルトにとっても不名誉なことである．「実在する数」「実在しない数」という言い方は何を指し示しているのか，『「数（かず）」とは何か』を考えてほしいものである．クロネッカーは「神は整数を創りたもうた．残りすべては人間の業である」と言った．

年）の中で，デル・フェッロが発見した 3 次方程式の解法（カルダーノの公式）および弟子フェラーリ (Ludovico Ferrari, 1522–1565) が発見した 4 次方程式の解法（フェラーリの公式）を公表した．[*40] いずれも冪根および四則演算を有限回行う代数的解法によるものである．その後，デカルト，オイラー，ラグランジュらがそれぞれの解法を発表した．

3 次方程式の解法：3 次方程式 $ax^3 + bx^2 + cx + d = 0$ では，1 次変換 $x = y + \alpha$ で 2 次の項が消せるので

$$x^3 + px + q = 0$$

から始めよう．$x = u + v$ と置くと

$$u^3 + v^3 + (3uv + p)(u + v) + q = 0$$

となる．ここで

$$u^3 + v^3 + q = 0, \quad 3uv + p = 0$$

となる u, v の組を探すと（何で？ここが最大の山場！）[*41]

$$u^6 + qu^3 - \left(\frac{p}{3}\right)^3 = 0 \ (\text{分解方程式})$$

を得る．これで

$$u^3 = \frac{-q \pm \sqrt{q^2 + \frac{4}{27}p^3}}{2}$$

が得られる．u と v は対称であるから，この 2 根の内の片方を u^3 であるとすると，他方が v^3 ということになる．こうして

$$x = \sqrt[3]{\frac{-q + \sqrt{q^2 + \frac{4}{27}p^3}}{2}} + \sqrt[3]{\frac{-q - \sqrt{q^2 + \frac{4}{27}p^3}}{2}}$$

を得る．ここまでがカルダーノの議論である．

[*40] 3 次方程式の解を最初に見つけたのはデル・フェッロ (Scipione del Ferro, 1465–1526) だから本当は「デル・フェッロの公式」と呼ぶべきなのであろう．カルダーノも「デル・フェッロの解法」と呼んでいるという．

[*41] 「v を消去して」といってもよいし，「u^3 と v^3 とを解とする 2 次方程式の根と係数の関係に見立てて」といってもよい．

3 次方程式の解は，実際には三つある．$x^3 - a = 0$ の解は，$\sqrt[3]{a}$ だけではなく，1 の 3 乗根の一つ $\omega = \frac{-1+\sqrt{3}i}{2}$ を用いて書くと

$$\sqrt[3]{a}, \quad \omega\sqrt[3]{a}, \quad \omega^2\sqrt[3]{a}$$

である．これから解として

$$x = \omega^k \sqrt[3]{\frac{-q + \sqrt{q^2 + \frac{4}{27}p^3}}{2}} + \omega^{3-k} \sqrt[3]{\frac{-q - \sqrt{q^2 + \frac{4}{27}p^3}}{2}}$$

（ただし $k = 0, 1, 2$）を得る（カルダーノの公式）．[*42]

4 次方程式の解法：4 次方程式に対するフェラーリの公式も，次の標準形からスタートする．

$$x^4 + px^2 + qx + r = 0.$$

この式の左右両辺に $t^2 + 2tx^2$ を加えて

$$(x^2 + t)^2 = (2t - p)x^2 - qx + (t^2 - r)$$

を得る．右辺について平方完成する条件は，x の 2 次式として判別式を 0 とすればよいので

$$q^2 - 4(2t - p)(t^2 - r) = 0 \;\to\; 8t^3 - 4pt^2 - 8rt + 4pr - q^2 = 0$$

（4 次方程式に対する 3 次分解方程式）となる．この 3 次式を解いて，その解の内の一つ u を t に代入する．これを元の x の式に代入して書き直し

$$(x^2 + u)^2 = (2u - p)\Big(x - \frac{q}{2(2u - p)}\Big)^2$$

となる．これから x の 2 次方程式

$$(x^2 + u) = \pm\sqrt{2u - p}\Big(x - \frac{q}{2(2u - p)}\Big)$$

[*42] 「カルダーノの公式」自身はここではどうでもいいのだが，それをめぐる歴史には，数学の様々な進歩の最も先端の部分が垣間見られる．

が得られる．この x についての 2 次方程式を解けばよい．

7.3.2 3 次方程式の先にガロアが見たもの：群の世界

3 次方程式，4 次方程式の解の公式を導く際に，技巧的方法が用いられた．このような技巧が高次代数方程式の場合にも存在するのか，あるいはもっと重要な原理が隠されているのか，誰もが感じる疑問である．

● **3 次方程式，4 次方程式の解：交代群 A_3 と A_4**

5 次以上の代数方程式の代数的解法の存在については，アーベルそしてガロアらの研究によって否定的に解決された． *43

3 次方程式の解法：3 次および 4 次方程式がなぜ代数的に解けるのかを明らかにしたラグランジュの方法を併用しつつ 3 次方程式の解法を見よう．ラグランジュの方法は，根の置換（入れ替え）に関する対称性に注目するもので，これがやがて**対称群** (symmetric group) という概念に発展した．

3 次方程式

$$x^3 + ax^2 + bx + c = 0 \tag{7.6}$$

の三つの解を x_1, x_2, x_3 $(x^3 + ax^2 + bx + c = (x - x_1)(x - x_2)(x - x_3))$ と書いて，x の各次数の係数を比較すれば，次の関係が成り立つことが分かる：

$$x_1 + x_2 + x_3 = -a, \tag{7.7a}$$

$$x_1 x_2 + x_2 x_3 + x_3 x_1 = b, \tag{7.7b}$$

$$x_1 x_2 x_3 = -c. \tag{7.7c}$$

これが今後の議論の出発点になる．x_k の並べかえに左辺は形を変えない．

三つの解 x_1, x_2, x_3 の並びに対して可能な並べかえの操作を考える．まず何も並べかえをしない操作（**恒等置換** (identity permutation)）がある（上段が

元の添え字，下段が並べかえたもの．上段は $1, 2, 3$ の順番でなくてもよい.）：

$$e \equiv \begin{pmatrix} 1 & 2 & 3 \\ 1 & 2 & 3 \end{pmatrix} \tag{7.8a}$$

これ以外に次に書下すように五つ，上のものも加えて全部で六つ $(= 3!)$ の操作，巡回置換 (cyclic permutation) と互換 (transposition) がある．[*44]

$$(123) \equiv \begin{pmatrix} 1 & 2 & 3 \\ 2 & 3 & 1 \end{pmatrix}, \quad (132) \equiv \begin{pmatrix} 1 & 2 & 3 \\ 3 & 1 & 2 \end{pmatrix}, \tag{7.8b}$$

$$(12) \equiv \begin{pmatrix} 1 & 2 & 3 \\ 2 & 1 & 3 \end{pmatrix}, \quad (23) \equiv \begin{pmatrix} 1 & 2 & 3 \\ 1 & 3 & 2 \end{pmatrix}, \tag{7.8c}$$

$$(13) \equiv \begin{pmatrix} 1 & 2 & 3 \\ 3 & 2 & 1 \end{pmatrix} \tag{7.8d}$$

$(123), (132)$ は互換を二つ続けて行うことと同等である．右に置かれた操作を先に行うと約束し，例えば操作 (12) に続けて操作 (23) を行えば，

$$(23)(12) = \begin{pmatrix} 1 & 2 & 3 \\ 1 & 3 & 2 \end{pmatrix} \begin{pmatrix} 1 & 2 & 3 \\ 2 & 1 & 3 \end{pmatrix}$$

$$= \begin{pmatrix} 2 & 1 & 3 \\ 3 & 1 & 2 \end{pmatrix} \begin{pmatrix} 1 & 2 & 3 \\ 2 & 1 & 3 \end{pmatrix} = \begin{pmatrix} 1 & 2 & 3 \\ 3 & 1 & 2 \end{pmatrix} = (132) \tag{7.9}$$

を得る．また恒等置換 e は数の並びを変えないから，掛け算における 1 と同じ役割をする．逆の操作も存在し，例えば次のことも容易に確かめられる：

$$(23) \text{ の逆} \equiv (23)^{-1} = (23), \ (123) \text{ の逆} \equiv (123)^{-1} = (132) \tag{7.10}$$

以下の $1 \sim 4$ を満足する集合を群 (group) といい，群の要素を元 (element)，元の数を群の位数 (order) という．

1. 元同士の積が定義されていて，それらも群 $\mathcal{G}$ の元である．

[*44] 以下で (abc) とあるのは，一つずつずらしていく操作で，a を b に，b を c に，c を a という意味で，「巡回置換」という．また (ab) は $a \leftrightarrow b$ すなわち a と b の入れ換えであり，「互換」と呼ぶ.

2. 結合則 $(ab)c = a(bc)$ が成り立つ.

3. 単位元 $e \in \mathcal{G}$（すべての元 $a \in \mathcal{G}$ に対し $ea = ae = a$）が存在する.

4. すべての元 a に対して逆元 a^{-1} が存在する：$aa^{-1} = a^{-1}a = e$.

　三つの数字を並べかえる操作が作る群を，3 次の対称群（位数 6）といい，S_3 という名前が付いている．この $1, 2, 3$ の並べかえ操作の積の構造は，正 3 角形を同じ正 3 角形に変換する操作（正 3 角形の合同変換群）と 1 対 1 で一致する．こちらの群は C_{3v} という名前が付いている（図 7.4）．つまり，S_3 と C_{3v} は同型である．巡回置換が C_{3v} の「3 角形の重心を中心とした $2\pi/3$ 回転」（この群を A_3 あるいは C_3 という）に，互換は C_{3v} の「1 頂点と重心を通り 3 角形に垂直な面に鏡を置いた鏡映」に対応している．

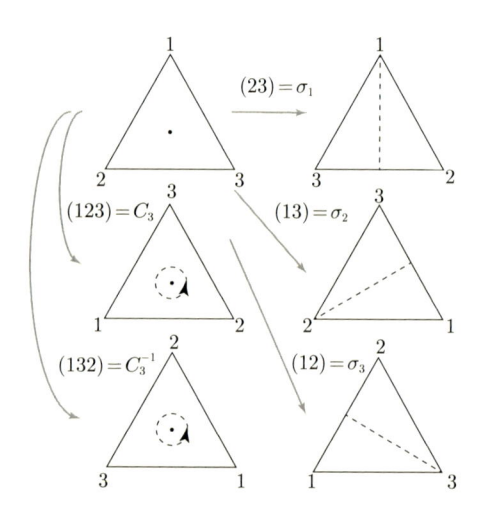

図 **7.4**　正 3 角形の合同変換の操作 C_{3v}

　並べかえの表し方は一通りではない．例えば

$$(123) = (31)(12), \quad (132) = (23)(12)$$

などと互換の積で書くことができる．しかし，このような操作を何回かやってみればわかることであるが，色々な表し方はあるけれど，それらが偶数

個の互換の積で表されるか，あるいは奇数個の互換の積で表されるか（偶奇性）は変わらない．偶数個の互換の積からなる元だけから構成されている群を**交代群** (alternating group) と呼ぶ．

$\omega^3 = 1$, $1 + \omega + \omega^2 = 0$ である ω を用い，[*45]

$$\begin{cases} u & = & x_1 + \omega x_2 + \omega^2 x_3, \\ v & = & x_1 + \omega^2 x_2 + \omega x_3 \end{cases} \tag{7.11}$$

とおく．(7.7a), (7.11) の連立方程式を解けば

$$\begin{cases} x_1 & = & \frac{1}{3}(-a + u + v) \\ x_2 & = & \frac{1}{3}(-a + \omega^2 u + \omega v) \\ x_3 & = & \frac{1}{3}(-a + \omega u + \omega^2 v) \end{cases} \tag{7.12}$$

である．したがって u, v が求まればこれから x_1, x_2, x_3 が求められる．これも重要な点である．

(132), (123), (12), (23), (31) を u, v に作用させてみよう．

$$(132)u = x_3 + \omega x_1 + \omega^2 x_2 = \omega u, \quad (123)u = x_2 + \omega x_3 + \omega^2 x_1 = \omega^2 u,$$

$$(132)v = \omega^2 v, \quad (123)v = \omega v, \tag{7.13a}$$

$$(12)u = \omega v, \ (23)u = v, \ (31)u = \omega^2 v,$$

$$(12)v = \omega^2 u, \ (23)v = u, \ (31)v = \omega u. \tag{7.13b}$$

これから分かる重要なことは次である．

· $\{e, (123), (132)\}$ は変換 $u \to \omega u \to \omega^2 u, \ v \to \omega^2 v \to \omega v$ を引き起こす．

· $\{e, (12)\}, \{e, (23)\}, \{e, (31)\}$ は変換 $u \leftrightarrow v$ を引き起こす．

群に関する重要な性質をまとめておこう．

● 群 $\mathcal{G}$ の部分集合 $\mathcal{H}$ がそれ自身で群をなすとき，$\mathcal{H}$ を**部分群** (subgroup) という．

[*45] ω は 2 次元平面の $2\pi/3$ 回転に対応する．

- 群 $\mathcal{G}$ の元 a を同じ群の一つの元 g で変形した gag^{-1} を a の**共役な元** (conjugate element) と呼ぶ. 元 a に共役な元すべての集合を**類** (class, 共役類) と呼ぶ. 類は重要な概念である. 例えば, 群 $\mathcal{G}$ の元は総て, 類に分けられ, 同じ元が異なる類に現れることはない.

- 部分群 $\mathcal{H}$ はそれ自身が一つの類を形成するから, もとの群 $\mathcal{G}$ は $\mathcal{H}$ によって類に分けることができる (**剰余類分解** (coset decomposition)). この関係を次のように書く:

$$\mathcal{G} = \mathcal{H} + \alpha\mathcal{H} + \beta\mathcal{H} + \cdots + \mu\mathcal{H}, \tag{7.14a}$$

$$\mathcal{G} = \mathcal{H} + \mathcal{H}\alpha' + \mathcal{H}\beta' + \cdots \mathcal{H}\mu'. \tag{7.14b}$$

ここで $\alpha, \beta, \ldots, \alpha', \beta' \in \mathcal{G}$, $\alpha, \beta, \ldots, \alpha', \beta' \notin \mathcal{H}$ かつ $\mathcal{H}, \alpha\mathcal{H}, \beta\mathcal{H}, \ldots,$ $\mathcal{H}\alpha', \mathcal{H}\beta', \ldots$ は共通な元を持たないことがすぐに示される. このことから重要な結果「部分群の位数はもとの群の位数の約数である. (**ラグランジュの定理**)」が得られる. また上の分解をそれぞれ**左** (left) **剰余類分解**, **右** (right) **剰余類分解**と呼ぶ.

- 群 $\mathcal{G}$ の部分群 $\mathcal{H}$ で, $\mathcal{G}$ の全ての元 g に対して

$$g\mathcal{H}g^{-1} = \mathcal{H} \quad \text{or} \quad g\mathcal{H} = \mathcal{H}g \tag{7.15}$$

がなりたつものを**正規部分群** (normal subgroup, 不変部分群) という. [*46]　正規部分群による剰余類分解は重要である. 群 $\mathcal{G}$ が $\{e\}$ と $\mathcal{G}$ 以外に正規部分群を持たないとき, 群 $\mathcal{G}$ を**単純群** (simple group) という.

S_3 の部分群は以下の六つである. 同じ積の規則を持つものをグループ分けした. 正規部分群は $\{e\}$, A_3, S_3 である.

1 ・ $\{e\}$

2 ・ $\{e, (12)\}, \{e, (13)\}\{e, (23)\}$

[*46] ここで言っていることは $h \in \mathcal{H} \rightarrow ghg^{-1} = h$ ということではなく, $h_1 \in \mathcal{H} \rightarrow gh_1g^{-1} = h_2 \in \mathcal{H}$ ということである. 一般に, 単位元のみからなる部分群 $\{e\}$ (「自明な部分」と呼ぶ) および群 $\mathcal{G}$ は, 群 $\mathcal{G}$ の正規部分群である.

3 ・ $A_3 = \{e, (123), (132)\}$

4 ・ $S_3 = \{e, (12), (13), (23), (123), (132)\}$

S_3 の正規部分群の中で本質的なものは交代群 A_3 のみである．部分群 A_3 の三つの元に関しては，$ab = ba$ （可換）が成り立つ．このような群を**可換群** (commutative group) または**アーベル群** (Abelian group) という．

さらに部分群 $\{e, (12)\}$ と A_3 の積をとると，$(123)(12) = (31), (132)(12) = (12)$ であるから，群 S_3 は A_3 と $A_3(12)$ に分けることができる：

$$S_3 = A_3 + A_3(12)$$

この剰余類分解は，元が A_3 と $A_3(12)$ である位数 2 の群を構成する．これを**因子群**（factor group, 剰余群，商群）といい，S_3/A_3 と書く．正規部分群 A_3 が単位元に対応する．A_3 あるいは $\{e, (12)\}$ は巡回置換からだけ構成されていて，このような群を**巡回群** (cyclic group) という．[*47]

対称群 S_3 の六つの操作を用いると $(X - u)$ から六つの因数が生成される．六つの操作を τ と書き，また X は数だから $\tau X = X$ である．これで $\prod_{\tau \in S_6}\{\tau(X - u)\} = 0$ を計算すると （$\omega^3 = 1, 1 + \omega + \omega^2 = 0$ を用いて）

$$\prod_{\tau \in S_6}\{\tau(X - u)\}$$
$$= (X - u)(X - \omega u)(X - \omega^2 u)(X - v)(X - \omega v)(X - \omega^2 v)$$
$$= (X^3 - u^3)(X^3 - v^3) = X^6 - (u^3 + v^3)X^3 + u^3 v^3 = 0 \qquad (7.16)$$

を得る．カルダーノの公式を得る中で，3 次方程式をいったん 6 次方程式に変換した（S_3 の導入，位数 6）のに対応した手順である（体の拡大）．

$$u^3 + v^3$$
$$= 2(x_1 + x_2 + x_3)^3 - 9(x_1 + x_2 + x_3)(x_1 x_2 + x_2 x_3 + x_3 x_1) + 27 x_1 x_2 x_3$$

[*47] 群 $\{C, C^2, \ldots, C^{n-1}, C^n = e\}$ を「巡回群」という．

$$= -2a^3 + 9ab - 27c \tag{7.17a}$$

$$u^3 v^3 = \{(x_1 + x_2 + x_3)^2 - 3(x_1 x_2 + x_2 x_3 + x_3 x_1)\}^3$$

$$= (a^2 - 3b)^3 \tag{7.17b}$$

であるから (7.16) はもとの係数 a, b, c で書いた方程式となる．これなら，X^3 の 2 次方程式として簡単に解くことができる．

　ここでやったことは，正規部分群の系列

$$S_3 \supset A_3 \supset \{e\} \tag{7.18a}$$

を見出すこと，あるいは因子群の系列

$$S_3/A_3 \ (\text{位数 } 2) \ \rightarrow \ A_3/\{e\} \ (\text{位数 } 3) \ \rightarrow \ \{e\} \tag{7.18b}$$

を見出すことである．可換群 A_3 が $(u, \omega u, \omega^2 u)$, $(v, \omega^2 v, \omega v)$ という 2 組を閉じた形で形成し，因子群が $(u, \omega u, \omega^2 u) \leftrightarrow (v, \omega^2 v, \omega v)$ の関係を形作った．その結果が，2 乗根および 3 乗根を登場させた．

　4 次方程式の解法：4 次方程式に関しては，4 次の対称群 S_4（位数 $4! = 24$）を考える．S_4 の操作は次のように整理することができる：

1. 何も変えない（恒等置換）e がある（一つ）．

2. 4 個の元 $1 \sim 4$ の内の 1 個，例えば 4 を固定して $1, 2, 3$ の三つの元の置換を考える．S_3 のときと全く同様に，$123 \rightarrow 231 \rightarrow 312$ と三つで巡回し，最初のものを除けば二つが新しく加わる．固定する元は $1 \sim 4$ の四つがあるので，この類の元が全部で $2 \times 4 = 8$ 個ある：$((123), (132),$ $(124), (142), (134), (143), (234), (243))$

3. さらに $1 \sim 4$ に対して二つずつ交換する組合せが三つある：$(12)(34),$ $(13)(24), (14)(23)$

4. 上の三つの種類のもの 12 個はいずれも偶置換である．これら 12 個の元からなる部分群を**交代群** (alternating group)A_4 と呼ぶ．

5. A_4 と一つの互換，例えば (34) との積，奇置換の元がさらに 12 個ある．

4 次の対称群 S_4 は正 4 面体の対称操作に，交代群 A_4 は正 4 面体の回転操作

に対応している．図7.5には，分類に従って具体的な正4面体の回転操作を示した．図7.5(a) が頂点4と向かい合った正3角形 △123 の重心を通る軸の周りの $2\pi/3$ 回転 e, (123) および (132) を，図7.5(b) が向かい合った二つの稜の中点を通る軸の周りの π 回転 e, (12)(34), (13)(24), (14)(23) を表す．これに加えて，例えば「稜 $\overline{12}$」を含み「稜 $\overline{34}$ の中点」を通る面に関する鏡映がある．これが (34) である．

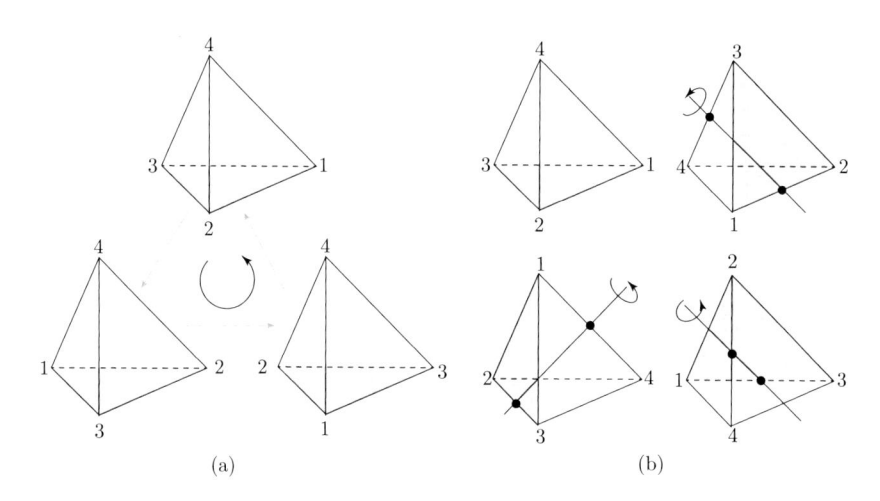

図 7.5　正4面体群の対象操作．(a) は4を固定した底面の $2\pi/3$ 回転, (b) は向かい合った二つの稜の中点 (●) を通る軸の周りの π 回転.

位数 $1+8+3=12$ である交代群 A_4 の元はまとめて次のようになる：

$$A_4 = \{e, (123), (132), (124), (142), (134), (143), (234), (243),$$
$$(12)(34), (13)(24), (14)(23)\} \tag{7.19}$$

交代群 A_4 の特徴をまとめておこう：

1. A_4 のすべての元は偶置換.
2. A_4 は可換群.
3. A_4 は S_4 の正規部分群.

4. 因子群 S_4/A_4 が構成できる．例えば $\{e, (12)\}$ をもってきて

$$S_4 = A_4 + A_4(12). \tag{7.20}$$

5. A_4 に含まれる図 7.5(b) も部分群を形成する（（クラインの）4 元群 (Klein four-group)[48]）．4 元群 V は A_4 の正規部分群であり，可換群である：

$$V = \{e, (12)(34), (13)(24), (14)(23)\} \tag{7.21}$$

6. 因子群 A_4/V が作られる．それは図 7.5(a) において頂点 4 を固定して順繰りにまわす $A_3 = \{e, (123), (132)\}$ が対応：

$$A_4 = V + V(123) + V(132) . \tag{7.22}$$

7. V は $\{e, (12)(34)\}$，$\{e, (13)(24)\}$，$\{e, (14)(23)\}$ に分解可．$U \equiv \{e, (12)(34)\}$ とすると，$(13)(24) \cdot (12)(34) = (14)(23)$ であることを考えて

$$V = U + U(13)(24) \tag{7.23}$$

となる．U も V の正規部分群である．

8. S_4 から正規部分群の系列

$$S_4 \supset A_4 \supset V \supset U \supset \{e\} \tag{7.24a}$$

が存在する．

9. S_4 から正規部分群による因子群の系列

$$S_4 \to S_4/A_4 \text{ (位数 2)} \to A_4/V \text{ (位数 3)} \to V/U \text{ (位数 2)}$$
$$\to U/\{e\} \text{ (位数 2)} \to \{e\} \tag{7.24b}$$

が形成され，その因子群が素数 2, 3 を位数とする巡回群となっている．

以上が 4 次方程式の解の構造である．

---

[48] クライン (Felix Christian Klein, 1849–1925) はドイツの数学者で，1872 年の論文「エルランゲン・プログラム」(Erlangen Programm) はその後の 20 世紀幾何学研究の方向性を示した．

● ガロアの見たもの：代数方程式と可解群

アーベルは，代数方程式の根の入れ換え全体が作る対称群（「群」という概念はまだなかった．）から 5 次以上の代数方程式は代数的に解けない（解の公式がない）ことを示した．ガロアは代数方程式が代数的解法により解けるための必要十分条件を示した．

n 次方程式が，代数的に解くことができる（一般的な公式が存在する）ためには，n 個の解の並べかえが作る群（対称群）S_n が**可解群** (solvable group) であることが必要である．可解群とは次の点を満足する群をいう：

(1) $S_4 \supset A_4 \supset V_4 \supset U \supset \{e\}$ と同様に，群 S_n から正規部分群の系列が，自明な群に至るまで，取り出せること．

(2) 正規部分群を取り出したときにできる因子群がすべて，素数位数の巡回群であること．

$n = 2, 3, 4$ のときは，対称群 S_n は可解群である．

一般に群 $\mathcal{G}$ から正規部分群を作る方法に**交換子** (commutator) を利用するものがある．A_n が自明でない正規部分群を含むかどうかを吟味する際には，交換子群が役に立つ．

交換子とは，$a, b \in \mathcal{G}$ として，$[a, b] \equiv aba^{-1}b^{-1}$ をいう．$\mathcal{G}$ の元から作られるすべての 交換子からなる群を**交換子群** (commutator subgroup) と呼び $[\mathcal{G}, \mathcal{G}]$ と書く．

1. 交換子群 $[\mathcal{G}, \mathcal{G}]$ は $\mathcal{G}$ の正規部分群である．

   証明：元 $a, b, c \in \mathcal{G}$ に対して

   $$c(aba^{-1}b^{-1})c^{-1} = (cac^{-1})(cbc^{-1})(cac^{-1})^{-1}(cbc^{-1})^{-1} \in [\mathcal{G}, \mathcal{G}] .$$

   よって $c[\mathcal{G}, \mathcal{G}]c^{-1} \subset [\mathcal{G}, \mathcal{G}]$ であり，$[\mathcal{G}, \mathcal{G}]$ は $\mathcal{G}$ の正規部分群である．

2. 因子群 $\mathcal{G}/[\mathcal{G}, \mathcal{G}]$ は可換群である．

   証明：$H = [\mathcal{G}, \mathcal{G}]$ と書き，$a, b \in \mathcal{G}$ とする．

   $$(aH)(bH) = (aHa^{-1})abH = HabH = Hbb^{-1}abH$$
   $$= Hba(a^{-1}b^{-1}ab)H = HbaH$$

$$= b(b^{-1}Hb)(aH) = (bH)(aH)$$

であるから，因子群 $\mathcal{G}/[\mathcal{G},\mathcal{G}]$ は可換群である.

3. $\mathcal{G}$ の正規部分群 $\mathcal{N}$ について，因子群 $\mathcal{G}/\mathcal{N}$ が可換群であれば，$[\mathcal{G},\mathcal{G}] \subset \mathcal{N}$ である.

　　証明：$\alpha, \beta \in \mathcal{G}$ について $\alpha\beta\mathcal{N} = \alpha\mathcal{N}\beta\mathcal{N} = \beta\mathcal{N}\alpha\mathcal{N} = \beta\alpha\mathcal{N}$ である. これから $\alpha\beta\alpha^{-1}\beta^{-1}\mathcal{N} = \mathcal{N}$ であるから，$\alpha\beta\alpha^{-1}\beta^{-1} \in \mathcal{N}$. よって $[\mathcal{G},\mathcal{G}] \subset \mathcal{N}$.

4. $n \geq 5$ のとき，交代群 A_n（位数 $n!/2$）から作る交換子群 $[A_n, A_n]$ について，$[A_n, A_n] = A_n$ である.

　　証明：因子群 S_n/A_n は位数 2 であるから可換群である. よって（3 により）$[S_n, S_n] \subset A_n$. また $[A_n, A_n] \subset [S_n, S_n]$ であるから

$$[A_n, A_n] \subset A_n \tag{$*$}$$

　　既に見たように，二つの互換の積は恒等置換 e であるか，三つの数の巡回置換あるいはその積で表される：

$$(ij)(ij) = e, \quad (ik)(ij) = (ijk),$$
$$(ij)(kl) = (ij)(jk)(jk)(kl) = (ijk)(jkl)$$

交代群は偶置換からなるので，このことから，交代群の任意の元は三つの数の巡回置換またはそれらの積で表される. さらに五つの数 i, j, k, l, m の内の三つからなる巡回置換の組合せについて，

$$(ijm)(ikl)(ijm)^{-1}(ikl)^{-1} = (ijm)(ikl)(imj)(ilk) = (ijk)$$

が成り立つ. よって A_n $(n \geq 5)$ はその交換子群の部分群となっている. すなわち

$$[A_n, A_n] \supseteq A_n \tag{$**$}$$

　　以上の $(*)$ と $(**)$ により，$[A_n, A_n] = A_n$ が分かる.

5. A_n $(n \geq 5)$ には（自明でない）因子群の系列はない.

上から，$n \geq 5$ のとき，A_n は e, A_n 以外の正規部分群を持たない.

以上により，5次以上の代数方程式に対する代数的解法は一般には存在しないことが分かった．これでひとまず，2次方程式の後ろで展開した壮大なドラマの幕が下りた．[*49]

ガロアの理論は**群論** (group theory) という大きな分野を開くとともに，数学の広い分野において基本的な方法論となった．さらに，数学ばかりでなく，物理学，化学，鉱物学，工学諸分野，情報科学，建築，芸術などへの群論の影響・寄与は計り知れない．

7.3.3 2次方程式の歴史が教えるもの

2次方程式は人類の文化史の反映であるといっても過言ではない．2次方程式の歴史は思想，認知の歴史であり，どのように抽象化への歩みを進めたかという足跡を辿ることでもあり，学問と人々の生活とのかかわりの歴史である．

同時に，何故，3平方の定理は古代文明のそれぞれの地で認識されているのか，しかしそれを幾何学的に認識する人たちもいれば，代数的に認識する古代バビロニア人のような人もいる．カルダーノによって虚数が発見されてから，虚数あるいは複素数を2次元平面と結び付けて実在のものと認識するまでに，実に約 250 年かかっている．

2次方程式から学ぶべきことは，根の公式の丸覚えではない ことは最早明白である．平方完成という方法が，古代人たちに定着していたということも，歴史の学び方の一つである．歴史を，政治と戦争という形で理解するやり方もあるが，人間の文化と思考の過程，認識の広がりとして理解する方法もある．

[*49] 広い立場では，“ひとまずの幕間”である．実は，代数的方法を越えた方法で解を与える式は存在する．それがアーベル，ガロアに続くエルミート (Charles Hermite, 1822–1901)，クロネッカー (Leopold Kronecker, 1823–1891)，クライン (Felix Christian Klein, 1849–1925) が開いた楕円関数（楕円モジュラー関数 (elliptic modular function)）を用いる方法である．F. クライン（関口次郎，前田博信訳），『正 20 面体と 5 次方程式　改訂新版』（シュプリンガー・フェアラーク，2005）を参照せよ．

7.4 証明を身近に──もっとユークリッド幾何学と複素数を中等教育に

証明の重要性を，和算を考える中で議論した．数学者ならもちろん証明が重要であることを否定する人はいない．読者には証明の重要性を理解していただけただろう．しかし，「証明」という思考の方法を，どこでどうやって身につけるかということについては種々の意見があるだろう．

著者は，ユークリッド幾何の中で「証明」を学ぶのが良いと考えている．その理由の一つは，「目に見える分かり易さ」である．解析学などでは，ユークリッド幾何学ほどには，証明の意義が明解ではない．公理，定理，命題，証明の各々の役割が（たとえ厳密ではないにしても）明解であり，何を証明すべきかも，はっきりしている．*50 平面幾何は，数理的論理を身につけるための教材として，第一級のものである．

> 小平邦彦は『幾何の面白さ』（岩波書店）の前書きで次のように述べています．
>
> > 「ゆえに私は数学の初等教育で現代数学の立場からみて **'数学になっている'** 数学を教えよう，というのはそもそも無理な注文であると思うのである．その証拠には現代化に伴ってユークリッド平面幾何に代わって高等数学に登場した微分積分学も定義も定理も不正確で少しも数学になっていないのである．」

複素数の導入も早くやるべきである．整数，有理数，実数の導入と演算規則は，初等教育で学んだ事柄の後付けの議論という印象を免れない．複素数および複素数演算は，思考による新しい代数規則の導入を初めて学ぶ機会であり，大いに価値がある．虚数が実在の数でない，というような誤った理解を持たないためにも，虚数単位 i と平面上の回転を結び付けた理解は，なるべく早く身につけるべきだろう．

---

*50 著者自身の経験を振り返っても，平面幾何の証明を考えているときは，何が足りないか，何を考えればいいのか，証明の道筋までが非常にはっきりと見えた．

第 8 章
数学は役に立たない？

　数学をめぐる文化論，科学論，および数学者がどのような感性を持ち合わせているのかというお話をして，本書のまとめにしたいと思います．

　2 次方程式だけでも，その後ろには深い文化の歴史が流れています．また数学は自然科学ではなくて，もう少し違う科学の枠組みを与える科学であるという理解が，世界に共通したものです．私たちも，理系だ文系だというレッテルの貼り合いをやめて，自由な考え方にもっとなじみたいと思います．

　数学者自身がいろいろな場面で，何故数学をやるのか，といったことにしばしば心を向けています．数学という学問が，決して「人」を置き去りにしたものではないことを，ぜひ分かっていただきたいと思います．

8.1　本当に 2 次方程式は人生になくてもよいのか

8.1.1　なぜ人は 2 次方程式を役に立たないというのか？

　かつて教育を公に議論する場で，責任ある立場にありながら声高に「2 次方程式を解かなくても生きてこられた」，「2 次方程式の公式などは社会へ出て何の役にも立たないので，このようなものは追放すべきだ」と主張する人がいた．[*1]

　このような短絡的な言い方そのものは取り上げる価値もないが，小節 7.3.1 で述べたことを考えた上で，関連して次の二つの面で問題を考えてほしいもので

[*1] 「引かれ者の小唄」としか表現のしようがない．この疑問が投げられるのは当然と思うかどうか，読者に聞きたい：あなたは「『小説』は社会に出て何の役にも立たない．このようなものは追放すべきだ」という問いかけがあったらどう答えますか？
　2 次方程式云々のような雑な議論を容易に受け入れる教育の "専門家" も理解し難い．

ある.

1. 2 次方程式の解法は，役に立たない無味乾燥なものか.
2. 2 次方程式の解法を学ぶことは，あなたの人生において意味がないことか.

8.1.2 数学を学ぶ理由──非数学者にとって

数学を考えるということは極めて個人的な作業である．数学者ではない人が数学（数学の成果，出来上がった数学の体系）を学ぶ理由と，数学者が数学を学ぶ（数学を研究する，数学を作る）ことは大いに違う．

ここでは，出来上がった数学（数学の成果）を学ぶことの意味，意義を考えてみよう．本書の最初に述べたように，数学には三つの顔がある．このことに 7 章で述べたことを加えて，数学を学ぶことには四つの意味があるといえる.

1. 道具として：　科学や技術を記述する，あるいは論理的思考を行うために，有効な方法が数学的思考である．ここでいう数学とは，狭い意味での「数学」に加えて，「数学的思考の方法」をも含む．数学的思考を学ぶことにより「数学的思考」を訓練することとなる．数学を広く学ぶことは「役に立つ道具の在処を学ぶ」ことである．

2. 共通言語として：　ガリレオ・ガリレイは「宇宙は数学という言語で書かれている．」と述べている．[2]　ガウスは「数学は科学の女王であり，数論は数学の女王である．」という言葉を残したという．[3]　数学あるいは数式という言語は世界共通語である．この共通語がなければ科学の発達は望めない．

   定量的な分析が導入される人文・社会分野では，数字に騙されない知力（数字を用いて情報を読み取る能力）が要求される．これも共通言語に精通していなくてはならない．

3. 文化史として：数学を学ぶということは，多くの人々にとって，人間の考え方の歴史を学ぶことでもある．我々は，2 次方程式の歴史において 4000

---

[2] 『贋金鑑識官』（1623 年）.

[3] *'Die Mathematik ist die Konigin der Wissenschaften und die Zahlentheorie ist die Konigin der Mathematik.'* Gauss zum Gedächtniss (1856, by Wolfgang Sartorius Freiherr von Waltershausen) がこの言葉の原典という.

年の文化史を概観し，和算を考えることで日本（文化）の弱点を考えた．

4. 研究対象として，また数学者を育てるために：数学の研究対象としての意味に関しては異論のないところであろう．また数学教育の中で，多くの次の数学者が育てられる．しかし，学校教育が多くの数学の天才を排除したことも事実である．

　「独創性と学校教育（規範の強制）」は背反することが多い．数学は科学の中でも特に独創性が要求される分野である（小節 7.1.3）．数学研究では研究対象を自分の頭の中に構築しなくてはならない．さらには，それを他人に説明できなくては意味がない．

　幸いなことに，ニュートンはケンブリッジ大学で，バロー (Isaac Barrow, 1630–1677) という無私の師に巡り会うことになった．また，エルミートはルイ・ルグラン校で，リシャール (Louis Paul Richard, 1795–1849) という良い教師に出会った．[4]

独創性は育つものであり，あるいは自ら育てるものであって，他者が学校教育の中で育てるということは至難の業です．一方で，独創性の芽を摘むのに，学校ほど適した場所はありません．

　『数学を創った人々』の中（エルミートの項）で著者のベルは次のように書いています．「創造的な仕事を成し遂げるためには，数学の長い歴史を通じて発展してきた古典的な数学の多くは，それを理解することも，いや，それを聞いておくことすら必要ではないのである．…… 工科あるいは理科の学校に入学するに必要な知識と，いや，そこを卒業するための知識でさえも，数学者のキャリアとしてはさして価値がない．」

- 文系学問，理系学問——文系人間，理系人間

　何故，文系/理系という区別をするのだろうか．こういう疑問を抱いて，そもそも文系・理系という区別がどこで始まったのか，考えてみた．Liberal Arts というと人文科学と理解されることも多い．[5] しかしその理解は，歴史的にも

---

[4] リシャールは同じルイ・ルグラン校でガロアの能力を唯一認め，保護し育てようとした教師であった．しかし，ガロアはリシャールの好意ある努力には応えることができなかった．

[5] 人文科学の英語は Humanity である．

また今日的にも，根本的に間違っていることは既に説明した（小節 7.1.1 での Seven Liberal Arts）.

　日本語でいう文系/理系という言い方は，欧米にはない：個々の分野，例えば natural science, physics, social science, physics major で表現するしかない.
　日本で文系/理系という区別が始まったのは，最初に帝国大学が発足した際（1886 年帝国大学令），あるいは旧制高校の制度が整えられていく中（1894 年高等学校令）で文科・理科と分けたクラス編成を行ったあたりのようだ．本来，これは官僚と技術者，医者を養成するためのクラス編成のためだけのものだったのに，学問の捉え方，人間の捉え方にまで影響を与えているということかもしれない.
　「文系人間・理系人間」でものの考え方が違うといわれたりあるいは書かれたりしているものを見かけるが，それぞれの教育のバックグラウンドが異なれば，考え方・話し方に違いが現れるのは仕方がないあるいは当然であろう．教育の効果（結果）である．それを人本来のものと結び付ける根拠は見当たらない.

　hard/soft science：英語には hard science, soft science という言い方がある．しかもこれは古いものではなく，むしろ 1950 年代以降のものらしい．そこでは次のように記述されている.

　hard science：基本となる事実および理論が正確に測定され，検討され，あるいは証明された科学の分野.

　soft science：社会学や人類学など，人間や社会をその主題とし，厳密な実験に基づくとは一般的に考えられていない科学の分野.

major/minor あるいは double major：欧米の大学・大学院では，major/minor（主専攻/副専攻）制，double major（2 重専攻）制をとることが多い．これは専攻分野を二つ持つことで，学びに広がりを持たせようという目的で作られた制度である．[*6]　二つの専攻が数学と経済学というように，大きく隔

[*6] 二つの専攻にどう重みを持たせるかで言い方が変わる.

たった分野にまたがって学ぶ学生も多い．最近では日本でも二重専攻を勧める大学/大学院も現れている．

● 形式科学

　日本ではあまりなじみがないが，科学の分類の仕方として，**経験科学**（empirical science，自然科学，社会科学）に対する**形式科学** (formal science) という捉え方（分類）がある．形式科学とは，形式的な枠組みを対象とする科学である．その学問的成果の当否は論理それ自身にあり，自然や経験のような外部には求めない．例えば論理学，数学，数理統計学，システム理論などが該当する．

　数学は，形式科学として，すべての科学あるいはより広く人間社会で共通に必要な基盤である．数学は自然科学ではなく，「認識の学問」と言うべきである．自然の中には1という数はない．「1個のリンゴ」「1匹の犬」「1人の人間」があるだけである．また0や負数，有理数や無理数が，自然の中にあるわけではない．[*7] だからこそ，このような様々な数を作り（認識し）理解するために何千年という時間を要したのである．

　私たちは，理系人間，文系人間という決めつけや，数学は自然科学であるという思い込みから脱し，"数学は全ての人々に必要なものだ"という認識を共有したいものだと思う．

8.2　いま，数学は世界の隅々にまで入り込んでいる

8.2.1　数学は役に立つ．しかし役に立つばかりが能ではない：文化とは何か

　数学は，現在では，自然科学，社会科学，情報工学，宇宙工学，産業技術，経済，社会技術，安全性，建築，芸術など様々な分野で，人々の生活とたいへん深いかかわりを維持している．

[*7] ゼロ個のリンゴや −1個のリンゴが "ある" のではない．クロネッカーは「神は整数を創りたもうた．残りすべては人間の業である」と言った；Die ganzen Zahlen hat der liebe Gott gemacht, alles andere ist Menschenwerk.

　数学を学ぶ理由について，数学がいかに有用であるか，数学がいかに生活の隅々にまで入り込んでいるかを強調した．しかしそれだけでは「人はなぜ，数学を学ばなくてはいけないか」は説明できても，「人はなぜ数学をするのか」の説明にはならない．

　数学者自身に，数学をする意味について語ってもらおう．

- ● *A Mathematician's Apology* (G. H. Hardy)

　A Mathematician's Apology の中でハーディは以下のように言っている：

- ● A Mathematician, like a painter or a poet, is a maker of pattern. ⋯ The mathematician's patterns, like the painter's or poet's must be *beautiful.*（画家や詩人のように，数学者は様式を作るものであり，それは"美しい"ものでなくてはならない．）

- ● The beauty of a mathematical theorem depends a great deal on its seriousness,...　（数学の定理の美しさは，その〈考えの深さ〉に大きく依存している ⋯（そしてここで〈考えの深さ〉の具体例として「素数の無限性の証明」や「2 の平方根が無理数であることの証明」を挙げる．））

- ● A 'serious' theorem is a theorem which contains 'significant' ideas ⋯（「考えの深い」定理とは，"重要な"数学的考えを含む定理である．）A significant mathematical idea, a serious mathematical theorem, should be 'general' ⋯（重要な数学的考えは，「一般性」を持っていなくてはならない．）The second quality which I demanded in a significant idea was *depth,* and this is still more difficult to define. It has something to do with *difficulty* ⋯　（重要な考え方に対して私が次に必要だと考えるのは，〈深さ〉であるが，これをきちんと定義するのはもっと難しい．これは〈難しさ〉といささか関係がある ⋯）

- ● It is not possible to justify the life of any genuine professional mathematician on the ground of the 'utility' of his work.　（いかなる優れた数学専門家の人生も，その仕事の「有用性」をもって正当化することはできない．）

- ● If useful knowledge is, as we agreed provisionally to say, knowledge

which is likely, now or in the comparatively near future, to contribute
to the material comfort of mankind, so that mere intellectual satisfac-
tion is irrelevant, then the great bulk of higher mathematics is useless.
（有用な知識というものが，現在あるいは比較的近い将来に，人間の物質的
な幸せに資するものであり，したがって知的な満足とは無関係であるとす
るならば，大部分の高等数学は有用な知識ではない.）

● Real mathematics has no effects on war.（真の数学は戦争には影響を及
ぼさない.）

　この最後の項は逆説的だが，戦争に影響を及ぼすこと（最も世俗的表現だが，
目先の役に立つということ）で評価してはならない，ということだろう.「戦争」
が引合いに出されているのは，このエッセイが1940年の出版であるという事
情も考えて理解すべきである.

　ハーディが無用な数学といっている殆どすべてが今や有用なものとなり，ま
た数学の重要な仕事と有用性の間の区別を見え難くしてしまっているのはいさ
さか皮肉であるが.

● 『春宵十話』（岡潔著）
　『春宵十話』（角川文庫）の中で岡潔は次のように述べている.こちらはハー
ディとは対照的に，主観に視点を置いている.

> よく人から数学をやって何になるのかを聞かれるが，私は春の野に咲く
> スミレはただスミレらしく咲いているだけでいいと思っている.咲くこと
> がどんなによいことであろうとなかろうと，それはスミレのあずかり知ら
> ないことだ. …… 私についていえば，ただ数学を学ぶ喜びを食べて生
> きているというだけである.そしてその喜びは「発見の喜び」にほかなら
> ない.

　岡潔の多変数複素函数論がいかに優れていても，それは岡潔が優れているこ
とを示しているのであって，日本（または日本人）が優れていることを意味しな
い.一方で，もし日本が人々の多様性を尊重し活躍できる場を提供することに
熱意を持って実行する国であるならば，それは大変誇らしいことであると思う.

　「文化」とは，少なくとも同時代の有用性の評価とは無縁の，超然とした気

高さを感じさせるものではないだろうか．その意味で，ハーディのいう「絵画
や詩」といった美しさで評価されるものと比較すべきなのであろう．私たちは，
科学の価値を「有用性」で評価することと，「科学それ自身の価値」で評価する
という，二つの目を持たなくてはならない．

参考文献

　一般書および大学初年次の知識があれば十分に読み進めることのできるもののみを挙げる.

第 2 章

(1) 小山透,『科学技術系のライティング技法』（慶應義塾大学出版会, 2011）.

(2) Anthony J. Leggett, "Notes on the Writing of Scientific English for Japanese Physicists", 日本物理学会誌 vol.21, no.11, pp.790–805 (1966).

(3) H. Dyer, *Dai Nippon: The Britain of the East* (1904), 平野 勇夫訳『大日本　技術立国日本の恩人が描いた明治日本の実像』（実業之日本社, 1999）.

第 3 章

(1) D. ウェルズ（芦ケ原伸之, 滝沢清訳),『数の事典』（東京図書, 1987）: F. ル・リヨネ（滝沢清訳),『何だこの数は』（東京図書, 1989）.

(2) 岡潔,『春宵十話』（角川ソフィア文庫）

(3) 藤原松三郎著, 浦川肇・高木泉・藤原毅夫編著,『微分積分学』改定新編, 第 1 巻, 第 2 巻, 内田老鶴圃.

(4) 藤原毅夫,『複素関数論 I』（丸善出版, 2013）.

第 4 章

(1) 小平邦彦,『幾何のおもしろさ』（岩波書店, 1985）

(2) 松本幸夫,『トポロジー入門』（岩波書店, 1985）.

(3) 和達三樹,『微分・位相幾何』（岩波書店, 1996）

(4) 田辺行人・藤原毅夫,『常微分方程式』（東京大学出版会, 1981）.

第 5 章

(1) 伊理正夫・藤野和建，『数値計算の常識』（共立出版，1985）

(2) 森正武，『数値解析』（第 2 版）（共立出版，2002）

(3) Barry A. Cipra, "The Best of the 20th Century: Editors Name Top 10 Algorithms", *SIAM News*, Volume 33, Number 4 (2000).

第 6 章

(1) 縄田和満，『確率・統計 I』（丸善出版，2013）．

第 7 章

(1) E.T.Bell（田中勇・銀林浩訳），『数学をつくった人々』(Men of Mathematics) I, II, III（ハヤカワ文庫）．

(2) 藤原正彦，『天才の栄光と挫折』（文春文庫）．

(3) L. インフェルト（市井三郎訳）『ガロアの生涯——神々の愛でし人』（日本評論社，1969）．

(3) 藤原松三郎，『日本数学史要』（寶文館，1952）（復刻版が勉誠出版より 2007 年）；

藤原松三郎（日本学士院編），『明治前日本数学史』全 5 巻（岩波書店，1954）；

藤原松三郎先生数学史論文刊行会，『東洋数学史への招待——藤原松三郎数学史論文集』（東北大学出版会，2007）．

(4) ファン・デル・ヴェルデン（加藤文元，鈴木亮太郎訳）『古代文明の数学』（日本評論社，2006）

(5) 室井和夫，『バビロニアの数学』（東京大学出版会，2000）

(6) 中村滋・室井和夫，『数学史——数学 5000 年の歩み』（共立出版，2014）．

(7) 犬井鉄郎・田辺行人・小野寺嘉孝，『応用群論』（裳華房，1975）．

(8) 中島匠一，『代数方程式とガロア理論』（共立出版，2006）．

第 8 章

(1) G. H. Hardy, *A Mathematician's Apology* (Cambridge University Press, 1940). G.H. ハーディ，C.P. スノー，（柳生孝昭訳）『ある数学

者の生涯と弁明』（シュプリンガー数学クラブ，2014）.

(2) 岡潔，『春宵十話』（角川ソフィア文庫）.

あとがき　　ー無作法の勧めー

　大多数の学生にとって学ぶべき数学は「言語と道具としての数学」であると
いうのが，著者の持論である．特に道具として，いわゆる文系分野でも数学の
必要性への理解は急速に高まっている．一方で，現在の大学における数学教育
の大半が，数学者育成のための教育という時代の尾を引いているという不満を
払拭できないでいる．

　「使う立場」という意味は，短絡的に「計算するため」と考えられがちである
が，著者はそのように考えているわけではない．「ε-δ」論法や「一様収束」の
概念は使う立場にとって必須であるだけではない．大変明確で分かり易いのに，
学生からは嫌われる．何故か？

- ・言葉が分からない．
- ・イメージが掴めない．

ということが主たる理由のようだ．文系学部生にとってだけではなく，理工系
学部生にとっても，数学の意味すること，数学の概念を具体的に見える形でイ
メージすることは，決して簡単ではない．それを克服するためには，手を動か
しながら，数値的な感覚も鍛え学ぶ必要がある．近年では，様々な広い分野で，
大量のデータを上手に使えば新しい現実が見えてくると期待されている．逆に
大量のデータをゴミの山にしないためには，データの可視化が不可欠となって
いる．具体的なデータの取扱いを含む数学教育が必要である理由である．著者
が，数学教育の中に計算ソフトウェアを導入すべきであると主張する理由もこ
こにある．

　これまでは，計算機を利用する限られた学生だけがプログラミングやコン
ピュータの仕組みを学んだ．しかし，プログラミングも時代による変化があり，
教員の好みにより教えられるプログラミング言語もさまざまである．プログラ

ム言語をしっかり学ぶことは望ましい．しかし，このままでは学生が学ばなくてはならないことがネズミ算的に増えていってしまう．計算ソフトウェアを広く講義に取り入れるなら，ビジュアル機能が高くプログラミングに学生の負荷が低く，さらに，学生である期間だけでなくその後も使い続けることのできるものであってほしい．

　そのような計算ソフトウェアがあれば，我々は使い方手引き資料とモデル・データのみ用意して自由に使えるようにしておき，あとは学生の自学に任せればよい．数学や自然科学，社会科学の講義の後は，学生各自が自由に計算してみたらいい．例えば，一様乱数を発生してみて本当に一様乱数になっているかを確かめてみる，あるいはそれらをいかに効率よく大きさの順に並べ直せるか競い合うのもいいだろう．微分方程式を数値的に解いてみて，その時間刻み幅を変えてもいいだろう．観察眼のある学生ならば，誤差の理論や安定性の議論が必要だと考える．電磁場の空間分布を，3次元の図に描いて楽しむのもいい．原子の空間充填を計算機の中でやってみると，新しい秩序構造が見えてくるかもしれない．脳の機能，神経回路の形成，学習過程のモデル化を考えたり，モデル・データから社会動向や価格変動のダイナミックスを考えて数理モデルを提案する学生も出てくるであろう．

　学生には質問する権利があるから，彼/彼女たち自身の計算結果に基づき，どこからどんな質問が飛んでくるか教員には分からない．そうなれば，通り一遍の演習は必要なくなる一方，教員は油断ができない．対等な議論が要求される．うかうかすると，学生から軽んじられる．究極の「無作法」である．多数の学生も，「進んだ」学生の後を一生懸命走ろうとする．学生と教員の間の緊張関係は楽しい．

　本稿を書き上げるころ，2018年の末，東京大学では2019年4月からの数値計算ソフトウェア MATLAB 導入が正式に決まった．すべての学生（学部，大学院），研究員，教員，職員が，MATLAB のすべての計算ソフトウェア（Toolbox

と呼んでいる）を制限なく使えるようになる．[1]

　講義とソフトウェアの関わり方をどうするかという試行錯誤は，これから始まる．

2018 年 12 月　キャンパスの金色に輝く銀杏を眺めながら

藤原毅夫

---

[1] MATLAB は，コンパイラを用いないインタプリタ方式のプログラミング言語で，対話型でもスクリプト形式でも使え，可視化も優れているというのが制作者側のうたい文句である．何よりも，事前に何かコンパイラをインストールしておく必要がないから，自分の PC 上でも，あるいはスマートフォンやタブレット PC からでも使えるのがうれしい．大学や学生個人が特別の施設や設備・機器を準備しないで済むのがよい．

人名索引

アーベル (Niels Henrik Abel, 1802–1829) 208

有馬頼徸 (1714–1783) 195

アルガン (Jean-Robert Argand, 1768–1822) 205

アルキメデス (Archimedes, 287BC?–212BC?) 84

アル・フワーリズミー (Mohammed ibn Musa al-Khwarizmi) 150, 188

ウェッセル (Caspar Wessel, 1745–1818) 205

エルミート (Charles Hermite, 1822–1901) 219

オイラー (Leonhard Euler, 1707–1783) 51, 205

岡潔 (1901–1978) 22

ガウス (Johann Carl Friedrich Gauss, 1777–1855) 74

ガリレオ (Galileo Galilei, 1564–1642) 187

カルダーノ (Gerolamo Cardano, 1501–1576) 204

ガロア (Evarist Galois, 1811–1832) 190, 208

カントル (Georg Ferdinand Ludwig Philipp Cantor, 1845–1918) 29

キケロ (Marcus Tullius Cicero, BC106–BC43) 186

クライン (Felix Christian Klein, 1849–1925) 216, 219

久留島義太 (1690?–1758) 195

クレレ (August Leopold Crelle, 1780–1855) 191

クロネッカー (Leopold Kronecker, 1823–1891) 219

コーシー (Augustin Louis Cauchy, 1789–1857) 33

コワレフスカヤ (Sofia Vasilyevna Kovalevskaya, 1850–1891) 125

関孝和 (1642?–1708) 193

建部賢弘 (1664–1739) 194

テイラー (Brook Taylor, 1685–1731) 48

デカルト (Rene Descartes, 1596–1650) 187, 204

デデキント (Julius Wilhelm Richard Dedekind, 1831–1916) 29

デル・フェッロ (Scipione del Ferro, 1465–1526) 206

ド・モルガン (de-Morgan, 1806–1871) 100

ニュートン (Isac Newton, 1642–1727) 42, 43

パスカル (Blaise Pascal, 1623–1662) 204

ハーディ (Godfrey H. Hardy, 1877–1947) 189

バロー (Isaac Barrow, 1630–1677) 223

ピタゴラス (Pythagoras, BC582?–BC496?) 84

ファン・デル・ポール (van der Pol, 1889–1959) 139

フィボナッチ (Leonardo Fibonacci, 1170?–1250?) 27

フェラーリ (Ludovico Ferrari, 1522–1565) 206

フーリエ (Joseph Fourier, 1768–1830) 70

ベル (Eric Temple Bell, 1883–1960) 188

ベルヌーイ (Jakob Bernoulli, 1654–1705)
　44
ベルヌーイ (Johan Bernoulli, 1667–1748)
　44
松永良弼 (1690?–1744)　　　　　195
ユークリッド (Euclid, BC330?–275?)　84
ライプニッツ (Gottfried Wilhelm Leibniz,
　1646–1716)　　　　　　　42, 43
ラグランジュ (Joseph-Louis Lagrange,
　1736–1813)　　　　　　　　67
ラプラス (Pierre-Simon Laplace,
　1749–1827)　　　　　　　170
リウヴィル (Joseph Liouville, 1809–1882)
　191
リシャール (Louis Paul Richard,
　1795–1849)　　　　　　　223
リーマン (Georg Friedrich Bernhard
　Riemann, 1826–1866)　　　52
レゲット (Anthony J. Leggett)　　10
ロバチェフスキー (Nikolai Ivanovich
　Lobachevsky, 1792–1856)　　85
ロル (Michel Roll, 1652–1719)　　44
ワイエルシュトラス (Karl Theodor
　wilhelm Weierstrass, 1815–1897)　91

事項索引

数字・欧文

2 項分布 (binomial distribution) 173
2 点分布 (two-point distribution) 173
2 分法 (bisection method) 158
χ^2 (カイ 2 乗) 分布 (χ(chi)-square distribution) 174
ε-δ 論法 (epsilon-delta definition of limit) 33
ε-近傍 (ε(epsilon)-neighborhood) 100
A-共役性 (A-conjugate) 165
k 階微分係数 (derivative of k-order) 48

あ行

アブストラクト (abstract) 12
アーベル群 (Abelian group) 213
アルゴリズム (algorithm) 149
アンダーフロー (underflow) 143
位数 (order) 209
位相 (topology) 110
位相空間 (topological space) 110
位相同型 (homeomorphism) 101
位置ベクトル (position vector) 117
一様分布 (uniform distribution) 174
一様連続 (uniformly continuous) 39
因子群 (factor group) 213
上に凸 (convex upward) 48
ウェーブレット解析 (wevelet analysis) 73
打切り誤差 (truncation error, discreization error) 146
裏 (inverse) 90
演繹 (deduction) 21, 82
円周率 (pi) 31

オ

オイラーの公式 (Euler's formula) 76
オイラー方程式 (Euler's equation) 135
黄金比 (golden ratio) 27
オーバーフロー (overflow) 143

か行

回帰分析 (regression analysis) 183
開球 (open sphere) 111
開区間 (open interval) 39
開集合 (open set) 105
開集合系 (family of open sets) 108
概収束 (almost sure convergence) 178
解析学 (analysis) 2
解の一意性 (uniqueness of solution) 120
解の存在 (existence of solution) 120
ガウスの掃き出し法 (Gaussian elimination) 155
ガウス平面 (Gaussian plane) 74
可解群 (solvable group) 217
可換群 (commutative group) 213
拡散方程式 (diffusion equation) 69
確率 (probability) 169
確率関数 (probability function) 173
確率収束 (convergence in probability) 177
確率変数 (random variable) 172
確率（密度）関数 (probability (density) function) 174
仮説 (hypotheisis) 183
仮説検定 (hypothesis testing) 183
加速度 (acceleration) 42
渦度ベクトル (vorticity) 65
ガロア理論 (Galois theory) 190

関数 (function) 35, 95

完全数 (perfect number) 27

機械学習 (machine learning) 185

幾何学 (geometry) 2

基底 (basis) 118

帰納 (induction) 82

ギブス現象 (Gibbs phenomenon) 73

帰無仮説 (null hypotheisis) 183

逆 (converse) 90

逆関数 (inverse function) 49

級数 (series) 34

共役な元 (conjugate element) 212

境界点 (boundary point) 104

共分散 (covariance) 176

共役勾配法 (cojugate gradient method) 166

極形式 (poler form) 76

極限値 (limit value) 32, 36, 77

虚軸 (imaginary axis) 74

虚部 (imaginary part) 73

距離空間 (metric space) 98

近似 (approximation) 127

近傍 (neighborhood) 112

クイックソート (quick sort) 166

空集合 (empty set) 99

クラス P(class P) 167

グラフ (graph) 167

群 (group) 209

群論 (group theory) 219

経験科学 (empirical science) 225

形式科学 (formal science) 225

桁落ち誤差 (cancelling error) 146

決定性アルゴリズム (deterministic algolithm) 167

元 (element) 209

減少数列 (decreasing sequence) 31

原論 (Elements) 84

交換子 (commutator) 217

交換子群 (commutator subgroup) 217

合成関数 (compotite function) 46

合成数 (composite number) 26

交代群 (alternating group) 211, 214

恒等置換 (identity permutation) 208

勾配 (gradient) 63

勾配ベクトル (gradient vector) 163

互換 (transposition) 209

コーシー列 (Cauchy sequence) 33

さ行

最急降下法 (steapest descent method) 163

サイクロイド (cycloid) 136

最小値 (minimum value) 60

最速降下曲線 (curve of fastest descent) 133

最大値 (maximum value) 60

最大値の定理 (extreme value theorem) 41

最適化問題 (optimization problem) 160

最尤法 (maximum likelihood method) 184

差分方程式 (difference equation) 148

残差 (residual) 164

事後確率 (posterior probability) 171

事象 (event) 169

事前確率 (prior probability) 171

自然対数の底 (base of the natural logarithm) 76

下に凸 (downward convex) 48

実軸 (real axis) 74

実部 (real part) 73

写像 (mapping) 95

集合 (set) 99

収束 (convergence) 32

収束級数 (convergent series) 34

自由度 (degree of freedom) 175

十分条件 (sufficient condition) 88

巡回群 (cyclic group) 213

巡回セールスマン問題 (traveling salesman problem) 167

巡回置換 (cyclic permutation)　209

循環 (rotation, curl)　64

条件収束 (condictional convergence)　35

証明 (proof)　21

剰余項 (remainder term)　48

剰余類分解 (coset decomposition)　212

信頼区間 (confidence interval)　180

数学的帰納法 (mathematical induction)82

数値計算 (numerical calculation)　3

数列 (sequence)　31

スツルム列 (Sturm sequence)　159

スプライン補間 (spline interpolation)　131

正規部分群 (normal subgroup)　212

正規分布 (normal distribution)　174

正弦積分関数 (integral sine function)　73

正則 (regular, holomorphic)　78

正則点 (regular point)　78

絶対収束 (absolute convergence)　35

絶対値 (absolute value)　74

摂動法 (perturbation method)　139

線形演算子 (linear operator)　119

線形化 (linearization)　138

線形空間 (linear space)　115

線形計画問題 (linear programming (LP))　160

線形結合 (linear combination)　117

線形写像 (linear mapping)　118

線形従属 (linearly dependent)　117

線形独立 (linearly independent)　117

全射 (surjective, onto)　96

全体集合 (universal set)　100

全単射 (bijection, bijective)　96

全微分 (total derivative)　58

全微分可能 (totally differentiable)　58

増加数列 (increasing sequence)　31

相関係数 (correlation coefficient)　176

双曲型 (hyperbolic)　70

速度 (velocity)　42

素数 (prime number)　26

た行

対偶 (contraposition)　90

対偶論法 (proof by contraposition)　90

対称群 (symmetric group)　208

代数学 (algebra)　2

代数的数 (algebraic number)　30

大数の強法則 (strong law of large numbers)　178

大数の弱法則 (weak law of large numbers)　177

対立仮説 (alternative hypotheisis)　183

楕円型 (elliptic)　70

楕円モジュラー関数 (elliptic modular function)　219

多項式時間アルゴリズム (polynomial time algolithm)　167

多様体 (manifold)　112

単射 (injection, injective)　96

単純群 (simple group)　212

単調数列 (monotonic sequence)　31

値域 (range)　96

チェビシェフの不等式 (Chebyshev's inequality)　177

中間値の定理 (intermediate value theorem)　39

中心極限定理 (central limit theorem)　179

超越数 (transcendental number)　30

直交関係 (orthogonality relation)　70

直交関数系 (set of orthogonal function)　70

定義域 (domain)　96

定積分 (difinite integral)　51

テイラー展開 (Taylor expantion)　129

停留曲線 (stationary curve)　134

テクニカル・ライティング (technical writing)　7

デデキントの切断 (Dedekind cut)　29

点推定 (point estimation)　179
同型 (isomorphism)　101
導関数 (derivative)　43
統計学 (statistics)　3
統計的推測 (statistical inference)　179
同相写像 (homeomorphism mapping)　101
特異点 (singularity, singular point)　78
独立 (independence)　176
ド・モルガンの定理 (de-Morgan's theorem)　100

な行

内挿 (interpolation)　129
内点 (interior point)　104
内部 (interior)　104
ニュートン補間 (Newtonian interpolation)　130
ニュートン–ラフソン法 (Newton-Raphson method)　132
ネイピア数 (Napier's number)　31
熱伝導方程式 (heat conduction equation)　69
ノンパラメトリック (non-parametric)　179

は行

排他的 (exclusive)　171
背理法 (proof by contradiction)　28
発散する (diverge)　33
発散 (ベクトル解析) (divergence)　66
バブルソート (bubble sort)　166
パラメトリック (parametric)　179
半開区間 (half-open interval)　39
汎関数 (functional)　119
非決定性アルゴリズム (nondeterministic algolithm)　167
非線形計画問題 (nonlinear programming)　161
非線形性 (non-linearity)　120

ピタゴラス数 (Pythagorean number)　26
必要十分条件 (necessary and sufficient condition)　88
必要条件 (necessary condition)　88
微分 (differential, differentiate, derivare)　43
微分可能 (differentiable)　58
微分係数 (differential coefficient)　43
微分方程式 (differential equation)　56
標準偏差 (standard deviation)　176
標本空間 (sample space)　170
標本点 (sample point)　170
標本平均 (sample mean)　182
フィボナッチ数 (Fibonacci number)　27, 87
複素関数 (complex function)　77
複素共役 (complex conjugate)　74
複素数 (complex number)　73
複素積分 (complex integral)　79
複素平面 (complex plane)　74
双子数 (twin numbers)　27
不定積分 (indefinite integral)　53
浮動小数点数 (floating point number)　142
部分群 (subgroup)　211
部分集合 (subset)　100
部分集合系 (family of subsets)　100
不偏推定量 (unbiased estimator)　180
フーリエ級数展開 (Fourier series expansion)　70
分散 (variance)　175
平均値 (mean)　175
閉区間 (closed interval)　39
閉集合 (closed set)　102
閉集合系 (family of closed sets)　107
ベイズ統計 (Bayesian statistics)　184
ベイズの公式 (Bayes' formula)　171
ベクトル解析 (vector analysis)　66
ベクトル空間 (vector space)　115
ベジエ補間 (Bézier interpolation)　131

ヘッセ行列 (Hessian matrix)　　63, 163
ベルヌーイ試行 (Bernoulli trial)　　173
偏角 (argument)　　75
偏導関数 (partial derivative)　　57
偏微分 (partial differentiation)　　56
偏微分係数 (partial differential cofficient)
　57
変分法 (calculus of variations)　　134
変分問題 (variational problem)　　134
ポアソン分布 (Poisson distribution)　　173
法 (modulus)　　77
放物型 (parabolic)　　69
補集合 (complement, complementary set)
　100
母集団 (population)　　179
母数 (parameter)　　179
ホーナー法 (Horner's method)　　151
母分散 (population variance)　　179
母平均 (population mean)　　179

ま行

マイナス (minus)　　25
丸め誤差 (rounding error)　　144
無理数 (irrational number)　　29
メルセンヌ数 (Mersenne number)　　26

や行

有意水準 (significance level)　　183
有効数字 (significant digit)　　141
有向線分 (oriented segment)　　116
尤度 (likelihood)　　171
ユークリッド距離 (Euclidian metric)　　98
ユークリッド空間 (Euclidian space)　　97
ユークリッドの互除法 (Euclidean
　algorithm)　　151
要素 (element)　　99

ら行

ラグランジュ乗数 (Lagrange multiplier)67
ラグランジュ補間公式 (Lagrange's
　interpolation formula)　　130
ランチョス法 (Lanczos algorithm)　　156
離散化誤差 (discretization error)　　148
離散分布 (discrete distribution)　　173
リプシッツ条件 (Lipschitz condition)　　121
リーマン積分 (Riemann integral)　　51
リーマン和 (Riemann sum)　　50
流動率 (fluxion)　　44
類 (class)　　212
累積誤差 (accumulated error)　　149
累積分布関数 (cumulative distribution
　function)　　173
零ベクトル (null vector)　　116
連続 (continuous)　　38, 78
連続分布 (continuous distribution)　　173
連分数 (continued fraction)　　127

わ行

ワイエルシュトラス関数 (Weierstrass
　function)　　91

著者

藤原　毅夫（ふじわら　たけお）

1944 年仙台に生まれる．父親の勤務の都合で日本全国いくつかの都市での生活を経験，10 歳以降は東京で育つ．東京大学工学部助手，筑波大学物質工学系助教授，東京大学工学部助教授，教授，東京大学大学院工学系研究科物理工学専攻教授を経て，2007 年 3 月定年により退職．2007-2017 年東京大学大学総合教育研究センター特任教授，2017 年より東京大学数理科学研究科特任教授（数理・情報教育センター研究センター）．工学博士，東京大学名誉教授．

主な著書：

『常微分方程式』（東京大学出版会, 1981），『線形代数』（岩波書店, 1996），『力学』（数理工学社, 2016），『物性物理学』（数理工学社, 2009），『固体電子構造論』（内田老鶴圃, 2015），『演習量子力学 [新訂版]（サイエンス社, 2002），『複素関数論 I, II』（丸善出版, 2013，2014）ほか．

大学数学のお作法と無作法

© 2019 Takeo Fujiwara
Printed in Japan

2019 年 6 月 30 日　初版 1 刷発行

著　者	藤　原　毅　夫
発行者	井　芹　昌　信
発行所	株式会社 近代科学社

〒 162-0843　東京都新宿区市谷田町 2-7-15
電話 03-3260-6161　振替 00160-5-7625
https://www.kindaikagaku.co.jp

藤原印刷　　　　　　ISBN978-4-7649-0592-4
定価はカバーに表示してあります．

Printed in Japan

POD 開始日　2021 年 6 月 30 日

発　　　行　株式会社近代科学社

印刷・製本　京葉流通倉庫株式会社